U0120296

The Serendipity
Mindset

好运气

制造手册

从碰运气到造运气

[德] 克里斯蒂安·布什 著

陈默 译

The Art and
Science of Creating
Good Luck

九州出版社
JIUZHOUPRESS

图书在版编目（CIP）数据

好运气制造手册：从碰运气到造运气 / (德) 克里斯蒂安·布什著 ; 陈默译. —— 北京 : 九州出版社,
2023.5

ISBN ISBN 978-7-5225-1665-3

Ⅰ.①好… Ⅱ.①克… ②陈… Ⅲ.①心理学—通俗读物 Ⅳ.①B84-49

中国国家版本馆CIP数据核字(2023)第027090号

The Serendipity Mindset: The Art and Science of Creating Good Luck
Copyright © 2020 by Christian Busch

著作权合同登记号：图字 01-2023-0690

好运气制造手册：从碰运气到造运气

作　　者	［德］克里斯蒂安·布什 著　陈　默 译
责任编辑	周　春
地　　址	北京市西城区阜外大街甲35号（100037）
发行电话	（010）68992190/3/5/6
网　　址	www.jiuzhoupress.com
印　　刷	天津中印联印务有限公司
开　　本	889 毫米 × 1194 毫米　32 开
印　　张	12.75
字　　数	252 千字
版　　次	2023 年 5 月第 1 版
印　　次	2023 年 5 月第 1 次印刷
书　　号	ISBN 978-7-5225-1665-3
定　　价	68.00元

前　言

　　每当看到某些成功人士们将"成功源于智慧"的观点奉若圭臬时，我都会感到莫名惊诧。虽然我自认也是一个勤奋且小有天赋的人，但这个世界上从来都不缺聪明而勤勉的人，人与人之间的成就差异可能仅仅取决于某些……机缘巧合……所以我们应当认真思考，怎样才能帮助更多的世人享受到幸运女神的眷顾。

——巴拉克·奥巴马，第 44 任美国总统

　　每个人都想要做自己命运的主人 —— 牢牢把握自己的前程，并对如何实现自己的目标和抱负胸有成竹。简而言之，我们喜欢做自己人生的规划师。

　　这种看似与生俱来的对自己人生的规划欲望，几乎体现在

现代生活中的每个角落。无论是社会组织和政府，还是每一位个体，都是围绕着各自制订的计划、战略和目标开展活动的。我们发明了制度、规范和流程——小到设定闹钟，大到总统选举，无不是为了确保既定计划得以顺利实现。

不过，我们真的能完全掌控自己的生活吗？除了计划、模型和战略，似乎还存在一种难以预料的不确定因素左右着我们的命运。事实上，意外的事件、偶然的遭遇或是看似离奇的巧合，绝不能仅仅看作宏伟乐章中的一段插曲，或是浩瀚旅途中的一粒尘埃。它们往往会起到一锤定音的作用，给我们的生活和未来带来翻天覆地的变化。

对此，也许我们每个人都曾有过亲身经历。一场"意外邂逅"可能会成就一段金玉良缘；一次"无心插柳"可能会收获新的工作或住所；一场"佛系"社交可能会结识未来的盟友或投资人；连一本"随手"抄起的杂志都可能会蕴藏着解决问题的灵感……这些大大小小的事件给你的生活带来了怎样的改变？反之，如果所有的一切都按部就班，你的生活又将会是怎样呢？

战争的输赢，企业的兴衰，爱情的得失，都具有一定的偶然性。无论我们追求的是事业有成、爱情美满、心情舒畅还是精神富足，都很容易受到不确定因素的影响。也许某个看起来平平无奇的时刻——比如在健身房里遇见某人——便足以改变你的一生。

即使在无比严谨的科学研究领域，不确定因素的力量同样不容忽视。研究表明，有 30% 到 50% 的重大科学突破是由意外或巧合所引发的：化学物质的相互泄漏，培养皿受污染导致的细胞结合，学者之间不经意的对话激发了新的思考，等等。无论对个人还是组织而言，许多重大的发展机遇往往都来自机缘巧合。

那么我们能否认为，成功不过就是所谓的"撞大运"，成败仅仅取决于上帝的骰子，而非个人的行动呢？答案当然是否定的。我们仅凭直觉便可以否定掉这种论调。然而不得不承认的是，生活中的某些重大转折和变革机遇似乎常常源于偶然，而有些人看上去会比其他人更加幸运，从而可以享受更多的成功和快乐。

上述现象也并非现代社会所独有。19 世纪的化学家、生物学家路易斯·巴斯德就认为，机遇总是偏爱有准备的人。法兰西第一帝国皇帝及军事领袖拿破仑·波拿巴也曾表示，相比"良将"来说，他更加青睐"福将"。古罗马作家、政治家塞涅卡则认为，运气本质上就是为可能出现的机遇所做的准备。

以上观点都反映出，"机缘巧合"是一种足以改变生活的真实力量，而它又不仅仅只是纯粹的"瞎猫碰上死耗子"。事实上，"幸运"这个字眼可以理解为成功和运气兼而有之。甚至一些常见的短语，例如"运气是靠自己创造的"或者"他是一位善于捕捉机遇的人"都指向了这样一种观点，即成功是"机缘"和"个人努力"之间相互作用或者说综合作用的结果。

那么这一作用过程中究竟发生了些什么？有没有人能够创

造条件促成某些有利的机缘巧合，从而让自己比别人更加"走运"一些呢？他们能否更加敏锐地捕捉并把握这些关键时刻，并将胜机转化为胜果？我们的教育和工作、生活模式能否帮助我们建立这一至关重要的能力——驾驭机遇并创造属于自己的一份"妙运"？

本书将会介绍人类的理想、志向与各种意外因素之间是如何发生相互作用的。本书的核心话题就是机缘巧合，即由意外因素带来的，能够促使积极决策转化为有利结果的好运。机缘巧合是一股冥冥之力，它无处不在——小到日常琐事，大到足以颠覆个体命运乃至世界局势的重要革新。

然而，芸芸众生——包括本书的许多登场人物之中，能够参透如何将机遇转化为成功的奥义，并为此构建起相应思维模式的人可谓少之又少。只有领悟到所谓的机缘巧合并不仅仅是一场不期而遇，而是诸多命运的节点被逐个发掘并一一打通的过程，我们才能够在别人望洋兴叹的时候知道如何御浪前行。而一旦到达如此境界，那么所谓的"机缘巧合"便会成为我们生活中的家常便饭。

在这种情况下，许多曾被视为风险的未知变数都会源源不断地转化为充满乐趣、梦幻和意义的元素，助你在成功之路上所向披靡。当今社会中，传统的思想观念和文化氛围已经被不断蔓延的恐惧心理、民粹主义和不安情绪所取代，导致人们不得不更加依赖本能反应行事。因此，我们应当学会培养机缘思维并对客观条件进行有利改造。这是一项基本的生存之道，无论对个体、家庭还是组织来说都是如此。

畅想一下，一个鼓励探索而非恐惧未知，潜能无限而非资源匮乏，凝心聚力而非相互猜忌的世界该有多么美好！许多全球性的重大挑战，如气候变化、社会不公等，都有待人们果敢应对。在这个瞬息万变的世界里，错综复杂的问题纷至沓来，我们很难不被各种不确定性所左右。因此，对于机缘思维的培养，既是解放思想除旧布新之必须，又有助于我们寻得生活之真谛，从而令自己更加充满激情和活力。

"机缘巧合"可以说是一个"网红话题"，我们可以在数以百万计的网站上看到相关的热议。事实上，许多世界级的成功人士都将机缘巧合视作成功的不宣之秘。但令人惊讶的是，对于可以采取哪些具体的、科学的手段为机缘巧合创造有利条件，以及这些手段在不同的环境中效用如何，人们几乎一无所知。

《好运气制造手册》一书填补了这一空白。它援引科学研究成果阐释了机缘巧合的成因，同时也通过搜罗世界范围内的奇闻逸事和富有启发性的案例展示如何培育专属自己或他人的一份机缘巧合。本书就如何提升"好运"的发生概率以实现更优目标提供了相应的理论框架和实践指导。这种由主观能动性促成的机缘巧合或者说"妙运"，不同于"中彩"或是"躺赢"（比如衔着金汤匙出生）等"绝对运气"。如果你希望在云谲波诡的未来中更好地塑造自己或身边的人，那么这本书便是为你量身定制的。它针对如何开发、利用和维系有利（或是不利）的意外因素提供了一套完整的思路——这一创举可谓前无古人，它在科学研究的基础上，首次提出了关于如何开发基于思维和创造相关条件的综合方法论及其框架。

机缘思维是一种生活哲学，帮助追求成功和幸福的人士实现生命的意义，同时它也是一项平易近人的日常技能，只要稍加用心，谁都可以学会。

作为一名学者、商业顾问、大学讲师、伦敦政治经济学院创新实验室（London School of Economics Innovation Lab）以及纽约大学（New York University）全球经济项目的联合主任，我在本书中分享了十余年的相关从业经历以及十五年来对于培养机缘思维的心得体会，同时还披露了大量我与所谓"机缘思维者"们的交流内容。我之所以对这一课题产生兴趣，最早可以追溯到担任"沙盒网络"（Sandbox Network，一个吸引全球20多个国家的青年才干的网络社群）和"目标领导者"（Leaders on Purpose，一个汇聚诸多具有重磅影响力的企业高管和政策制定者的全球性组织）的联合创始人期间。我的咨询工作涉猎广泛——从来自中国的巨头公司，到世界各地的小型社区——这使得我有机会接触到三教九流各色人等，并见证了大量形形色色的机缘巧合。而我四海为家（从莫斯科到墨西哥城）的生活经历，也为本书中有关外部环境微妙差别的探讨贡献了许多深刻的见解。

《好运气制造手册》一书中还援引了我与来自伦敦政治经济学院（LSE）、哈佛大学（Harvard University）、世界经济论坛（the World Economic Forum）、斯特拉斯莫尔商学院（Strathmore Business School）和世界银行（The World Bank）等组织的诸多同僚携手开展的自主课题，以及神经科学、心理学、管理学、艺术、物理和化学等领域的最新研究成果。从数百篇学术论文和 200 多次全球采访与对话实录中汲取营养，采集各行各业不同人士（其中包括南非开普敦贫困地区的有前科的教师、纽约的电影制片人、肯尼亚的企业家、伦敦的服务员、休斯敦的学生，以及十数位世界级的企业高管）的奇闻逸事与亲身经历组成第一手素材，引人深思。虽然在不同的故事中，对于意外因素的应对和利用方式各不相同，但在总体的思路和模式上却有着异曲同工之妙，这也是我希望通过本书向广大读者们展示的。

命运的碰撞

虽然现在的我对于机缘巧合的认识已经大为改观，但实际上我与机缘巧合的初次际会却是年少轻狂时期由一次意外事故所招致的厄运。

18 岁那年，我以超过 80 千米每小时的速度撞上了停靠在路边的几辆车。万幸的是我没有被这次车祸带走，但我撞到的车严重受损，我自己的车也是如此。此前我从不相信那些所谓"濒死体验"的描述，然而在那次碰撞的电光火石间，我的眼前的确出现了传说中的"生命闪回"，当我的座驾因失去控制而来回打转时，我的脑海中只剩下了彻底的无助和必死的觉悟。

车祸后的若干天里，我在心里问了自己一大堆的问题。"如果我不幸去世了，谁会来参加我的葬礼？""谁是真正关心我的人？""我这趟人间之旅真的不虚此行吗？"于是我意识到，我之前一直忽略了生命中一些至关重要的内容，比如珍惜某些深厚而持久的人际关系，以及为从事某些重要而有意义的活动而感到自豪。我的这次死里逃生，让我从机会成本的角度审视死亡的意义：永远失去了将路人变为伙伴的机会，失去了让梦想照进现实的可能，也失去了与各种机缘巧合不期而遇的体验。这种思虑促使我从此走上了对于生命真谛的探索之路。

我成长于海德堡，这是德国南部的一座历史悠久又充满浪漫气息的城市。即使身在如此美丽的地方，对于一个未及弱冠的懵懂少年来说，探索生命的奥义也未免是件略显乏味的事情。自打我记事起，心中便一直缺乏归属感。我幼年时经历了好几次搬家，所以无论在幼儿园、学校还是足球队里，我都常常被人喊作"新来的"，而我当时的满脸痤疮更是给这种窘境又送上了一记"神补刀"。

16岁时，我开始在一个咖啡店打工，那里便成了我的避风港，在那里我似乎找到了属于自己的一方天地。侍者的工作让我增长了很多有关人类行为和群体动力方面的见识，比如当人们认为你"只是个服务员"时会摆出怎样的嘴脸，以及每天从早8点到晚9点马不停蹄地"搬砖"工作价值几何。我的老板是一位出色的生意人，我也非常给力地完成他的各种派单，从兜售进口 T 恤到配送奶油蛋糕，不一而足，而我自己则在 18 岁那年顺利通过了驾照考试。那段时期，我同时在一家市场调研公司兼职，工作内容就是站在海德堡的中央大街，询问来来往往的路人们更喜欢哪种尺寸的香肠及其原因；此外如果腊肠的价格更加便宜，他们是否愿意购买腊肠以替代香肠？

总之，青少年时期的我精力充沛但却浑浑噩噩。为了释放旺盛的荷尔蒙，我几乎无时无刻不想着寻求刺激，在各种违法的边缘疯狂试探，从一个极端奔赴另一个极端：与一群左翼分子打得火热（这期间我偏爱雷鬼乐队），去夜总会寻欢作乐，并且将"搬砖"得来的辛苦钱扔进股票市场。（我的父母迟疑再三，最终还是同意授权银行受理我作为未成年人提出的交易申请。他们彼时给予轻狂不羁的我种种包容和理解，至今令我深感敬佩。）我开始与课堂渐行渐远，转而花费更多的时间猫在学校的地下室，通过电话信号操作股票的买卖。我莫名地爱上了这个地表之下的别样世界——享受着从这里进进出出的感觉，尽管我也知道这里从来都不属于我。

显而易见的是，上述各种猛虎般的酷炫操作对于我的升学大计毫无帮助。我的成绩一塌糊涂，以至于班上排名前 95% 的学生都可以顺利升级，而我却稳居倒数 5%。又经过一年的留级续命之后，我"获得了一次转学的机会"——换句话说就是被学校劝退了。幸运的是，下一所学校对于我的离经叛道展现出了更多的包容。

18 岁那年，我拥有了自己的第一部车。我对此兴奋异常，并很快将享乐主义和盲目乐观的心态体现在了自己的驾驶风格上。如果比拼单个司机一周内累计获得的停车罚单以及上学路上撞翻的垃圾桶数量的话，我很有可能刷新了本市的最高纪录。

就这样，我日复一日地沉浸在"我命由我不由天"的幻觉之中。

终于有一天，我乐极生悲了。那场突如其来的车祸，将我的满腔自信和掌控感瞬间撞击得支离破碎。

那是一个阳光明媚的日子，我怀着无比自在的心情，与两位好友相约去海德堡的内卡河草地游玩，随后便发生了令人震惊的意外，好在我大难不死，没有化作冰冷的车祸统计数据。那时我和朋友们为了寻找食物而各自驾车而行，我则一直试图加速超过朋友的车子。我还记得当我超车成功后回头向朋友炫耀时的得意劲儿，而朋友却疯狂地向我挥手，并不停地指着前方马路中间的一座交通岛——我完全没有注意到它的存在。接下来发生的事情现在想来仍历历在目：为了避免撞上交通岛，我拼命地转动着方向盘，于是车子开始不停地打滑，最终撞上了停靠在路边的一大排车辆。

沃尔沃的双层皮质车门在关键时刻拯救了我，而副驾驶一侧则被撞得粉碎。后来我才知道，如果这次碰撞的角度向任意方向稍有偏离，我都极有可能当场归西。此外，我的一位同伴原本想要搭乘我的车，但却突然想起自己把夹克衫落在了另一部车里，因此在最后一刻改变了主意，从而躲过一劫。

我还记得事发后我迷迷糊糊地下了车，惊异于自己竟然还能够走路。我的两位朋友在一旁惶恐不已，我与他们简单复盘了一下事件经过，大家都觉得此事难以置信。这该怎么跟警察还有我的父母解释呢？

在等待警察到场的间隙，我坐在散落的车轮后面，头晕目眩、筋疲力尽。赶来的警察在对车辆残骸进行了一番调查后，同样对我竟然能够幸存下来，只是受了点皮外伤而感到不可思议。

那天晚上，我独自徘徊在城市的街头，久久不肯归家，心中五味杂陈。虽然我捡回了一条命，但还是止不住地想：如果我不幸丧生，将会给我的家庭带来多么致命的打击；如果那位朋友坐上了我的副驾驶，那么他很可能会被我害死。事情怎么会变成这样？我怎么能让这一切发生呢？

有句老话："死亡是生活的最大动力。"我想我开始有些明白这句话的含义了。当死神来临时，你不会去计较自己的银行存款有多少，车库里停了多少辆豪车，昨晚的夜店生活有多刺激，这些都不过是天上的浮云，毫无意义。只有在死亡面前，人们才会更加关注生命的本质和真谛。

不知作为读者的你，是否也有着和我类似的经历。或许是某个逐步演进或突如其来的人生转折点让你改变了自己的三观；或许是某段充满负能量的关系让你不得不忍痛放手；又或许是某种疾病或工作让你想要早日摆脱？

那场车祸让我的生活从此峰回路转，我也借此寻得了前进的方向感。于是我开始申请高校深造（不过鉴于我惨不忍睹的学业成绩，40多份申请书寄出以后只收到4家大学的录取信），然后我将精力聚焦到学业、人际交往和工作上。后来我与同伴合伙创立了若干个社群和组织，旨在帮助人们追寻更有意义的生活。

这些创举本身往往也是机缘巧合的结果。而且当我越是留心，就越能从自己和他人的生活乃至学术研究中找到机缘巧合的影子。

2009年，我在伦敦政治经济学院进修博士学位，专业方向是研究个体和组织如何成长壮大并提升自己的社会影响力。这一课题乍看之下与机缘巧合并无关联，我也一度认为自己对机缘巧合的探究可能要告一段落了。然而令我惊喜不已的是，整个研究过程中"机缘巧合"的元素始终如影随形。研究过程中，许多我所采访过的成功和幸福人士似乎天生就具备构建某种"力场"的能力 —— 我愿称之为"机缘力场" —— 这种力场有助于当事人取得（相较于类似处境下其他人）更加有利的结果。

这一切之后我进行了深刻的反思和总结，当我把上述所有零散的经历串联在一起时，突然意识到，将这些热血和激情有效结合的方式就是写一部作品，将我奉若信条的人生哲理和比一众教科书更接地气的生活经验和盘托出。

现在，我最为乐见的莫过于不同观点或特质之间的意外碰撞——这便是机缘巧合的乐趣。我见证了机缘巧合是如何优雅地帮助人们释放潜能以及探索世间更多的可能性——丰富多彩的角色以及千姿百态的生活。这也即是"培育"机缘巧合的意义所在——帮助人们在人生的旅途中实现自身最大的可能。

《好运气制造手册》一书提出我们可以对意外因素保持开放的心态。同时它也介绍了应当如何做到未雨绸缪和摒弃成见，以便更好地面对运气带来的有利或不利局面。我们可以培养、塑造运气并将其作为一种生活工具。从科学的角度来看，运气是可以被获取、训练和创造的。也即是说，我们可以利用自己的学识、技能以及教育培训等手段介入和掌控机缘巧合的形成过程。

这其中很重要的一部分内容，便是如何从我们内在的思维过程以及外部的工作、生活环境中为机缘巧合的产生扫清障碍。不知所云的冗长会议，空间告急的电子邮箱，形同天书的备忘记录……这些现实障碍是如何将我们的一腔热情消耗殆尽的，大家对此都心知肚明。而同样重要的是，我们需要建立起有效的思维模式，以便更好地利用自己的各项技能和资源，将偶然出现的机缘转化为实实在在的价值。

机缘思维代表的并不是某种既定不变的能力，而是一种可以不断与时俱进的本领。它将帮助我们从时运的被动接受者转变为"妙运"的主动创造者，学会从容应对各种意外变数，将其转化为成功的良机，并从中获得人生的成就感和幸福感。此外，机缘思维还包括相关条件的营造 —— 无论在家庭、社群还是组织内部 —— 以利于机缘巧合的培育，进而挖掘机遇和价值。机缘思维将帮助我们建立并驾驭自己的"机缘力场" —— 将生活中的每个散落的机缘碎片穿针引线。

本书将会循序渐进地指引读者如何破译、创造以及培育机缘巧合。同时本书也敢于直面最为尖锐的问题，比如：如果机缘巧合从骨子里就是随机的，那么我们应该如何对它施加影响呢？

今时今日，成功与幸福并不意味着试图计划一切。我们正身处一个瞬息万变的世界里，最佳策略便是拥抱各种未知并从中获取最大收益。《好运气制造手册》一书所讨论的正是我们应当以何种因素为抓手来对机遇加以掌控，也即如何为自己或他人培育机缘巧合。这种足以释放人类潜能的强力机能，不仅验证了运气偏爱有准备的人，同时也阐释了如何通过多种科学的手段催化、培育和驾驭生活中诸多有利的巧合。虽然我们很难将各种随机事件、机会和巧合对于生活和工作的重要影响完全抹除，但本书却可以帮助读者将这些机缘巧合从不可控的随机因素转化为可以为己所用的有力工具。到那时，发掘和创造机缘巧合对人们来说便会如同家常便饭一般轻而易举。

当今社会中，人们的生活节奏日益加快，很难集中大量的时间精力让自己一举取得质的提升。因此本书在选取案例时注重从小处着眼，通过即学即用帮助读者在日常生活中取得即时的改变，从而让人生在潜移默化间变得更加富有意义，更有乐趣，更有激情，更加成功。

目 录
contents

第一章　机缘巧合：绝非纯粹的运气

尽管听上去有些冒犯，不过我们必须承认，文明的进步和维系在极大程度上乃是造化弄人的结果。

> ——弗里德利希·哈耶克（Friedrich Hayek），1974 年
> 诺贝尔经济学奖获得者，《自由秩序原理》
> （*The Constitution of Liberty*）

关于机缘巧合的简史

相传古锡兰（斯里兰卡的波斯语旧称）国王贾弗曾一度担心自己的三位王子太过养尊处优，难以承担治理国家的重任，因此决定派遣他们外出巡游，以便积累更多人生阅历。

有一次，王子们遇见了一位商人。当得知商人丢失了一头骆驼后，王子们便凭借自己在沿途过程中的一些观察，对该骆驼的特点与体征进行推测。他们把骆驼描述得如此具体，以至于商人竟然怀疑骆驼正是被这三位王子所盗，并随即向国王提出了控

诉。在商人看来，如果三位王子从未见过这头骆驼，绝无可能对其情况了如指掌。而王子们则解释道，他们观察到骆驼留下的脚印，有一只脚相较其他三只有明显的拖痕，所以得出这是一头跛脚的骆驼；同时，在骆驼脚印的两侧，分别聚集了大量的苍蝇和蚂蚁，由此推断骆驼所背负的货物，一边是黄油，另一边则是蜂蜜……诸如此类。直到后来，一位路人入内报称自己发现了一头走失的骆驼，这才彻底洗清了王子们偷盗骆驼的嫌疑。

三位王子在沿途观察各种迹象的时候，并不知道有一头跛脚的、背驮着蜂蜜的骆驼走失了。然而当他们得知了这一关键信息后，便能够将之前的许多观察与其建立联结——这就是所谓的"穿针引线"。

1754 年，英国作家和政治家霍勒斯·沃波尔（Horace Walpole）在写给朋友的一封信中透露了自己的一个意外发现，并援引三位王子的故事加以类比。其间，为了便于表述王子们"总是能够以睿智的方式，从并非主线的偶然因素中获得意外收获"，霍勒斯·沃波尔创造了"serendipity（机缘巧合）"一词。"serendipity"由此被纳入了英语词汇，不过如今却被很多人用来狭义地指代纯粹的"交好运"，这显然是与霍勒斯·沃波尔最初赋予它的微妙含义有所出入的。

当然，对于"serendipity"还有其他的一些释义，不过大多数情况下它都被用于指代"人类活动与偶然机遇经过互动作用而产生某种（积极）结果的现象"——这也正是我在本书中所采用的定义。这种以行动为中心的视角有助于我们更好地理解如何构建起一个能够对机缘巧合现象施加一定掌控力的空间——"机缘力场"。

单从定义上看，机缘巧合是不可控的，更是不可测的。但与此同时，我们也的确可以借助一些切实可行的方法，通过营造有利环境，提升机缘巧合的发生概率，并确保当具有转折意义的巧合出现以后，我们能够迅速识别并紧紧抓住机遇。

驾驭机缘巧合需要具备远胜于常人的洞察力，能够关注到意外的发现并将其转化为各种机遇。它还要求我们通过发挥主观能动性来对这些微妙时刻加以推动和利用，从而将一些看似毫无关联的想法或事件进行融会贯通，进而开创一个全新的局面。一言以蔽之，这是一门"穿针引线"的艺术。

从火山爆发到世界冠军

2010 年 4 月一个阳光明媚的周六，位于冰岛的埃亚菲亚德拉冰盖出现强烈喷发，令这座名字极为拗口的火山很快成了街头巷尾的热议话题。本次喷发所产生的大面积灰云，导致欧洲大部分地区的数千架次航班被迫停飞。而就在当天早上，一个未知号码唤醒了我的手机，电话那头传来一个陌生而又自信的声音：

"你好，克里斯蒂安。你可能还不认识我，不过我们一位共同的朋友给了我你的电话号码，这次来电主要是想寻求你的帮助。"

那时候我刚起床不久，正哈欠连天地坐在餐桌前，这一通电话让我瞬间来了兴致。

"嗯嗯，说来听听。"我回答道。

这便是我与著名企业家和网络博主纳撒尼尔·惠特莫尔（Nathaniel Whittemore）结识的经过。

纳撒尼尔解释说，他预订的从伦敦飞往南加州的航班刚刚被取消，于是他不得不与许多计划出席斯科尔世界论坛（由牛津大学承办，社会企业家和意见领袖广泛参与的重要年会）的嘉宾一道被暂时困在伦敦。这些嘉宾在伦敦大都人生地不熟，日程安排也变得空空如也。"所以咱们为什么不组织一个活动让大家欢聚一堂，这也算是应对当前局面最好的办法了吧？"他如此这般询问我。而在此之前，纳撒尼尔已经按照这一思路撰写了一封电子邮件并发送给几年前与其有过一面之缘的 TED 演讲团队。

就这样，纳撒尼尔在 36 个小时之内组织了一场空前（很可能也会是绝后）的"TED × 火山"联名会议 ——TED 大会的一次"众筹"专场。在没有任何预算，仅有一个周末的准备时间，并且在伦敦几乎找不到直接联络人的情况下，纳撒尼尔成功地将一次由意外事件引发的困扰，转化成为一场吸引了 300 余人热情报名，200 位社会名流现场参与的大会，演讲嘉宾中更包括了"亿贝"（eBay）的首任总裁杰夫·斯科尔（Jeff Skoll）。同时本次会议的实况录像还在网络播放平台上获得了一万余次的网友点击。

这场会议本身无疑是一次壮举，而我同时也在思考两大问题：1. 纳撒尼尔是如何做到的？2. 我们能从中获得何种启发？

和所有人一样，纳撒尼尔也会遇到一些意外的随机事件，比如在上例中，他便遭遇了一段意料之外的"伦敦搁浅"。但是他以十分睿智（包括洞察力、创造力和行动力）的方式将这一切转变成为积极正面的因素。相比之下，大多数人可能难以像他那样从危机中觅得潜在的良机。纳撒尼尔不仅清楚了解到一大批杰出人士彼时正受困于伦敦当地，他甚至还意识到这些社会名流们的亲身经历可以作为 TED 大会主旨演讲的极佳素材。而在具体实施阶段，换作一般人的话，很可能会因缺乏足够的资源而放弃，而纳撒尼尔却以他的热情和沟通技巧成功说服了当地的一家联合办公场所为本次会议提供空间，并通过"沙盒网络"（我作为合伙人创办的创新社群）招募志愿者以及邀请诸如 Google.org（谷歌旗下的慈善机构）前执行董事拉里·布里连特（Larry Brilliant）等顶尖人物前来发表即兴演讲。在一无预算、二无人脉基础的条件下，纳撒尼尔凭借过人的"穿针引线"能力，仅仅用时一天半，便成就了一场世界级的盛会。以上概况并不是故事的全部，本书后文中还会继续探讨这一案例。而在此我想要强调的一点是，类似这样的意外遭遇，其发生频率可能比我们想象的要高得多。

我们再来看德国组织心理学家尼克·罗斯（Nico Rose）

博士的亲身经历。2018 年罗斯博士出差时，在波士顿酒店的健身房里偶遇了前世界重量级拳击冠军弗拉基米尔·克利钦科（Wladimir Klitschko）。虽然罗斯博士前往健身房仅仅是为了帮助自己倒时差，但睡眼惺忪的他还是第一时间认出了自己的偶像克利钦科。于是罗斯博士赶紧奔回房间拿上自己的手机，打算在不影响偶像正常训练的前提下，邀请他一起拍张合影。

绝佳的时刻到来了。克利钦科的经纪人突然走进了健身房，并用德语和克利钦科交谈起来。罗斯博士在一旁听出，原来这两位都不知道早餐餐厅在哪里。于是罗斯博士抓住这一时机，主动上前为二人指路，顺便也得到了与偶像同框的机会。接着，双方又继续回到各自的健身器械上。锻炼结束后，克利钦科准备搭乘电梯离开，而罗斯博士则紧随其后，二人又聊了起来。一番交流之后，克利钦科拜托罗斯博士在后者所就职的企业大学里为自己介绍一些演讲的机会，而相应地，克利钦科则答应为罗斯博士即将出版的新书撰写序言。

在上述两个案例中，纳撒尼尔有没有预计过火山灰的影响？罗斯博士有没有想到过偶遇自己的偶像？他们在此之前有没有策划过在伦敦组织一次全球会议或是在波士顿一家酒店的健身房里邀请一位世界级的体育名人为自己的新书作序？显然都没有——不过他们两人都早在事发之前便为如何应对这些机缘巧合做好了准备。

很多情况下，对于生活事件的观察，只有在事前做出才更有意义。然而人们却偏爱做"事后诸葛亮"，因为只有这样，才能够把一个个随机选择和意外因素转化成为一桩桩令人信服和合乎逻辑的故事。

即使对职业发展再怎么毫无头绪的人，都会希望在自己的简历里将生活描述得规划合理而又井然有序。然而实际情况却截然不同——生活中充满了巧合和意外，许多驱动因素往往都来自意料之外的想法、遭遇或对话。

不过试想一下，如果我们能够学着以"先见之明"而非仅仅"事后聪明"来"穿针引线"，结果会怎样？如果我们能够做好充分准备积极应对机缘巧合，乃至主动为机缘巧合的萌发和进化营造环境，结果会怎样？如果我们能够懂得如何滋养和培育机缘巧合，结果会怎样？最后也是最重要的，如果我们能够确保机缘巧合最终绽放出理想之花，结果又会怎样？

虽然世上少有人能预先设计一场地震事件或是与超级巨星的偶遇，但我们可以抓住机遇，创造积极的条件对机缘巧合的事件加以发掘和利用。

许多人都未曾意识到的是，成功者的成功通常并不仅仅是"走大运"而已，即使看起来某些偶然因素在他们的成功之路上发挥了重要作用。事实上，成功人士往往会在经意或是不经意间，通过某些行动为"好运气"的造访打下必要基础。

这个世界绝不是只有理查德·布兰森（Richard Bransons）、比尔·盖茨（Bill Gates）、奥普拉·温弗瑞（Oprah Winfreys）和阿里安娜·赫芬顿（Arianna Huffingtons）这样的名流才有资格成为好运的受益者和分享者 —— 我们每个人都可以为自己和他人培育一份专属的"小确幸"。

无处不在的机缘巧合

毋庸置疑的是，锦纶、魔术贴、伟哥、便利贴、X 射线、青霉素、橡胶和微波炉等的发明、发现都是与机缘巧合分不开的。而许多总统、超级明星、教授、商人 —— 包括大量世界顶级的首席执行官等，都将自己的成功很大程度上归功于机缘巧合。

然而，机缘巧合并不是能够主导伟大的科学发现、商业成就或外交突破的决定力量。它广泛存在于我们的日常生活中，小到鸡毛蒜皮、大到天崩地裂，无所不在。设想一下，某天你的邻居租了一个脚手架，用于修剪园子里的树枝，你看着她辛勤劳作的身影，突然想起自己屋顶上的瓦片似乎有些松动，只是因为情况并不严重，所以暂时懒得去修补它。嘿，有了……

于是你走出屋外，开始和邻居攀谈起来，并帮助她拖走修剪下来的树枝。接着你又邀请她坐下来喝上一杯，并借了她的脚手架修理屋顶的瓦片。（注意，切勿酒后作业！）而当你站上脚手架时，才发现屋檐边的排水管子已经摇摇欲坠，急需交由专业人士处理——否则管子一旦倒下，可能会不幸砸伤某位家庭成员。

回想一下，你最近是否也曾有过类似的经历呢？

机缘巧合就如此类事件一样无时无刻不在发生着。我们有时可能对它们浑然不觉，但它们和所有机缘巧合一样都具备着以下关键特征：它们都是生活中的意外因素，如果我们留心观察和悉心关注，并将它们与其他一些看似无关的因素建立起联系，如此这般久久为功，那么有朝一日当某些（潜伏已久的）危机浮出水面时，我们便会发现心中竟早已有了成熟的解决方案。

某种程度上，甚至连爱情都可说是机缘巧合的结果。我和我的历任女伴几乎都结识于咖啡馆或机场。一杯洒落的咖啡或是一台需要照看的笔记本电脑便足以开启一段罗曼蒂克的对白。许多经典的爱情故事都始于一场意外——拿奥巴马夫妇来说，奥巴马在认识米歇尔的时候还是个拖沓散漫的毛头小子，他们的缘分始于奥巴马加入了米歇尔的公司，并成为她手下的一名学徒。（后文也将提到，百折不挠的毅力往往也是将潜在的机缘巧合转化为有利结果的关键因素：米歇尔起初曾以不提倡师生恋为由拒绝了奥巴马的示爱，而奥巴马则回应道他已经做好了离职的准备——在经历了一番情感波折后，接下来的故事便被众人传为佳话了。）

如果身为读者的你正处于恋爱之中，那么你是如何认识你的另一半的呢？即使你们的相遇"实属偶然"，那多半也不会只是纯粹的运气，否则那就等于在说你对于这场浪漫邂逅的贡献度为零。也许那的确是一场偶然的相遇，但是你也许从中发现了一股强烈的羁绊——心有灵犀的感觉也好，彼此一致的三观也好，关键在于：是你对此展开了行动；是你用心浇灌这股羁绊，并与爱人相互促进、相互激励；是你抓住了这次机遇，并促使它开花结果。

所以我们说，机缘巧合，绝不仅仅是纯运气而已。

机缘巧合的不同种类

虽然每一个具体的机缘巧合都是独一无二的，但科学研究还是归纳出了机缘巧合的三大主要类型。所有类型都包含一种名为"机缘诱因"（也即某种意外因素）的元素，而不同类型的区别之处则主要体现在机缘巧合的初始动机和最终结果上。

我们可以通过以下两个基本问题对机缘巧合进行分类，也即：

"你是否已经有了明确的追寻目标？"

以及

"你得偿所愿了吗？还是意外解锁了另一个结局？"

那么，所谓机缘巧合的三大类型具体是什么呢？

阿基米德式机缘巧合：通过意外的途径解决了既定的问题

当某种已知的问题或挑战（例如处理损坏的浴缸或是寻找

理想的工作）以一种意想不到的方式解决时，我们便称其为"阿基米德式机缘巧合"。以阿基米德的故事为例：相传叙拉古国王希罗二世曾拜托希腊数学家阿基米德协助其查明是否有金匠在用于打造皇冠的黄金里掺入了白银。在对皇冠进行称重后，并没有发现缺斤短两，可是谁又能保证这一定是纯金打造的呢？阿基米德一时也满头雾水，想不出破解之策，于是便前往公共浴池沐浴放松。当他悠闲地望着浴缸里的池水随着自己身体的下沉而不断上升并满溢出来时 ——"我想到了!"—— 阿基米德突然意识到，白银的密度小于黄金，所以掺了白银的皇冠一定比相同质量的纯金皇冠体积更大。因此如果将掺假的皇冠浸入水中，那么它也会比同质量的纯金皇冠排出更多的水量。

这种类型的机缘巧合在个人的日常生活以及各类企业的日常运营中非常常见。因为一些随机事件或客户的异常反馈而引发的策略改变，不但在中小企业家身上屡见不鲜，连在商业巨头那儿也时有发生。

跨国消费品巨头宝洁公司（Procter & Gamble）的首席执行官大卫·泰勒（David Taylor）在一次采访过程中向我透露道，他喜欢对既定模式的改变，因为改变意味着团队取得了观念上的突破，打开了新的可能。用他的原话来说："我们仍然致力于解决问题，但在具体路径上突破创新。谁都难以做到算无遗策，但我们应当始终以问题为导向。这听上去有点儿玄学，但当我们积累了足够丰富的经验，倾注了足够深厚的热忱，树立了足够开放的心态后，魔力便会出现。"

时任梅赛德斯–奔驰（Mercedes-Benz）加拿大公司销售顾问的瓦卡斯·巴格贾（Waqas Baggia）便是阿基米德式机缘巧合的代言人之一。瓦卡斯出生于加拿大，曾因妻子赴英研修法律而一度移居英国，还曾在英国的捷豹路虎公司担任技术招聘顾问，后又返回多伦多，从事零售业工作。为了重返汽车行业，他先后申请了六七家公司的面试，但均未获得录用。与此同时，他在零售岗位上仍然十分刻苦地工作，甚至引起了同伴们的不解："不就是卖个货嘛，何必这么卖力！"然而瓦卡斯的信条却是，无论从事什么工作，都要好好去干。有一次，在瓦卡斯日常接待一名客户时，客户被他的专业素养和服务热情深深打动，于是对他的个人情况产生了兴趣。当他了解到瓦卡斯正在谋求豪车公司的销售职位时，便立刻提供给他面试的机会，原来这位客户正是一家梅赛德斯–奔驰经销公司的总经理。就这样，瓦卡斯成了该经理麾下首位没有相关从业经验但仍然获得录用的销售顾问——公司还特别为其订制了一套专门的培训课程。瓦卡斯强烈的敬业精神和服务热情，加之从客户角度出发的思维方式，成就了这次意外的职业跃迁。

便利贴式机缘巧合：通过意外的途径解决了意外的问题

如果在思考某一特定问题的过程中，突然碰巧想到了另一个完全不同，甚至此前从未意识到的问题的解决方案，我们便称其为"便利贴式机缘巧合"。这就好比外出旅游时走岔了路，但仍然去到了一个不错的景点。以便利贴的发明为例。20 世纪 70 年代后期，消费品企业 3M 公司的研究员斯潘塞·西尔弗（Spencer Silver）博士曾试图发明一种黏性更强的胶水，不过却事与愿违——最终研发出来的产品黏性很不理想。然而，这种黏性很弱的胶水却非常适合用于 3M 公司新开发的一种被称为"便利贴"的产品。

另一个例子来自一个跨国的化工集团。该集团致力于销售一种相框玻璃的涂层——该涂层可以增强玻璃的透光度，从而防止反光。这一涂层效果出色，然而公司却未能有效打开市场。就在项目经理打算放弃该产品之际，却偶然在一次和兄弟部门的员工交流时得到了灵感，原来这一涂层技术可以在需要尽可能收集阳光的太阳能电池板上大显身手。正是这一歪打正着的解决方案，极大地推动了公司太阳能业务部门的发展。该公司的首席执行官对此评价道："也许有人会觉得这纯粹是'运气'，但我要说这是一种'机缘'。"本书随后将对这一观点展开进一步论证。

如果我们对各种意外情况持开放态度，并尝试用其解决新兴问题，那么结果也会常常超乎预期。宜家公司 2012 年至 2017 年的首席执行官彼得·阿格尼夫杰沃（Peter Agnefjall）在一次访谈中笑称，如果我们在五年前告诉他宜家将在未来涉足风电和太阳能领域，他一定会觉得我们在开愚人节玩笑。"不过现在回头再看，这些不就是我们目前正在做的吗？"

雷霆式机缘巧合的发生是不以任何刻意的探究或解决问题的尝试为前提的。它如同晴天霹雳一般毫无征兆地骤然降临，瞬间开辟出一条新的路径，或是解决了某种未知的、一时搁置的问题。这无疑是令人为之痴迷的，而事实上许多创新的思路和手段也都是从这种类型的机缘巧合中脱颖而出。

当年轻的奥利维亚·特威斯特（化名）搬进她的第一所公寓时，厨房抽屉里的一件奇怪物件引起了她的注意。她将这个东西拿给朋友看，朋友告诉她这是暖气片阀门的钥匙，用来排出暖气片中不必要的空气，让暖气流通以保障制暖效能。奥利维亚此前从未接触过此类问题，也对暖气片阀门钥匙的用途一无所知，然而当天气渐渐转冷时，她便试着用阀门钥匙给暖气片放气，于是房间里面变得温暖多了。这次意外的发现，加之对于陌生事物的好奇心和求知欲，使得奥利维亚在无意间解决了一个此前未曾预料到的问题。

另一个类似的案例则是"沙发音乐"，一种风靡全球的、对现场音乐会表现形式的再革新。据说有一次，音乐爱好者雷夫·欧佛（Rafe Offer）、洛基·斯塔特（Rocky Start），以及创作歌手戴夫·亚历山大（Dave Alexander）去观看独立摇滚乐队"友善之火"（Friendly Fires）的现场演出，结果他们发现周边观众有的对音乐大放厥词，有的只顾着刷手机，这让他们在火冒三丈的同时，也意识到人们能够专心致志地聆听一场音乐会的日子已经一去不复返了。2009 年，上述三人决定在位于伦敦北部的洛基家中组织一场私房演出。于是他们精心挑选了若干亲友，大家围坐在洛基家中的前厅，静静享受着戴夫表演的歌曲。

后来，他们将这种私房演出的形式推广到了伦敦各地，乃至巴黎、纽约和其他城市，并且收到了来自全球各地的有意承办类似演出的邀约。"沙发音乐"（Sofar，为私房音乐"songs from a room"的缩写）由此诞生。截至 2018 年，"沙发音乐"已经举办了超过 4000 场私房演出，地点遍布全球的 400 多个城市，合作企业包括爱彼迎（Airbnb）、维珍集团（Virgin Group）等。

由一次糟心的音乐会经历而引发的交流，最终演变成一番神奇的体验 —— 私人会客厅的亲密感与现场音乐会的感染力二者的完美结合。

并非所有机缘巧合都可归类

对机缘巧合的分类多多少少都带有一些主观性，而且某些具体案例可能会涉及上述三种类型中的一个或多个元素。所以当你碰上了某个机缘巧合，千万不要把时间浪费在给它分类上，否则机会很可能会趁你举棋不定之际悄然溜走。

虽然机缘巧合的核心要义 —— 将各种未知和看似不相关的因

素"穿针引线"是万变不离其宗的，但许多机缘巧合的事件都很难加以分门别类，包括一些非常著名的案例。

就拿一个足以改变世界的进步事件——亚历山大·弗莱明（Alexander Fleming）发现青霉素来说。这一故事众所周知，并作为医学和科学领域取得重大突破的范本被写进了基础教育的教材。不过这里我们要做一个简要的补充。

弗莱明当时主要研究的是葡萄球——该细菌种类繁多，可导致广泛的人类感染，且部分菌种带有致命性。1928年的一个早晨，弗莱明回到了位于伦敦圣玛丽医院的地下实验室，发现有一个装有细菌样本的培养皿被暴露放置在窗台上。弗莱明意外地发现，培养皿里生长出了一些蓝绿色的霉菌，而更加奇怪的是，在霉菌的周围，葡萄球菌竟然消失不见了。

这种霉菌便是产黄青霉，自此青霉素作为一种可以抗菌的药剂而被发现，并带动了整个抗生素学科的兴起，拯救了数以百万计的生命。[巧合的是，美国北部地区研究实验室的助理人员玛丽·亨特（Mary Hunt）也在偶然间发现了一种"金色霉菌"，它的青霉素产量高于弗莱明发现的蓝绿霉菌数十倍，从而使得青霉素的大规模量产化成为可能]。

从一次意外的培养皿污染引发了霉菌生长，到拯救万千生命的药物发明，以上故事中包含了机缘巧合的许多关键特征，不过这种机缘巧合属于哪种类型呢？答案取决于我们如何看待弗莱明的初衷。如果我们认为弗莱明和所有的医学研究者一样都在寻找疾病的治疗方法，那么很显然他实现了自己的目标 —— 即使是通过某种迂回的方式。不过从另一个角度来看，弗莱明当时肯定不是在寻找抗生素 —— 之前人们对此还一无所知。

无论这一机缘巧合属于哪种类型，它都是由某种诱因（培养皿的意外污染）所引发的，而这其中最关键的环节却是弗莱明的应对方式。他并没有一边抱怨自己的粗心大意一边将污染的培养皿丢进垃圾桶，而是充满好奇地将培养皿向同事们展示，并对此开展进一步的研究。又经过多年漫长的努力，才最终将一次意外事故转化成为改变世界的良药。

尽管青霉素是偶然间被发现的，但如果认为弗莱明"不过是'人品爆发'而已"，并且否认个人的主观能动性在这一重大突破中所起到的作用，那就有失偏颇了。弗莱明的关键作用在于他做出了至关重要的一次"穿针引线"，也即所谓的"异类联想"。虽然让联想之光真正照进现实可能需要花费数年之久，但如果弗莱明当初并没有展开适当的联想，那么那些生长在培养皿中的绿色霉菌便只能成为被遗忘在角落里的一堆实验废弃物。事实上，早在弗莱明发现青霉素的几十年前，人们便对霉菌与细菌之间的拮抗作用有所观察，然而却一直未能予以切实的关注。如果这场机缘巧合发生在更早的年代，那么拯救百万生命的奇迹还是否会出现呢？

善于利用机缘巧合

机缘巧合不仅仅是当事人的偶然遭遇，它也是一种具有自身特质的客观现象，而对于这些特质，我们都可以在日常生活中加以培养。如果我们能够进一步对机缘巧合加强探究，那么便可以更加深入地了解机缘巧合的本质，从而将其作为一种神奇的工具善加利用，而非仅仅将其视为一种外在的不可抗力。

为此，基于现有的研究成果，我们可以明确指出机缘巧合的三个相互关联的核心特征：

1. 当事人遭遇到意料之外或是非同寻常的事件。该事件可能是一种具体现象，也可能是谈话交流中的灵光一现，或是其他光怪陆离的意外因素。这即是机缘巧合的诱因。

2. 相关人士将此诱因与某些看似毫不相干的事物建立起联系。通过"穿针引线"，挖掘出意外因素中的潜在价值。这种在看似毫无关联的两个因素或事件之间建立关联的行为便被称为"异类联想"。

3. 接下来是最为关键的一步，也即潜在价值的兑现 —— 无论是富含深度的见解、天马行空的创意、另辟蹊径的手法还是别具一格的方案等，都是与当事人的预期目标大相径庭的，至少在表现形式上截然不同。一言以蔽之就是出乎意料。

虽然机缘巧合离不开"意外"和"机遇"两个关键词，但这两者仅仅是一个开端。一桩机缘的促成，同样离不开当事人阅读和抓住机遇的能力。而这意味着当事人需要基于自己对"如何建立有效关联"的（临场）认知，并运用创造性思维，将各种事件、观点或信息碎片加以重组。有的时候，即使将两个"八竿子打不着"的概念联系在一起，都会迸发出惊人的灵感。

想要玩转机缘巧合，需要善于理解和利用各种意外的境遇和信息。而这一能力是可以一步步地加以学习和提升的。因此，我们可以培养自己的"机缘思维"，也即准确辨识、合理掌控以及灵活运用机缘巧合这一强大魔法的能力。

虽然具体的某个意外因素是一个既定的状态，但机缘巧合却是一个动态的过程。意外和（或）机遇都是举足轻重的，但也仅仅是一个开篇。至关重要的下一步在于如何理解和利用当下的意外因素。若能如此，当在同样的情况下别人大脑短路时，我们则能够深刻洞察表象之下的种种暗合。此外，我们还需要变得更加睿智 —— 去粗取精，发现价值，以及树立"不破楼兰终不还"的坚定决心。

如果我们无法识别机缘巧合的诱因或是潜在关联，那么机缘巧合便会与我们擦身而过，偶然与机遇的裂变进程也就到此为止了。如果我们遇到了机缘巧合的引子（比如偶遇弗拉基米尔·克利钦科或是某位心仪的对象），但却没能做到"穿针引线"，那么机缘巧合便会消失在无形之中了。

想象一下当机缘巧合近在眼前，而你却与它失之交臂（对机遇完全视而不见或是发现了机遇却没有付诸行动），那该是有多么可惜啊！最近你是否遇到过某个契机，当时各种不为所动，事后想来却悔之不及："如果当时稍一努力，会不会开创一个新局面？"这就是为什么我们亟须培养自己的机缘思维。

我们还可以通过诸如重构组织、关系网和物理空间等方式影响机缘巧合的孕育条件。"机缘思维"和"条件创造"二者相辅相成，共同为"机缘力场"的构建以及发挥作用提供了肥沃的土壤。

图 1-1 展示的是"机缘力场"的形成过程。（请注意这只是一张简图。很多情况下"诱因"和"穿针引线"二者是同时发生的，此外还存在一个"反馈循环"的概念——前一轮机缘巧合的结果将会对后续机缘巧合的衍生起到促进或抑制作用，本书后文将做进一步探讨。）

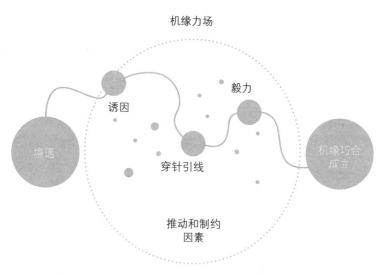

图 1-1 "机缘力场"的形成过程

从偶然、随机事件到机缘巧合

作为一名研究者、网络社群建设者和企业家，我经常听到人们说："哇，这件事未免也太凑巧了吧！"不过试着用"穿针引线"的思维将整件事情复盘一下，你可能就会明白这种说法并不完全正确。那些看似幸运的事件往往都是建立在某人或某事所铺垫的基础之上。正如前面所提到的，"科学"和"运气"看上去似乎很不登对，但很多科学研究的核心目标恰恰就是机缘巧合本身。

以组合化学领域为例，其核心要义就在于制造巧合：在同一时间内生产数以万计的化学物质，然后再从中筛选出富有价值的新标的。本质上来说，组合化学就是在制造成千上万次的巧合，然后再翘首以待其中任何一次可能会取得的突破。研制新药的厂商都非常擅长开展类似的实验，再辅以正确的方法和合适的人才，便可以通过生产、发掘和掌控"巧合"来获得利润。从理论上来说，在此类实验进行过程中无法预知结果以及所需时间，但相对确定的一点是，总有些事情要发生。

类似地，诸如"扎根理论"等定性研究方法所倚重的并非统计数据的支持，而是新奇或出人意料的观点。从这种意义上来说，每位研究人员都可说是科学领域的夏洛克·福尔摩斯。

当今世界，政治、社会和环境的变化日新月异，各种不确定性层出不穷，影响着人类的未来，也对企业的可持续发展提出了挑战。比如全球领先的白色家电厂商海尔集团，便遵循着其首席执行官张瑞敏所提出的"要在尚未被颠覆之前主动进行自我颠覆"之理念，将"拥抱不确定性"纳入企业的核心价值观。毕竟谁能预想到，中国农民会拿海尔洗衣机清洗土豆呢？①

与之相呼应的是，某个世界顶尖的金融服务公司的首席执行官和我分享了他如何探寻未来的发展路径："必须时时刻刻树立全盘考虑的意识，这样才能够在前进的道路上不断地抓住各种机遇。"他和公司团队所秉持的愿景、文化以及实践方式都有助于在未知的环境中寻得方向感，于是机缘巧合往往便会在意想不到的场合，以意想不到的方式出现。也就是说，他们与同伴一起构建了一个机缘巧合的力场。

在对何种因素能够帮助个人或组织更好应对未来的研究过程中，有一种观点一而再、再而三地浮现在我的脑海中：事实证明，许多世界级的顶尖人物都在不经意间培养出了应对不测的能力。比如对于美国《财富》500强康明斯公司的首席执行官兰博文（Tom Linebarger）来说，培育机缘巧合就是他的核心工作——他认为面对各种变数，要积极引领方向，而非消极应对。

有些人（包括我自己在内）可能会问："如果我们深度介入其中，那么机缘巧合还能被称作机缘巧合吗？"

---

① 当海尔公司的市场专员们了解到农民正将洗衣机派作意想不到的用途时，他们便迅速对机器做出调整，使其能够更加有效地处理因清洗土豆而产生的泥沙沉淀（这使得海尔的洗衣机相比竞品来说具有更大的优势）。

对此我要斩钉截铁地给出肯定的回答，因为这就是机缘巧合和绝对运气之间的明显区别。培养机缘巧合，首先也是最重要的一点就是以开阔的眼界看待世界，并掌握"穿针引线"的能力。它不是在天时地利具备之后向着既定目标一路平推，而是一种我们可以主动介入的品质或者进程。

本章小结

机缘巧合是一种积极的、建立在个人认知和"穿针引线"能力基础之上的"妙运"。本章探讨了由"机缘诱因"所引发的三种不同类型的机缘巧合。培养"机缘思维"有助于我们更好地识别诱因，"穿针引线"并持之以恒地对潜在的有利结果予以关注并施加影响。同时，我们还可以对社群、公司等各种机缘巧合的推动和制约因素进行干预。将上述手段有机结合，我们便可构建出所谓的"机缘力场"——通过个人的努力，将所有潜在的关联一一打通，如此一来便可催生出更多充满意义的巧合，同时也会让正在发生的巧合变得更有意义。那么，我们该如何开始呢？

第二章　培养敏锐感：避免与机缘巧合失之交臂

生活嘛，总是计划赶不上变化。

——艾伦·桑德斯（Allen Saunders），

美国作家、记者和漫画家，1957 年

　　每学期开学授课的时候，我都会和新同学们做一个游戏。我会向同学们提问："你们觉得在这间 60 多人的教室中，有两位同学同一天生日的概率有多大？"

　　一般来说，学生们会给到一个介于 5%～20% 的预估值。这种估计是有一定道理的，因为一年有 365 天，从逻辑上判断，班上 60 位同学的生日被平均分布在 365 个日期之中，于是基本上我们可以得出，两个同学同一天生日的可能性相当之低。

　　那么接下来，我便让学生们挨个报上自己的生日，而如果其他同学发现自己的生日与之相同，便可大声示意："我也是！"如此这般，大约轮到第 10 个学生报出自己生日的时候，便可以听到一声中气十足的"我也是！"从某个角落里响起，同学们对此无比震惊。

然后便是第二对、第三对……大多数情况下，在一个60人左右规模的班级中，竟然可以匹配成功3到6对生日相同的学生，这令我本人也惊讶不已。

这种事情怎么可能呢？是邪了门么？不，这只是纯粹的统计学原理。这是一个指数问题而非线性问题：每当一名学生公布他的生日时，就会带来许多"匹配成功"的可能。拿第一名学生来说，班级里其余59名学生都有可能与其同一天生日；而第二名学生则会产生58次匹配机会（假设第一名学生的生日与其不同），以此类推。如果我们将所有匹配的可能性加总在一起，便可以归纳出所谓的"生日悖论"（见图2-1）。

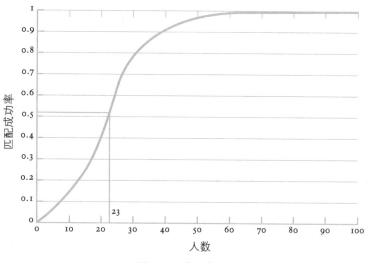

图2-1 生日悖论

根据这一理论，仅仅随机抽取 23 人组成的样本中出现同样生日的可能性便已经超过了 50%！（因为这一样本规模可以产生共计 253 次的"机会"或是匹配成功的可能。）更加奇妙的是，如果随机样本的规模达到了 70 人，那么其中几乎铁定（99.9%）会出现生日相同的案例。（作为一个因数学能力欠佳而在高中留级了一年的人，我也是花费了大量的工夫才弄明白。但不管怎样这一原理是正确无误的。）

明白这一道理的意义何在呢？

有证据显示，意外因素的出现概率常常会遭到低估，因为人们往往倾向于线性思维——按部就班——而非跳跃性思维（或是权变思维）。不过机遇无时无刻不在发生，你见，或者不见，它就在那里。

只要意识到机缘巧合无处不在，那么我们便能让魔法出现，小到日常生活的微创新，大到决定命运的转折点，尽皆如此。

正如下文所述，无论是与生俱来还是后天习得的思维方式，往往都会让我们一叶障目，不见泰山，在机缘巧合面前浑然不觉，更不用说主动驾驭了。我们与机缘巧合之间最大的障碍在于我们对于世界的先入之见。这些偏见往往会在无意识间左右我们的思想，并扼杀掉发现机缘巧合的可能性。如果你认为自己根本没有任何偏见的话，哦，那很可能这就是你脑海中最大的偏见了。

偏见一旦发生作用，便会让我们对机缘巧合的出现视而不见，甚至可能会对正在发生的机缘巧合产生误判。许多人会将自己的成功归因为辛勤的付出和周密的规划——长远的目标和策略必然会成就一番荣耀。有时候确实是这样，不过更多情况下却不尽然。生活中许多至关重要的转折点往往源自机缘巧合（有时候甚至只是绝对运气），只不过事后的再解读可能会有些不太一样，正如我们经常在发送给应聘单位的简历中将自己的职业规划描述得无比明确一样。

当然，偏见也有其可取之处，并且出于某些合理的原因，其自身也在不断地进化——如果我们所能感知的世界只是一片随机的混沌，那么人类将会无所适从；此外，我们也不可能将社会活动中所有的影响因素都一网打尽。于是我们进化出了各种偏见和刻板印象，从而帮助人类实现了无比重大的跃迁，也使个人和组织得以在发展之路上阔步向前。

偏见的类型五花八门，不过总的来说，主要有四种可能妨碍到机缘巧合的偏见有待我们加以克服——至少应当能够准确识别，才能更加有利于我们培育机缘巧合。这些偏见包括：低估变数、从众思想、"事后合理化"以及行动僵化。这些术语听上去有些专业，但它们的内涵却十分有趣。

我们低估了意外的变数

我的一位校友以前常常会说："越是不可能的事情往往越容易发生。"这听上去像是天方夜谭，不过多年以后，我才开始真正明白这句话的含义。生活中一直上演着各种意想不到的、概率不高的乃至完完全全超乎寻常的事情，而最重要的在于我们是否能够对其进行有效的识别、把握和培育，并令其为己所用。

我曾在英国教授过某个谈判课程。其中有一个随堂练习，内容是扮演一家独立加油站的所有者，试图说服某个大型石油公司前来收购。有关谈判的设定如下：石油公司最多愿意支付50万美金用于收购，而加油站主人的心理价位则高达58万美金。如果谈判双方各执己见，那么合作便无法达成。从理论上来说，这场谈判根本没有议价空间，除非至少有一方做出让步，否则双方完全不可能达成一致。

于是我向学生们——扮演加油站主人和石油公司代表的双方提出一个命题，让他们试着抛开各自的立场，以开放的心态捕捉潜藏着的真实需求和利益。在这种情况下，石油公司代表开始询问卖方为什么需要58万美金，接下来，一些意想不到的情况开始出现了：加油站主人解释道，他最大的梦想就是退休后与伴侣一起出海遨游，而这笔钱正是一路航行所需的经费。

这时，扮演公司代表的学生们常常会回应说："哦，我不知道原来是这种情况。那么我们可以在你的旅途中为你保障燃料供应，你只需在船帆上印上鄙公司的名称即可。事实上我们一直希望参与更多类似的赞助活动！"——当然还会有其他一些意料之外的方案，可以让石油公司以较低的成本为加油站主人提供更多的附加值。

一旦我们能够洞察表象之下的利益诉求，那么便可通过某些意想不到的方式解决问题。（对于那些具备"双赢"思想，也即期望双方可以达成互惠的学生来说，奇思妙想的方案会出现得更加直截了当一些，而那些抱着"零和博弈"观念的学生则需要花费更多的时间才能发现原来可以通过"做大蛋糕"的方式使得谈判的双方同时获益。"双赢"思想有助于建立互信，并使得双方就彼此的潜在诉求和关切进行信息交换时更有效率；相较之下，如果坚持认为一方的收益来自另一方的损失，那么局面便很难打破。）

提高谈判技巧的方法多种多样，最为重要的一点是我们必须意识到，没能抓住机遇往往是因为没有机遇意识。许多人只能看到加油站主人表面上的漫天要价（我们往往对此也习以为常），却未能洞悉其背后所潜藏的真实诉求，以及在此基础上可能孕育出的意外惊喜。

这种洞察力在商业谈判等领域尤为重要：比如求职者在寻找新工作时或是购房者在物色房源时。在这些场合中，我们往往需要将一些意外的变数穿针引线，才能有利于供求双方达成一致。当然以上只是一些再小不过的例子而已。如果我们试着对事物间千丝万缕的联系进行认真复盘，那么便会发现生活中充满着大量的意外变数，无论是职业生涯中的破茧成蝶，还是与茫茫人海中的伴侣不期而遇。

我们每个人都基于对"规范"（也即符合我们预期的事物）

的理解为自己打造了一副看待世界的有色眼镜。然而，如果我们试着将自己的预期范围不断扩展的话，便可以渐渐地发现越来越多的相互关联，从而逐步领悟到许多看似不可能的事情恰恰就在我们身边不断地发生着，并有待我们加以利用。这即是培养机缘思维的关键所在。如果我们多加思考，便会意识到其实我们每天都在留心意外因素，不过那多是出于一种防御机制。当我们在一条川流不息的交通要道上横穿马路时，我们一般都期望车辆不会擅闯红灯，不过很多人并不会对此完全放心，即使在绿灯亮起的时候，我们穿越马路也会留意周围的交通情况，因为我们也知道偶尔会有些车子不守交规。这种情况下，我们的眼界就会比平时更加开阔，此时我们就是在密切关注意外的变数，因为我们知道一不留神就可能造成致命的后果。

想象一下，如果我们将同样的做法应用于积极的方面会怎么样——保持更加开阔的眼界，并对可能出现的意外好运或有利因素充满警觉。英国心理学教授理查德·怀斯曼（Richard Wiseman）针对自我认知做过一次有趣的实验：他招募了一些认为自己"非常幸运"或者"非常不幸"的被试者，并对他们的世界观进行测试。在其中一次测试中，两位参与者分别是"幸运儿"马丁和"倒霉蛋"布伦达。

研究团队要求以上两位被试者步行前往咖啡馆（二人分别独自出发），购买一杯咖啡，然后再坐一会儿。隐藏摄影机将全程跟随二人并记录下整个过程。

研究人员将一张 5 英镑的钞票摆放在正对咖啡馆入口的必经之路上，而咖啡馆也经过了重新布置，只腾出四张大桌子，每张桌子都预先安排好了一人落座：三名"演员"和一名"成功商人"，其中"商人"坐得离吧台最近。这四名"暗桩"将会分别与两位被试者进行同样的交流。

结果你猜怎么着？

"幸运儿"马丁前往咖啡馆时，在路上捡到了 5 英镑，走进咖啡馆后，他点了一杯咖啡，并坐在了"商人"旁边，和他攀谈起来，最后他俩成了朋友。

而"倒霉蛋"布伦达呢，她没有发现地上的钞票，进入咖啡馆后她同样坐在"商人"的边上，不过自始至终都一言不发。

实验结束后，怀斯曼的团队开始询问二人当天过得怎么样，收到的反馈是截然不同的。马丁认为自己过得太棒了，他捡到了 5 英镑，并且和一位成功的商人相谈甚欢。（我们并不确定从此往后还会不会有其他什么美事在等待着他——如果还有的话，那也是情理之中的事情。）而布伦达则不出意外地表示自己又虚度了一日。这两位被试者面临着几乎别无二致的潜在机遇，然而只有其中一位有所斩获。

获得好运的关键在于对各种意外因素持开放态度——机缘巧合同理。马丁的好运气是多种原因共同造就的，而其中最为重要的一点是发现意外变数的能力。只有这样才能够更好地对意外因素进行发掘利用——幸运不在于好事来临得有多频繁，而在于我们开始学会以期待的心态发现各种机缘巧合。如此一来，即使和他人处于同一境遇，我们也可以让自己变得更加幸运。

毫无疑问，我们每个人在生活中都曾经历过机缘巧合的时刻，但我们是否轻易忽略了它们，或是与之擦肩而过呢？回想一下某次在咖啡馆里遇到的那个不小心把咖啡洒在你身上的妹子，她一看就是位小可人儿，不是吗？也许她对你也有同样的好感呢……你们本来可以擦出些火花，然而并没有；你们本来可以借"寄送干洗费用账单"的名义获得彼此的联系方式，然而并没有；你们本来可以一起书写更多的故事，然而并没有。

（本书后文中将会对人们可以从所谓"反事实"，也即与事实相反的其他可能性中收获何种启示展开讨论。）

图 2-2 说明了导致错失机缘巧合的三大因素分别是忽视诱因的重要性，不具备"穿针引线"的能力，以及缺乏坚持不懈的毅力。

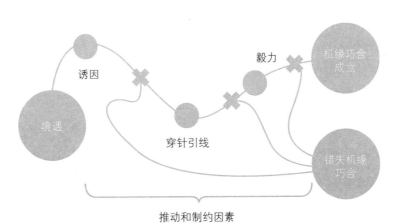

图 2-2　导致错失机缘巧合的三大因素

那么怎样才能避免与机缘巧合失之交臂呢？我们可以相应地采取一些策略（本书后文将具体展开）。现在让我们跟随学者南希·纳皮尔（Nancy Napier）和王全煌（音译）的研究团队一道来看看盐湖城的一家办公家具厂是如何凭借机缘巧合打造自身优势的。

该公司的一位高管首次提出了要积极培育机缘巧合的建议。起初，这一提议遭到了各种质疑，不过公司的管理层还是力排众议，决定每两周花费半个小时的时间梳理公司运营过程中接触到的意外信息，弄清来龙去脉并进行认真评估，最终确定如何对这些信息加以利用。

这项工作仅仅开展两个月后，研究人员们便总结出了至少 6 个"机缘巧合收益"的重大案例。他们总结道，公司管理层已经开始将"发现机缘巧合"所带来的经济影响纳入核算，而此前一系列的质疑和不解也都随之烟消云散了。这一尝试使得公司管理层更加关注各种意外因素，他们开始对一些此前备受忽视或是压根没有察觉的信息加以获取和利用。比如说，该公司在一次发布新产品时，像往常一样做了一些市场调查，在调查过程中，管理层发现了一些预料之外的信息，表明公司的定价策略可能存在缺陷——这些信息是不容错过或忽视的，否则将使公司付出高昂的代价。

从家具厂管理层以及海尔公司的案例中可以看出，对意外因素保持敏感的人也会对机缘巧合敞开怀抱。因为他们已经学会了如何从意外的信息和事件中提取隐藏的价值。正因如此，诸如印度巨头企业之一的马恒达集团（Mahindra Group）首席执行官阿南德·马恒达（Anand Mahindra）等企业高管才会考虑在整个集团范围内设置"机缘巧合观察员"。

在一场行业宴会开始之际，你心里在想些什么呢？还是和往常一样吗？坐在一个无趣家伙的旁边，漫不经心地听着一桌人的乏味谈话，一边想着如何才能早点开溜？如果这就是你所期待的，那么一切也就只能到此为止了。

你是个有主见的人吗？

我们中的许多人可能都倾向于从众，这是有着充分理由的。附议当然是最保险的策略，而且令人惊讶的是，大多数人的共识往往都是正确的，甚至比集体中少部分精英智者的想法更优。比如说，法学教授丹尼尔·马丁·卡茨（Daniel Martin Katz）和他的同事们通过分析"幻想斯科特斯"（FantasySCOTUS，一种法律界的联赛游戏，自2011年以来每天都有5000多名用户在本游戏中对400余件美国最高法院的案件结果做出超过60万条预测）中的数据，认为"群众的智慧"与最高法院的判决之间存在着高度的一致性。

再来看有关预测的案例。天气也好，经济也好，对于复杂系统的预测常常会出错，至于具体细节的话则几乎无法猜中。不过即使如此，一大堆人做出的集体预测一般也会比单个人的一家之言靠谱些。

不过不是还有一些特立独行的天才，可以准确地预判出某些非同寻常的事件，从而让一众庸者相形见绌的吗？好吧，其实个中原因往往在于我们只关注到预测成功的个别案例，如果把这些人曾经做过的所有预测都拿来检验的话，那么其准确率可能就低得可怜了。总而言之，一两次的惊人预测是支撑不起"先知"人设的。

行为学家杰克尔·邓雷耳（Jerker Denrell）和克里斯蒂娜·方（Christina Fang）的研究显示，最为符合传统智慧的预测往往就是最准确的，也就是说，真理往往掌握在大多数人的手中。一味无脑地标新立异而对群众的智慧视而不见，显然是十分草率的做法。然而，不敢违背大多数人意见的压力也会让机缘巧合被扼杀在无形之中，尤其是当从众的压力使得我们忽略或看轻生活中的意外境遇，抑或是我们所在的团体被政治因素或不良风气所充斥时。

事实上，当群体中的成员之间产生了强烈的相互牵制而无法独立行事时（例如许多公司的董事会），所谓集体决策质量更高的情况便会有所变化。此时的集体决策质量一般来说会劣于个人的独立决策，同时从众效应也会彻底破坏可能出现的机缘巧合。所以虽说无视大多数人的意见可能会招致一定的风险，但是我们应该始终保持一种怀疑精神。

许多人会在精神上进行自我阉割，毫无主见或是刻意掩盖自己的思想，因为他们担心自己的想法或观点可能会违背相关的大环境或既有的理念。

每当我因咨询项目需要而前往拜访某家新公司或者社区时，都会进行一项所谓的"茶水间实验"。我会在诸如自助餐厅、厨房区、咖啡店或者茶水间等可以让人们畅所欲言的地方找个位子坐下，然后打开笔记本电脑假装工作，其实是在探听周围人们的谈话。

有时候我会听到这样的话语："莉莉又把她那套奇怪的想法提出来了。我觉得她根本没有弄清楚状况。我们以前一直这样做得好好的，干吗非得要改变呢？"在听过几场类似的谈话后，我自然而然地得出结论：这儿的人大多喜欢抱怨现状，这样的工作文化会让分享思想和观点变得困难，因为谁知道哪天你会不会成为大伙儿背地里吐槽的对象呢？

而且，即使能够自由分享思想，我们也不敢承认自己的见解或想法依赖于非常规路径。所以许多有价值的观点往往会在后期被包装成从一开始便与预期和理性相符，以免节外生枝或是因没有经历严格的论证过程而遭人诟病。

于是这种情况便会造成机缘巧合的另一个障碍：事后合理化。

"事后聪明"的利与弊

对于既定的事实，人们通常是如何解读的呢？关于这一问题，我们需要引入所谓"事后合理化"的专业名词，它解释了人们是如何看待发生过的事情。为了理解其背后所蕴含的能量与风险，让我们先来了解一下人们是如何看待未来的。

如前所述，对于复杂体系的预测常常会出错，至少在细节上很难做到分毫不差。不过明智的预测者都能够对自己预测的能力范围以及准确度有所把握。例如对于饮料或洗漱用品等快速消费品的销售额、电影票房收入以及企业的成长速度等的预测，其错误率往往会高达 50% 到 70%，这可能意味着数百万美元的经济误差。而个中原因也很明显：大多数系统和环境都过于复杂，难以对每个细节都进行精确建模。更糟糕的是，蝴蝶效应带来的变数也是难以估量的，一点点微小的改动便可随着时间推移而造成重大的后果。所有的计划，说白了也都是预测——无非就是规划好我们需要做些什么，预期的目标成果是什么，以及针对不同结果的反应措施分别是什么等。不过在各种社会环境变数、难以避免的无意失误以及意外因素的重重影响下，计划执行的结果往往与人们事前的期待大相径庭。

研究表明，计划（比如各种商业策划）和所有预测一样，并不是决定成功的关键因素。管理学和经济学的经典著作曾经指出，多达 50% 的成功案例都被专家们认为是"无法解释的变数"——换句话说，成功无法用管理学或经济学教材中的传统理论加以解释。

那么，上述这些与既定的事实以及"事后合理化"又有什么关联呢？

问题的关键就在于，当人们对过去发生的事情进行复盘时，还是会采取和预测未来同样的步骤：建立一个模型并剔除各种细枝末节以及随机事件。可是，为什么对于尘埃落定的事实，仍然要如此操作呢？

事实上，"事后合理化"与所谓的"事后偏见"（也即人们在进行事后分析时往往会高估该事件的可预测性）密不可分。在回顾历史的时候，我们很容易淡化甚至无视各种不确定因素的影响，因为任何随机因素在事后看来都会被转化为已知条件，所以在复盘的时候便会将它们当作不可抗力对待。然后人们便会挪用这些事发之前根本无法获知的信息，组织一篇逻辑上环环相扣、很容易自圆其说的故事。

出于自身的控制欲，人们总是希望能够更好地解释这个世界，想给每件事都总结出个所以然来，即使实际上这并不容易。

人类的大脑会对诸如声音或图像等外界刺激做出反应，并试图寻找某个熟悉的范式或特征与之相匹配，而这样做的结果往往就是无中生有。请问你能看出月球表面浮现着的人脸吗？好吧，还有人能从烤奶酪三明治里发现神灵的踪影呢——这种现象被称为"幻想性错觉"。不乏有人能从电扇或空调的排气音中听出模糊的人声，还能通过将某段音乐倒退或降速播放来解读其中隐藏的信息，至于在云层中发现动物的脸什么的，就更加不足为奇了。

从进化论的角度来看，人类的这一倾向是有其存在意义的：潜意识对于信息的处理可以提高我们的认知和决策速度，这将帮助我们建立优势，以便更好地趋利避害。

在面对视觉图像时，我们比较容易意识到自己的这种倾向。实际上它的影响范围要深远得多。从广义上来说此类现象被称作"幻想性错觉"，也即认为在不同的范式或彼此无关的现象之间存在一定的联系。

行为心理学家伯尔赫斯·弗雷德里克·斯金纳（Burrhus Frederic Skinner）曾经做过一次非常有趣的实验。他将一只饥饿的鸽子放在一个盒子里，然后以完全随机的频率向盒子中投放饲料。显然，鸽子无法预测饲料何时会出现，更无法干预其进程。

然而这只鸽子却表现得仿佛自己可以有所作为。如果在它做出某种动作（比如原地转圈或是将头扭向一边）时正好获得了饲料，那么它接下来便会开始重复执行之前的动作，直到下一次投喂。虽然饲料投放的模式是完全随机的，但是鸽子似乎将其视为一种可以预测的事件，并且试图对其施加一定的控制。这对于机缘巧合来说是一个非常重要的影响因素，因为试图从事件中寻找熟悉范式或特征的倾向，可能会让我们忽视随机事件的重要性。甚至可能在缺乏机制和原理支撑的情况下误导我们，将成功之路总结成一条条僵化而生硬的公式。

坦率地说，如果我们将历史上发生过的机缘巧合全部抹去，那么想要看到它们再次出现可能会更加困难。因为机缘巧合是一个过程而非单一事件，而且通常伴有相当长的孵化期，这一点非常重要。对于机缘巧合，人们并非一直都有意愿和能力去追根溯源，更多情况下，人们倾向于对巧合事件做出某种解释，然后选择性地陈述部分事实，甚至编织出一个面目全非的故事。

故事创作可以是建设性的，因为它有助于激励人们放眼未来。但是如果想要向人们传授经验，那么首先这个故事本身必须真实可信，经过适当审核，并随时可供复验。各种组织的运行过程中也存在不少"编故事"的现象，比如企业高管们为了迎合众人期望，经常会将一些里程碑式的事件或决策描述得仿佛从一开始便计划好了一样。而另一位世界顶尖企业的首席执行官则向我直言，公司的投资者和雇员们在这一过程中扮演了举足轻重的角色，他们不喜欢听到"哦，这一次纯属撞大运"或者"事实上，这只是一场意外"之类的表达，因为这样让他们觉得缺乏独立性和掌控感。

于是这位高管和他的同事们便认为，他们应当不断强调"是的，这当然就是我们的目标，我们时刻谨记"。为什么呢？"因为这种说辞非常畅销，它迎合了投资者的心理。我常常不得不采用一些所谓的'官方说辞'，以便显得自己能够统揽全局。不过以我将近十年的企业高管经历来看，很难做到将所有事情都把握得滴水不漏。虽然这样听上去并不悦耳，不过必须得承认，我并不能时刻掌控一切。"

人们往往习惯将所有的故事描述得顺理成章，仿佛一切都在计划之内。在复盘某事的时候，我们也会选择最动听的叙述方式，正如拍摄电影总要选择最动人的剧本一样。

不过，由于这些叙述与实际情况产生了脱节，导致人们难以对成功的真实原因进行探究 —— 真正有益的启示应当是可以用来复制成功的。这就是为什么讲述很多不着边际的奇闻逸事是弊大于利的。想象一下某位业界大佬在大会致辞中谈及他是如何在享用早餐的时候一不小心冒出了一个金点子，抑或某位成功的企业高管在高级讲习班上大谈特谈他的成功经验。可能有的时候说着说着连他们自己都信了，误以为这些天方夜谭就是事实以及事实的全部。然而他们的每个案例都附带了十分特殊的背景以及一大堆的先决条件，这些优势都是台下各位虔诚的听众们难以具备的。

市面上所有介绍世界顶尖作家 J. K. 罗琳成名故事的书籍几乎都会对许多先决条件以及个人经历避而不谈，如果对这些所谓的经验生搬硬套，很可能反而会被引入歧途，结果反受其害。越是动听的故事，真实性往往就越存疑。所以我们要做的是试着厘清事件背后的规律。（在本书中，我会援引一些案例来佐证业已总结的规律 —— 我所指的规律都是具有普适性的，案例的可信度也更高，因为它们听起来更像是实际经历而非官方说辞。）

回到"还原事件原貌"这一话题上来，从中我们可以总结出何种规律呢？在"目标领导者"组织中与我共事的"哈佛管理人员培训之可持续发展领导力计划"创始人利斯·夏普（Leith Sharp），在长达 20 余年的大学教学和研究过程中对千余桩目标驱动的设想及其演变进行分析后认为，平心而论，人们都希望最初的计划可以有条不紊地顺利执行下去，而实际上，许多本应按部就班的事情往往会遇到各种意外波折，但人们复述这段经历时，往往会忽略这些意外因素（见图 2-3）。人们更愿意讲述一段"计划周密"的故事，即使实际推进过程中"状况频出"，跌宕起伏。

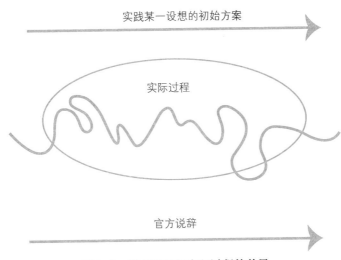

图 2-3　官方说辞与实际过程的差异

此图由哈佛大学的利斯·夏普提供。

英国培生集团的首席执行官范岳涵（John Fallon）在 2018

年"目标领导者"首席执行官研讨会上一针见血地指出："我们应当解放思想并采取有力措施，打破一直以来生硬的计划和天花乱坠的官方说辞与实际情况相去甚远的局面。虽然很有挑战性，但这才是正道。"

这一道理同样适用于包括写作在内的其他领域。和德博拉·利维（Deborah Levy）一样，许多资深作家都懂得如何"提纲挈领然后顺其自然"。他们会安排故事情节和角色随着时间的推移而次第登场，他们时刻都在策划和改编，甚至自己都会对故事的后续走向而感到惊讶 —— 不过极少有人能像德博拉那样愿意直言不讳地坦陈事情的本来面貌，而非虚构一篇从头至尾都如计划般严丝合缝的故事。

被固定思维牵住了鼻子？

对于机缘巧合来说，知识和技能是一把双刃剑。

专业知识往往条理清晰且易于获取，如果对特定领域有深入了解，便可以比一般人更容易展开"异类联想"或发现关联。然而如果对专业领域过于精通，同样可能导致"功能性僵化"。

所谓"功能性僵化"是指人们经常接触或观察同一工具的常规用法，从而难以接受对该工具的创新使用。习语云："手里拿把锤子，看啥都像钉子。"可以说是很准确了 —— 不过如果想要打造机缘思维，那么应变能力、开放精神以及创新意识都是十分必要的。

我们经常能从动作大片中发现对以上这些能力的演绎。主人翁通常是詹姆斯·邦德、劳拉·克劳馥、杰森·伯恩之类的英雄在以寡敌众或是火力悬殊的情况下，凭借自己的应变能力，将诸如借书证或卷发夹之类的日常小物变成了扭转战局的致命武器。是的，这又是好莱坞的老套剧情，但我们都应从中认识到随机应变的重要性，这不光适用于某个具体物品，同样适用于各种思维方式和解决方案。

研究表明，如果某人对于某种特定问题的解决方案稔熟于心，那他就不大可能给出更加简便的设计。人们也常常意识到自己习惯"把简单的问题复杂化"——因为手头没有其他办法。但是创新恰恰源自人们被迫舍弃自己习以为常的物理或思想工具，并探寻新的工作或思考方式。当人们采取不常用的手段解决问题时，往往会展现出高度的创新精神。

企业和个人对于自己的"核心竞争力"——建立在深厚的专业基础之上的价值创造——常常不乏溢美之词，不过同时我们也必须警惕这些核心竞争力被固化成"核心顽疾"。正如好莱坞电影里的超级间谍，我们不必天生具有克服"功能性僵化"的能力，这些可以通过实践和训练培养。异常的状况和崭新的体验都可以当作极好的锻炼机会，它们能够强化认知灵活性并有助于克服功能性僵化。

一个关于非营利组织奥霍斯（西班牙语意为"感知之

眼"）的相关案例。该组织由墨西哥社会企业家吉娜·巴德诺赫（Gina Badenoch）设立，旨在帮助视障人士完成生活和社会角色的转变。为了实现这一目标，该组织一直强调对视障人士（出现视力问题后展现出的）其他能力的开发，而非过分关注他们的视觉缺陷。

奥霍斯最著名的一项倡议就是所谓"黑暗中的宴会"，光看名字便可大致了解其内容。盲人服务员将视觉正常的来宾们引导至各自的座位，同桌的来宾们因为无法看见对方，所以互不相识，因此人与人之间的对话方式也与平时大为不同。大家同处于黑暗之中有助于摒弃平时一些基于外观相貌的偏见，加深彼此之间的联系。来宾们不得不调用耳朵等其他器官来替代眼睛的功能。在无法观察面部表情的情况下，人们会更善于解读语音语调的抑扬顿挫，相应地也会在发表谈话的时候更富有表现力，以确保正确传递信息。

我曾经在这种环境中进行过好几次充满意义的深入交流，因为大家的重点全部放在了对话本身（当然还有食物），心无旁骛。在一次年度沉浸式领导力会议——"剧场演出"中，我坐在一位叫伊夫的男子旁边。一番深入交流后，我们发现了彼此生活和思想上的许多情理之中或是意料之外的共同点——我怀疑如果是在灯光璀璨的传统晚宴上，可能难以达到如此效果。原来伊夫是红十字国际委员会（ICRC）——一个三度获得诺贝尔和平奖、在全球拥有 15000 名员工的国际组织的总干事。如果我们的结识是建立在看见或是对彼此"有所耳闻"的基础上，那么我们能够在如此短的时间内建立起个人层面上的联系吗？我不大确定。

更加直白地说，如果你对某个给定工具的用途一无所知，所谓的"功能性僵化"便完全不存在。如果你对某个具体的方案、方法或系统毫无概念，你就不必刻意"摒弃"成见，你能够摆脱僵化思维的影响走上自由创新之路。

与此同时，在毫无工具可用的情况下，"功能性僵化"自然也成了无本之木。设想一下，有人给你一颗钉子，然后告诉你必须设法将锋利的一端扎进一块木头，我们可能会立即开始寻找锤子，并祈祷这玩意仍然躺在上一次摆放它的位置。假如你从来没有听说和见过锤子，更没有看过别人使用锤子敲打钉子呢？你可能就不会去寻找锤子了，甚至不会意识到自己手上欠缺这么一个物件，而是会四周看看有没有什么称手的重物可以借用一下。

复杂工具的缺乏可能会加速变革和创新。比如自动取款机这种在发达经济体中稀松平常的东西，在一些发展中经济体中却被视作罕物。因此，这些地区的人们不会被某些"事情本该怎样"的先入之见所束缚，从而能够更加迅速地采纳最新科技和解决方案。

试想一下，一位朋友向你借 200 块钱，你打算在送她回家的路上，从附近的一台自动取款机中取钱给她。不巧的是自动取款机的现金用尽，或是出现故障，甚至被搬走了，那该怎么办呢？你会意识到自己竟然被一直以来最为依赖的取现系统狠狠摆了一道。即使你打电话给银行投诉，银行也无法解决你的燃眉之急，只可能在今后尝试对取款机进行改良而已。但是如果你的附近并没有安装自动取款机，或者你所处的环境中根本不存在这样一种东西，你便不会拘泥于机器本身了。相反地，你可能会转而思考一个潜在的问题：如何才能将200块钱顺利交到朋友手上呢？

再让我们来看看肯尼亚国内的转账系统 M-Pesa，这是该国手机银行业务领域内的一支生力军。在这样一个处于快速发展阶段却不具备健全的自动取款机网络的国度里，M-Pesa 蓬勃发展，用户数以百万计。随着肯尼亚经济的发展繁荣，越来越多的国民开始涉足金融交易，然而其国内自动取款机的网络配置却相对落后，尤其是在偏远乡村地区，实体银行网点十分稀缺，于是该国索性直接快进到手机银行阶段。

肯尼亚作为一个发展中经济体，在手机银行领域的成就已经超越了许多所谓的发达经济体。在高度工业化的西方国家里，遍布四处的自动提款机和银行网点，以及大量配套的法律法规，实际上这些优渥的条件很可能已经成为探索更新更快更有效的金融方案的一种阻碍。

当然这并不是说为了发展手机银行，就必须把大量的自动取款机和银行网点关停（尽管某些读者可能会质疑银行是不是已经在这么做了）。重点在于，从更宏观的角度来看，如果我们不拘泥于用传统方案来解决某种问题，那么便不会受到"功能性僵化"的束缚，于是便可以打开充分的想象空间去开辟一种崭新的手段。

这就是为什么网飞（Netflix）上诸如《国际名厨争霸赛》等节目与戈登·拉姆齐（Gordon Ramsay）的《拉姆齐最佳餐厅》等传统节目相比显得尤为别具一格。像拉姆齐这样的烹饪节目遵循的是传统真人秀模式，并将其简单照搬到食物上，导致节目的内容、情节乃至菜品本身都乏善可陈。相较之下，《主厨的餐桌》（《国际名厨争霸赛》的灵感之源）则是在特定的拍摄背景下，通过对剧中人物世界观和方法论的展示来推动剧情的。从中可以看出，该纪录片的制作团队未必抛弃了传统的叙事顺序，但他们的确通过放慢节奏、拉满细节等叙事方法将厨艺的哲学和技艺娓娓道来，最终实现由简单食材到味觉艺术的精彩蜕变。

如果你向《主厨的餐桌》制片人请教创意，他们可能会告诉你这种风格的切换源自"一无所知"以及经验不足。他们没有受到"功能性僵化"的影响，毕竟如果没有锤子，自然也就不会看啥都像钉子了。为了避免自己因受到思维定式的束缚而与各种潜在的机会或可能性产生隔阂，一个有效的方式就是在自己的大脑中建立起多种思维模式。伯克希尔·哈撒韦公司（Berkshire Hathaway）副董事长，同时也是股神沃伦·巴菲特（Warren Buffett）的幕后智囊的查理·芒格（Charlie Munger），一向以目光犀利而著称。他认为，只是单纯识记各种孤立的事件通常没有太大作用。相反，我们需要的是一个思维框架以便将各种零碎的事实串联起来并整合出新意。如此一来可以帮助我们避免所谓的"可得性启发式"，也即仅仅基于已有的知识解决问题。

正如芒格所指出的，大脑的工作原理类似精子和卵子：当第一个主意闯入脑海时，其余想法便会被拒之门外。但我们因此更加维护自己的初始判断，导致得出许多错误的结果并开始变得故步自封。对此，芒格的建议是注意培养差异化以及辩证性的思维模式。根据芒格的测算，如果人们的头脑中能够同时具备50种左右的思维模式，那么便可成为"世界顶尖的智者"。

这种兼容并蓄的理念与黑格尔的辩证法有着异曲同工之妙。顺带一提，黑格尔的故居就坐落在我的家乡海德堡，自青少年时代起我便对其思想很感兴趣。

德国哲学家格奥尔格·威廉·弗里德里希·黑格尔将思想的进步视为一种辩证法，也即从最初的某一观点（正题）起步，发现其中的缺陷，然后用另一种观点（反题）加以反驳，当然后者也是具有自身缺陷的。最后，通过以上两种观点的对立统一，催生出一个集正反两方面观点之精华于一身的全新观点（合题）。此后，该合题便转化为另一个新的正题，接着又出现新的反题……以此类推。

这一过程周而复始，除非我们执意坚持某一正题而拒绝接受任何反题，否则不会停止。不过显而易见的是，在合题出现之前，正题和反题都会在我们的思想中共存，于是我们便不会以非黑即白的视角来看待问题。这种思维模式看起来和许多人的世界观背道而驰，但事实上我们的研究发现，许多顶尖的成功人士在思想上一直都保有许多相互对立的观点。

思维框架对于机缘巧合可能产生两种影响。一种是消极影响，它可能会让人目光受限，无法察觉异常状况；或是让人固执己见，对不合意的事物充满质疑或是彻底无视，使得人们勇往直前的信念受到动摇。另一种则是积极影响，有助于人们将知识和信息进行有机整合，并创新思想。与肌肉记忆类似，我们的思想也需要适时地"遗忘"一些既定范式，如此才能真正取得突破。所以重点在于，每个人都应当善于运用思维框架，而非反过来受制于它[①]。

撰写本书的过程实际上也是我对存在于自身的、习以为常的"功能性僵化"进行反思的一个途径。在本书写作的初期，我和

---

① 有许多成熟的做法可以有助于打破"功能性僵化"以及由此引发的狭隘思想，后文再行详述。不过通常来说，观点的改变并非难事：俄国形式主义中的一个核心思想就是从日常生活中重新认识自我。比如托尔斯泰在他的作品中广泛采用这种写作技巧——《霍尔斯托梅尔》（Kholstomer）中，从一匹花斑马的视角出发，对外部世界展开观察和叙述（克劳福德，1984 年；什克洛夫斯基，2016 年）。另一个例子是乌兹别克斯坦发明家根里奇·阿奇舒勒（Genrich Altshuller）提出的"萃思"理论（TRIZ）。在对历史上无数发明、设想和取得的突破进行研究后得出的一个核心观点是，无论在学术界还是产业界，许多问题及其解决方案都可归纳为若干基本类型，而这些类型一直在反复出现。通常来说，某些问题看起来非常棘手的原因在于该系统某一方面的改变需要在另一方面做出妥协。无论从哪个方面开始着力，最终要么问题得不到解决，要么就是被另一个问题所取代。对此，萃思理论为用户提供了一套破解思路，也即系统性地"尝试"各种未曾考虑过的可能性——突破常规手段的解决方案。换句话说，用户必须打破既有的知识体系对其思维的蒙蔽和束缚，寻求潜在的、创新性的破局之道。

我的朋友兼前女友苏菲在咖啡馆碰了次面。在此之前我刚和我的出版商进行了一次畅谈，他提出最好可以在书中融入更多的个人经历，于是我便询问苏菲是否了解哪些基于机缘巧合的浪漫爱情故事。

"我们俩的！"她激动地叫了起来。我笑道："可惜我们现在不在一起啦！"

苏菲对于我们这段旧情的描述让我改变了对何为"良缘"—— 更广泛地说就是何为"成功"的评价标准。

苏菲一直都认为自己是一个隐藏在热情外表之下的内向者。尽管在个人生活中她热衷于各种冒险，但一旦进入工作角色，她就会变得异常谨慎。为了攻读全球心理健康理学硕士学位，她早在提出入学申请之前便急忙奔赴伦敦，只因有人建议她最好在当地完成全部申请流程。那段时间里，她常常感到很迷茫，不知该何去何从。

那一天和往常一样，又是一个灰色的日子。她来到当地的一家星巴克打算找份工作，结果"坐在我身边的小伙（也就是我），后来竟然成了我的男朋友，我俩的关系维持了一年多，而他为我打开了一扇新世界的大门 —— 社会企业家们的世界的大门"。

虽然我和苏菲的恋情最终退回到友情的位置，但苏菲在谈话中依然表示，如果没有在星巴克的那场偶遇，她的生活之舟便会驶往一个完全不同的方向。而她所说的下面一番话，再度让我陷入了深刻的反思之中：

"你向我推荐了'哈勃公寓'（The Hub，伦敦当地的共享办公空间），那里的人们对于社会问题满怀热情。在那里我意识到，虽然自己并不是企业家，但同样拥有一种企业家精神。我与许多志同道合的朋友相谈甚欢，我们彼此都能理解为了激情和梦想，必须承担风险和走出舒适圈。如果不是我们的那场偶然相遇，我相信自己永远也无法找到这样一个社群。"

正是在那样一个共享空间里，苏菲找到了自己心仪的工作，同时也结识了她的下一任男友。虽然这段恋情也没有走到最后，但这位男子成功地帮助苏菲建立起深厚的自信，至今仍在她的心目中占据着极为重要的位置。

在苏菲看来，我与她的邂逅是她此后一系列机缘巧合经历的开端。更重要的是，这种环境能够让她毅然抛弃诸如"女生就应该在 30 岁之前稳定下来"等世俗规范。她觉得自己现在每一天的生活都拥有各色各样的有趣同伴以及不可限量的发展机遇。

"如果没有遇见你，我将会是在哪里？我不知道。但我知道即使两个人没能终成眷属，同样可以谱写一曲爱情的佳话！"

不用说，苏菲的这句话让我如沐春风。作为一个自认为心胸开阔的人，我开始反思自己内心深处隐藏着的许多偏见。同时也意识到，我与苏菲的意外邂逅同样也让我的人生轨迹发生了改变。真是令人感怀的因缘际会啊。

前文提到的各种偏见和先入为主的想法是很难根除的，何况许多偏见的存在有其合理原因。不过虽然无法彻底清除，但我们可以设法减轻其负面影响，并有意识地接纳创新思想。

和与生俱来的偏见以及建立在传统观念和工具基础上的定式思维做斗争，并不意味着放任自流或是听天由命。只要试着将各种表面文章和伪经验抛诸脑后，认真探究当事人真正的心路历程（以及潜藏在某个观点背后的真实逻辑），便会发现机缘巧合在其中发挥了重大作用。除此之外，机缘巧合之所以远胜于"混沌"或者"绝对运气"，在于其本身特有的形式和结构——它是一个可以人为干预的过程。

根据我和同事们的研究和个人经历，结合化学、图书馆学、神经科学、社会学、心理学、科学哲学、经济学、管理科学甚至艺术等各类学科的进步，不难得出，在机缘巧合的培育方面存在着一些显而易见的规范。

在接下来的几个章节中，我们将会探究这些真实的规范，以及如何将机缘思维转化为生活哲学和商业理念。通过这一过程我们将会认识到，幸运并不只是偶然，我的幸运我做主。

本章小结

本章介绍了可能对机缘巧合产生阻碍的一些主要偏见，包括低估意外变数、事后合理化等。为了克服这些偏见，我们可以采取的对策包括注意洞察意外因素，关注并理解决策背后的深层原因，为我们的大脑添加额外的思维工具，等等。

面对与生俱来的各种偏见，我们要做的首先是充分认识它们并学会如何调适，在此基础上，还要进一步解放思想。不过在到达那一境界之前，我们可以先通过一个简单的练习帮助自己厘清思路，更好地克服偏见，以及锻炼自己的机缘思维能力。

机缘思维小练习：厘清思路

让我们开始吧。请制作一篇关于机缘巧合的杂记，将你脑海中对于以下（以及后续章节中）问题的思考记录下来。

1. 仔细回想最近半年时间里，你遇到过的最重要的三个机缘巧合事件分别是什么？它们之间有什么共同点吗？你有没有从中收获到什么？

2. 列明机缘巧合事件的概况，以及由此引发的但并未付诸实践的奇妙想法。当你完成这些后（这可能会花点时间——不用着急），请联系一位值得信赖的亲友，和他共同讨论并"筛选"出哪些想法是可以进一步深挖的。从中挑出你最感兴趣的，然后带着这样的想法做个好梦吧。如果第二天醒来，你仍对这一想法感到兴奋，那么赶紧设法寻找一位该领域的大佬，并向其讨教如何能够将该想法付诸实施。不要害怕付出，一切都会有所回报的。

3. 反思自己的日常活动，尤其是各种会议。哪些会议是真正必要的？它们需要花那么长的时间吗？如果由你来组织会议，你会如何安排呢？

4. 细究自己的重要决策，尤其是做出决策的动机以及相关信息。试着询问自己："我所做出的决策是基于何种假设或信念？""如果做出其他选择，又将产生怎样的影响？"然后写下自己的答案。万一哪天你事后反悔或是事后聪明的时候，便可重温一下现在所写的这些内容。

机缘巧合小提示

- 向某人提出建议时，不要强调这些建议对自己有效——没有任何两种处境或两个人是完全相同的。相反，应该首先询问当事人："你的第一感觉是什么？""你觉得怎样可以解决问题？"通常来说，你能够提供的最佳建议其实已经体现在当事人自身及其处境之中了。

- 当某人向你讲述（或者你向他人讲述）的故事涉及在两种备选方案中选择其一时，请问问自己："如果当初选择了另一种方案，将会有怎样的结果？""如果决策在执行过程中出现了偏差，又将如何？"多考虑不同的假想场景有助于更好地读懂实际情况以及各种局面出现的可能性。

- 在某些重要结果出现时，请问问自己："我们是如何一步步走到这儿的？"请试着根据相关人员的口述、电子邮件或其他记录来复盘一下真实的历程。然后再认真思考自己可以从中获得何种启示。有什么特别的诱因吗？有没有谁发挥了"穿针引线"的作用，却没有得到相应的回报呢？

第三章　要么重构，要么毁灭：如何助推机缘巧合

机会只眷顾有准备的人。

——路易·巴斯德（Louis Pasteur），法国
化学家及微生物学家

具备机缘思维的人并不是天生就比别人幸运。但他们懂得如何通过多种方式来培育机缘巧合，包括他们解构世界的方式。

机缘敏锐度

英国研究人员彼得·邓恩（Peter Dunn）、阿尔伯特·伍德（Albert Wood）、安德鲁·贝尔（Andrew Bell）、大卫·布朗（David Brown）以及尼古拉斯·泰雷特（Nicholas Terrett）等人在研究"如何治愈心绞痛等心脏疾病"期间，在一次对患者状况的例行检查时遇到了一个十分突兀的状况。研究人员本打算利用药物西地那非治疗心绞痛，但男性患者却因此出现了

阴茎勃起的现象，这令研究人员非常惊讶。

大多数人在同样情况下会作何反应呢？也许会轻易接受这种令人尴尬的副作用？也许会选择视而不见？又或者继续开发其他治疗方法来避开这一副作用？不过研究人员并没有做出上述选择，他们反倒从这一状况中看到了开发一种可以治疗勃起功能障碍药物的机会。这就是"伟哥"的由来。这次巧妙的"穿针引线"造就了人类历史上最为成功的发明之一。

法国化学家及微生物学家路易·巴斯德曾经打趣道："机会只眷顾有准备的人。"其实这句话并不离谱。有关认知学和管理学的研究表明，敏锐度对于捕捉意外因素有着核心作用，它意味着不必刻意搜寻便可对某事加以注意，同时亦可发现此前曾遭到忽视的某些机会。例如碎巧克力曲奇：一位名叫露丝·格雷夫斯·韦克菲尔德（Ruth Graves Wakefield）的家庭主妇在无意间制作出一种非传统式饼干，于是她便发明了碎巧克力曲奇，从此开启了一桩百万美元级别的产业。

善于观察或者说保持敏锐可以重塑我们对于世界的看法和感受。这一道理无论是对发明碎巧克力曲奇还是对我们的日常生活来说都同样适用。

采访对象伊莎贝尔·富兰克林（化名）向我透露，她的丈夫是德国弗莱堡的一名药剂师，实验室的工作要求他不断寻找细节中的违和感。因此，"他看待世界的视角就像一个孩子一样——或者说更像是一位侦探。在他身上发生了好多机缘巧合的事情"。

而当我询问伊莎贝尔在生活中遇到多少次机缘巧合时，她回答道："我上一次经历的机缘巧合就是与我的丈夫相遇。"同在一个屋檐下生活的两口子，在经历机缘巧合方面的差距怎么就这么大呢？

我们对于世界的看法和理解 —— 解构世界的方式 —— 是帮助我们提升洞察力和联想能力的关键因素。我们需要对所有潜在的机缘诱因保持敏锐，并准备好对其进行深入解读。而一个缺乏准备的大脑则会忽视异常情况，导致常常错过各种机缘巧合。如果我们不够敏锐，也没有做好从不同寻常的情况或观点中挖掘价值的准备，那么我们不止会错过潜在的机缘巧合，还会让我们的整个世界观变得更加糟糕。

在你看来，这个世界是遍布荆棘还是机遇无限呢？你是否会将某些不利局面归咎于客观条件限制呢？抑或即便是在最富挑战性的环境中，你都能够非常敏锐地发掘身边潜在的各种机缘巧合，并从中获得诸多乐趣、激情以及成功呢？

每个人都在戴着脚镣跳舞

在过去的十年中，我和同事们针对资源受限的环境 —— 主要是缺乏资金和技术支持的情况 —— 开展了一系列研究。在研究过程中，我们发现许多当事人尽管明显身处资源匮乏的环境，仍然积极地打造属于他们自己的一份幸运。（这些当事人与世界各地的成功人士有着许多惊人的共同点。）

其中有一位叫作优素福·塞桑加（Yusuf Ssessanga）的男子，他出生于乌干达，十几岁时移居至坦桑尼亚，那里的大多数人口都生活在贫困线以下。可以说，从投胎技术上来看，他的水平确实不太行。按照西方发达经济体的标准，他无论在物质资源还是生活前景上都困难重重。

时常有一些来自西方工业化社会的好心人（通常是白人）造访他所在的社区，询问他们"需要"些什么，以及如何才能"帮助"他们。如此一来，他所在的社区便被刻画成为一群受益者，或者更负面的表述是，由当地的恶劣环境所造就的一群消极而无助的受害者。这极大地遏制了当地人的进取精神，并滋生出了一种施舍文化 —— 不幸的是，一些西方非政府组织直到今日仍在大力扶植这种文化。

然而，这种刻板的生活图景被一个名为"生活重塑实验室"（RLabs）的南非社会企业戏剧性地改变了。"生活重塑实验室"的成员们不盲目服从于资源匮乏的表象，而是将目光聚焦在此前未被发现或是遭到低估的资源 —— 例如曾经从事非法交易的人所具有的智谋等 —— 并利用这些资源帮助人们获得更多机会，实现从"听天由命"到"逆天改命"的生活重塑。这一方式正在通过一系列线上线下的会议和培训课程得以传播开来。

基于此，优素福和他的团队正在积极寻找当地附近未被发掘的资本以及合伙人，并思考如何使其发挥作用，例如利用废弃车库作为培训中心等。令我深受震撼的不仅是他们的务实态度，还有他们对于新生活的勇敢开拓。

在优素福看来，大多数外部合伙人的问题在于他们总是从当地人的"需求"出发，而一旦谈及社区的资源开发，他们便拒绝提供经济支持。于是该社区在无形间被描绘成一副嗷嗷待哺的样子，人们也都渐渐信以为真了。作为"生活重塑实验室"的学员，优素福和他的团队成功遏止了这种势头。优素福眼中的世界，与一般人大不相同。

"资源受限一定程度上是社会结构问题导致的。"抱着这样的思想，优素福开始试着将命运和运气掌握在自己手中。他表示，自己现在时刻都被各种机缘巧合所包围。比如说，他现在总是能"偶遇"一些新的项目合作伙伴。

那么"生活重塑实验室"在这其中发挥了怎样的作用呢？首先简要介绍一下，"生活重塑实验室"建立于开普敦开普平原区的布里奇顿，该地区以破败的房屋和惊人的犯罪率而著称。为了解该社区人群精神层面的需求，在"生活重塑实验室"创始人马龙·派克（Marlon Parker）的带领下，一个由当地居民组成的团队建立了一个利用移动电话开展咨询服务的网络。随着时间的推移，"生活重塑实验室"持续帮助该社区在极为有限的资源条件下进一步生存发展，开发了一些简易的教学模块以供社区居民相互学习如何使用社交媒体并发挥其积极作用，例如与在线的观众分享自己的故事，并与世界各地志同道合的伙伴们建立联系。

现在，"生活重塑实验室"的总部包括一所培训中心（提供关于社交媒体使用及其他相关主题的廉价课程）、一个企业孵化器（为新公司的成立和运营提供帮助支持）以及一个咨询部门（致力于为企业和政府提供咨询，例如如何加强同当地社区的合作等）。各种组织常常会在"生活重塑实验室"的帮助下进一步补充自己的服务内容，并实现本土化的整合——形成一个新的"枢纽"。"生活重塑实验室"的简易教学培训模式目前已经推广到全球 20 多个地区，学员数以万计。这一机构善于对有限的物质资源进行重新组合——例如前面提到的废弃车库和人力资源（比如对一些曾被视为缺乏技能的人加以整合）等——来为当地的发展赋能。

马龙·派克成长在种族隔离时期的开普敦，当地的高失业率和严重的社会不公，导致当地社区帮派横行，犯罪率居高不下。在单亲家庭中长大，加上弟弟与本地帮派的牵连，激发了马龙·派克通过学习信息技术改善生活的决心。当马龙·派克学会使用电脑时，他开始开设课程传授电脑知识，取得的收入用于补贴家用。他意识到，布里奇顿地区许多早已丧失生活信心的居民其实是可以改变命运的。而且这些人本身具备解决问题的能力，他们需要做的是弄清楚自己的问题究竟出在哪里。

"生活重塑实验室"的初衷是通过经验分享点燃希望的火种，在改变自己命运的同时，也照亮他人前进的道路，世界将因此变得大不一样。事实上，"生活重塑实验室"本身就是在实验和机遇中诞生的：马龙的岳父是当地的一名牧师，有一次他提议马龙教授一些电脑课程，这让马龙意识到，数字化工具可以帮助人们更有效率地分享各自的经历。这一设想很快演变成帮助人们通过社交媒体培养自身能力，再后来甚至有公司就如何使用社交平台提供咨询服务。

上述故事的核心思想是如何将现有的物质和人力资源发挥最大效用。如此一来，许多之前被视为就业困难的群体化身成为价值创造者 —— 从而实现命运的改变。充分利用手头的各种资源 —— 所谓的"整合"—— 不光适用于某种物质资源，也适用于各种技能以及人力。拿开普平原区的例子来说，有前科的人通过讲述关于"希望"和"康复"的故事警醒他人，这样便为社区发展做出了贡献。

这一做法带来的是社区发展模式的转变，从一味强调资源（资金或正式技能）的缺乏转变为重点关注现有资源 —— 并将所有因素调动至最佳状态。比如曾经误入歧途的人在了解到与他经历类似的人中有的已经在从事教师行业后，他会憧憬自己有一天也能站上三尺讲台，如果此时为他提供施展能力的空间，他便会从一个社会的负累转变成为一位有用之才，一位将机缘巧合掌握在自己手中的逆天改命之人。

"生活重塑实验室"的一位合伙人向我总结道，只要获得了灵感和尊严，许多人都会自发地实现自己的梦想。这与扮演一个"伸手党"和受害者的感觉是截然相反的。

这种以机遇为导向的思维方式可以激活许多尚未发掘的可能性。盘点手头拥有的资源，重新加以审视，并将其与其他物质、技能、人力或设想进行重组，往往可以催生出更多未曾想象的主意和观点。正如"生活重塑实验室"的案例所展示的那样，足以使我们的生活前景发生重大变化。

对于"生活重塑实验室"来说，机缘巧合无时无刻不在发生，而这一成功做法也被世界各地的公司和政府予以采用。例如南非一家大型银行原本计划裁员并出售办公场所，但引入了机缘思维后，他们发现自家的收银员可以转职为财务培训师，办公场所则可用作培训中心，如此便将企业的负担转化成了资产。

在我的研究过程中，遇到过很多组织以及像优素福和马龙一样的人物。他们其中不少人都曾面临着种种看似难以克服的结构性的约束和挑战。（有时候事实就是如此，所以说因为客观情况而指责某人是非常不可取的！）

然而，以优素福和"生活重塑实验室"为代表的许多个人和组织，都能够敏锐地捕捉外部环境中的各种机遇从而打造出属于自己的一番好运。通过这种方式，他们的整个处境得以重塑，扫除了此前的消极心态和无力感，转而更加积极地为自己创造机遇。

要么重构，要么毁灭

虽然听起来似乎很容易，但培养对机缘巧合的敏锐感并非易事，尤其是在连我们自己都觉得某些想法不着边际或是周围的环境对创新思想并不友好的时候。不过尽管困难重重，我们仍可采取有序的步骤培育这种机缘巧合的增强术，将我们的思维观念塑造得更加开放，从而为机缘巧合的到来做好准备。

在一项长达数年的研究项目中，我们发现"生活重塑实验室"开发出了一些简便易行的、能够重塑思维观念并推动机缘巧合产生的有效方法。而"生活重塑实验室"正是通过不断传授如何对现有资源进行"将就"利用的经验法则，才得以从一个小型团队发展成为具有一定规模的组织。

举例来说，"生活重塑实验室"对于新项目的预算考量主要基于以下几个问题：首先这个项目是必不可少的吗？如果答案是肯定的，那么组织内部有谁可以提供相应的资源而不必额外购买吗？如果没有的话，那么在大家认识的人中有没有谁可能获得这种资源呢？如果还没有的话，那么能不能想到更加廉价的替代品呢？只有在回答了这一连串问题之后才可以进入采购流程。这种做法基于的逻辑是，人们在寻找新资源时，有可能忽略了自己手头已经具备相应的替代方案。

而在优素福的案例中，"生活重塑实验室"团队利用 Skype 连线或者面对面授课等手段，通过经验交流的方式传授简单又廉价的解决方案及相关工具（包括简明的社交媒体指南），从而帮助当地民众转变观念，同时也让该团队在当地获得进一步的发展。

"生活重塑实验室"可能只是一桩个案，但我们的研究表明，这样的模式是普遍适用的，不论是伦敦的服务员还是欧洲的画家，抑或是美国《财富》500强公司的首席执行官，都可以从中受益。这些课程也可以扩展到几乎任何领域，无论是我们的个人生活、学徒计划、商业支持项目、企业孵化器，甚至整个公司，都可以学习借鉴。

不必总是纠结于外部资源的缺乏，只要试着去激发人们的潜能并给予其足够的尊严，我们就会发现，那些原本只能依靠外部"输血"勉强度日的"伸手党"以及经济状况不佳的"打工人"，都能够创造出属于自己的一番好运。

"重构"行为对于机缘巧合的促进作用体现在帮助当事人发现潜在的事件和境遇，并使他们意识到自己具备解决问题的能力，也即发现诱因并"穿针引线"。这一过程中的关键在于观念和行为的转变。我们不能守株待兔，坐等机遇自行亮相，而应以开放的思想打破条条框框的束缚，如此才能让各种机遇围绕在我们身边。

当我们不再将框架和约束视作理所当然时，便为自己打开了一扇新世界的大门，当其他人还在为各种障碍所困时，我们早已实现了成功跨越。

那么我们应当如何在日常生活中培养自己的这种能力呢？

成大事需从小处着眼，比如抱着学习而非应付的态度审视各种不同的情况。不少人 —— 包括我自己在内 —— 都曾经历过许多艰难时刻，虽然当时感觉危机四伏，但正是它们造就了现在的我们。我们应当重点关注如何利用危机成就某事，而非简单粗暴地将它们定性为阻碍进步的消极因素。

如果我们将一场车祸视作纯粹的厄运，那么它便只能停留在厄运的层面。如果我们认为某个错误的决策决定了自己的命运，那么我们将永远被这个决策牵住鼻子。我至今仍清晰地记得自己所做的一个最为糟糕的决策：不顾一些合伙人的反对，接受了对我名下一个合伙创办组织的额外投资。当时我的理智告诉我必须推进此事，因为当时该组织在财务和战略上出现危机，而接受投资看上去是唯一可持续的选项。不过我的直觉对此却持否定态度。结果在一段蜜月期之后，果然出现了投资者和联合创始人（管理层）之间在预期方面的分歧，最终导致不欢而散。这对于那些一开始便坚持认为此事不妥的合伙人来说，是尤为痛心的结局。

有一段时间我会陷入那个错误的决定而无法自拔。我拒绝与同事交流，因为我无法理解自己所感受到的认知失调。直到现在我仍觉得那个决定令我脸上无光，如果可以重来一次，我很可能会做出不同的选择（这也是一种事后聪明的表现）。然而，我同样意识到，这其实也是我生命中为数不多的几次与自己推崇的理念——做"感觉"对的事，而不是数据上看来更好的事——相悖的举动，这导致了一段痛苦的经历，也令我对自己感到非常失望。

我将这则事关个人和组织生存发展的案例视为一次宝贵的学习机会，它使我对于他人所面临的类似抉择感同身受，同时也让我认识到，没有什么选择是绝对正确或错误的。这让我对世界有了不一样的解构。每当我面临危机时，便会回想起那次事件的教训，于是我尽可能地收集所有信息，然后充分相信自己拥有的所谓"明智的直觉"。每当我认为某件事情行得通但却隐隐感觉有些不妥时，我便很容易冷静下来而不是被冲昏头脑。我还更明确地了解到自己的决策动机是什么，并且明白如果自己对于恐惧和欲望没有自知之明，那么便很容易受人摆布。

正如英国心理学家理查德·怀斯曼所说的，"我们要用长远的目光看待短期的失利"。在认识到最具挑战的处境往往也是最为宝贵的财富后，我现在每当遇到挑战便会追问自己："如果十年后再看这个问题，它还会如此重要吗？如果答案是否定的，那有什么好担心的呢？如果答案是肯定的，我该如何将其转变成为一次宝贵的学习机会呢？"每当我陷入低谷时，我都会想起我与数字时代学校（SODA）创始人格蕾丝·古尔德（Grace Gould）初次见面时，她援引了披头士乐队灵魂人物约翰·列侬的一句经典调侃："事情到最后都会解决的，如果还没有解决，那就说明还没到最后。"

怀斯曼的建议之一是关于如何看待所谓的"反事实"，也即可能发生但实际并未发生的事情（我们将在第九章继续展开）。比如开篇提到的那场车祸有可能让我瘫痪甚至丧命，又比如上文提及的那笔额外投资没有发生，那么我的公司可能会早早陷入财务困境，等等。怀斯曼公布了一次有趣的实验：他的研究团队挑选了一些"幸运儿"和"倒霉蛋"，并向他们展示以下场景——想象一下你正身处银行，此时突然闯入一名武装劫匪并向你的肩膀开了一枪，你带伤逃离了现场。在这样的场景下，自认为"倒霉蛋"的人表示自己命里带衰，这只不过是自己悲剧人生中的又一次不幸而已；而"幸运儿"们则觉得自己福大命大，毕竟"万一子弹射中的是我的脑袋，那我可就一命呜呼了"。

是什么造成了二者之间的这般差异呢？

原因在于，幸运者在看待"反事实"时，一般都倾向于思考比现实更坏的情况；而不幸者则会设想更好的，甚至跟影视剧一样魔幻的情节。幸运者常常会拿自己和一些不够走运的人（比如在抢劫中丧生的路人）相比；而不幸者则会盯着比他境遇更好的人（在抢劫中毫发无伤的人）。

这样一来便会导致一种恶性或良性循环：不幸者通过和处境优越者的对比将自己的人生描绘成一出悲剧；而幸运者则会在与命运不济者相比的过程中让自己的负面情绪得到有效缓解。猜猜看这两种人谁更容易获得机缘巧合的青睐呢？

怀斯曼的实验同时表明，不幸者往往会依赖一些不靠谱的方法来扭转命运，比如诉诸迷信活动和算命先生等。相应地，幸运者则倾向于自我掌控，并设法弄清问题产生的根源，以便从中获得启发。这一倾向还体现在我们的语言中：如果我们说"某某事情发生在我身上"，那么我们就将其视为一种不可抗力，我们自己则被定义成逆来顺受者。但当我们开始关注一些可控因素时，便是在学着掌控自己的运气了。

值得强调的是，初级阶段的机缘巧合在不同人群（比如出生在工业文明和优越家庭里的孩子与开普平原区贫困户的后代）中的表现大不相同。然而，我们的其他一些研究发现，尽管初始水平差异以及结构性约束（如权利分配）是尤为值得关注的问题（有时它们甚至会完全阻断机缘巧合），但这并不妨碍不同身份背景的人（从南非的有前科者到世界一流的管理者）都可以打造属于自己的机缘巧合。他们并不比其他人聪明，而是以不同的方式对待生活，从而能够经常做出更优的决策并体验更多的机缘巧合。

因此，我们对于环境的解构方式是至关重要的，尤其是那些看上去有些点儿背的情况。对此我们可以通过许多方式为这种能力的培养打下基础，例如冥想活动、将抽象的挑战或恐惧转化为具体的行动，或者在缓解不利局面的同时一并关注环境中的积极因素等。许多奇妙的实验都表明，自我实现的预期尤其适用于我们解构世界的方式：如果我们认为万事大吉，那么往往会收获更多的成功——反之亦然。事实上我们就是这样"自我实现"或是"说到做到"的。

取之不尽的机缘巧合——存乎一心

审视一下我们经历过的各种情况——尤其是每一次的谈话过程——机缘巧合的经历其实是一种积极的决策过程。在聆听他人倾诉时，我们可以思考一下对方所说的内容与自己或其他人的兴趣点有没有关联，即使看上去风马牛不相及。换位思考而不是寻求观点上的"交锋"，可以推动我们更好地"穿针引线"，从而使自己或他人受益（详见第五章）。

以成功的女性商人、畅销书作家、大英帝国勋章获得者沙阿·瓦斯蒙德（Shaa Wasmund）为例。她出生于普通家庭，就读伦敦政治经济学院期间，她在麦当劳打工赚取生活费。在校期间，她从一家杂志社争取到一次采访英国拳击世界冠军克里斯·尤班克（Chris Eubank）的机会。整个采访过程中两人相谈甚欢，出乎瓦斯蒙德意料的是，尤班克竟然邀请她帮忙打理自己的公关事务，她欣然接受了。随着时间的积累，瓦斯蒙德在拳击公关领域创造了一个非常成功的职业生涯——在那次采访之前她对这一领域还一窍不通。此后，她在伦敦成立了自己的公关公司，比较著名的案例是承办了戴森真空吸尘器的新品发布会。

我观察到许多成功人士都曾经历过类似的机缘巧合：他们怀着某种既定的目标（上例中是为杂志社采访拳击手）而来，但也对意外因素持开放态度。机缘巧合便常常会在这种情况下发生，他人往往也在不经意间为我们完成了一次"穿针引线"。

不过如果我们心中有明确的奋斗目标，那么"穿针引线"的工作会更加容易。我们在伦敦政治经济学院、纽约大学以及"目标领导者"组织内开展的研究都显示，许多成功人士以及组织的核心特质在于远大的抱负、强烈的动力以及信仰体系或者说"理论指导"。这些都可被视为成功道路上的北极星——在不同的处境下为我们提供明确或暗中指导的各种观点、原则或是哲学。没有它们，我们可能会随波逐流或是原地转圈。

北极星并不是一个精确的导航仪。它可能是必不可少的，但我们不能完全被其左右，甚至连迈出每一步都不敢有丝毫偏差。事实上，它只是为我们指明一个大的方向，而我们实际行进的路线，每一次的峰回路转，每一次的曲径通幽（其中许多都是极为宝贵的转折点），都是我们人生旅程中的重要经历，以及机缘巧合的命脉所在。

毅美公司（Imagine）的联合创始人、联合利华（Unilever）前首席执行官保罗·波尔曼（Paul Polman）曾带领着世界上规模最大的公司实现了社会影响力方面的转型。他告诉我，

因为他兴趣广泛 —— 在商业领域和气候变化、贫困以及可持续发展等问题上都有涉猎，有人可能会觉得谈话过程中偶然冒出一些想法便付诸行动显得有些不走心，但实际上他本人非常清楚自己在干什么。他经手了很多项目，每一项都基于明确的目标和焦点。波尔曼一生中曾经多次凭借自己的一腔热情帮助了许多陷入困境无法自拔的人。年轻时的他总觉得拯救他人是医生或牧师的职责，但机缘巧合的是，他通过商业活动也做到了这一点。他为自己创造了机遇并牢牢把握在手中。

英语课程遍布全球的教育机构"小桥"（Little Bridge）的联合创始人、联合国儿童基金会"欧洲下一代"分会的联合主席莱拉·亚尔贾尼（Layla Yarjani）认识到，远大的抱负不仅限于某种特定的人生目标，而是上升到如何对待生活。像她这样一直激励他人的人，常常会被问到自己是如何解决问题的，如何发现适合自己的道路，自己的爱好又是什么？是不是碰巧选中了"对的"职业并就此过上了"对的"生活呢？

完全不是这样。对于莱拉以及我所接触到的许多其他人来说，他们的进步来自对好奇心的执着以及帮助他人的诚意，而非认为自己已经看穿了一切。所谓的"目标明确"对莱拉而言只是一个概念。为什么别人可以得到更好的资源和人脉实现理想，而自己却被各种条件限制只能望洋兴叹？莱拉认为考虑这些问题纯粹是在浪费时间。她本人也并不比任何人特别，她每天一起床便投入自己的事业当中，仅仅是因为这种感觉还不错。

莱拉一直都忠于自己的好奇心，一旦她发现一些感觉对的事情，便会投入其中——按照她的风格，一般会先启动一个研究项目。她喜欢和人们交流，将脑子里迸发出的想法加以尝试，并以一个开放的心态观察后效。她开展的许多项目都源于咖啡馆中的异想天开。她表示，很多新奇的设想一直被她"悉心存放"着。

莱拉和阿尔伯特·爱因斯坦有一个共同点：他们都认为自己没有过人的天赋，只是充满强烈的好奇心而已。成功人士常常会在创新方面投入巨资，并坚持他们中意的想法。即使在全职工作的时候，他们也经常关注创新，一份稳定的工作则可以帮助他们在实验陷入低谷期时对冲掉各种不确定性。

我也曾这样实际操作过，并且获得了各种各样的成功。我从未刻意设计过自己的人生道路，几乎每一个重要的节点都是跟着感觉随性而行。我的人生充满了赌博，而我也从每场赌局中收获成长。一位敬爱的导师总是对我说："像你这样的人，总是希望找到一条实现自我的人间正道。但世上的道路千千万万，最重要的是现在就让自己迈开脚步。"如果没有遇见他，我的生活可能会变得大不一样。

事实上，我们有时的确需要树立"殊途同归"——条条大路通罗马的思想，尤其是当你害怕被拒绝而止步不前的时候。

有时不得不见机行事

> 一个一直被低估的、关于人生的基本事实就是：我们无时无刻不在即兴演出。
>
> ——奥利弗·伯克曼（Oliver Burkeman），记者和作家

因举止失态而登上报纸头条的公众人物，忘记了关键数据的政客，在新闻发布会上遗漏细节的企业高管，因仓促上马而最终失败的政府项目——这些都证明了即使是位高权重的大佬们也常常会临时起意。

当然，在奥利弗·伯克曼看来，这种临场发挥对日常生活并没有影响。街边的客人口算不出小费的金额，医生接诊时用谷歌搜索胫骨粗隆骨软骨病的症状，咖啡师分辨不出时针分针的区别，中学生离开了手机导航就成了路痴，没有育儿经验的新晋父母手忙脚乱地帮婴儿更换尿布等。这些人非常出色地规避了某些特定任务和场景，并且通过其他技术手段达到了目的，他们都是在"即兴表演"。我这里说的"他们"其实指的就是"我们"。如果对自己进行一番客观审视，便会发现我们都曾经历过在参与某事的过程中一直忙于应付的情况。

几乎每个人都会在生活中遇到束手无策的局面。虽然有些人在多数情况下能够强装镇定，但也难免会有百密一疏的时候，许多人和组织都会因此陷入焦虑。伯克曼指出，许多组织投入了

大量的时间和金钱就是为了让自己显得无所不知，凡事都尽在掌握。

企业的合法性、权威性乃至生死存亡往往都建立在"他们知道该怎么办"这一观念上。组织和管理者的拥趸们对于负责人的处事能力深信不疑，并借此获得心理安全感。然而即使是最有权势、最成功以及看似最能控场的人物，在酒过三巡之后也会流露出他们对于许多问题的极度困惑。

如果说日常生活中每时每刻都会有许多人在临场发挥，那么为什么我们的生活、我们的公司乃至整个世界并没有处于一片混乱之中呢？毕竟没有计划地随机应变很容易偏离正轨。这个问题的答案看上去有些违背常理——没有现成的解决方案也没什么大不了。临场发挥其实就挺好，通常来说都挺管用的，关键是临场应变的当事人必须思路清晰——能够根据各种意外变化见机行事。

世事难料，命运由我

我们往往会在内心恐慌的时候试图装出一副驾轻就熟的样子。根据伯克曼的观察，其实每个人都半斤八两。可能每个人都经历过这种情况：表面上像江湖术士一般故弄玄虚，内心却惴惴不安，生怕自己的"骗术"被人揭穿。你的医生对自己的医术了如指掌对吗？你的航班机长总是泰然自若对吗？各种科学研究和奇闻逸事都证明了，即使在医学或航空等需要深厚专业功底的特定领域，相关从业人员有时仍需要随机应变。事实上，所有的人——包括专业人士在内——往往越是在关键的时刻，越需要相机抉择。

手术过程中出现了前所未有的紧急情况，或者客机在低空飞行时出现了发动机故障，这些都可能迫使医生或飞行员见"机"行事（抱歉这种双关用法并不算巧妙）。更重要的是，这种时刻往往会考验当事人的极限智慧和反应。来看全美航空公司机长切斯利·萨伦伯格（Chesley Sullenberger）的案例。2009年，萨伦伯格在某次起飞后不久飞机出现引擎故障，他成功地将飞机迫降在纽约哈德逊河上。应对引擎故障的通常做法是将飞机滑翔至最近的机场，然而这一常规方案对于当天的全美航空1549号班机来说并不适用，因为后者无法爬升至应急指南中提示的高度。于是当航空管制员建议寻找最近的跑道时，萨伦伯格正确并迅速地意识到在当时的高度和速度下这种方法是行不通的，他不能这么做。于是他设法在哈德逊河上实现了水上降落，拯救了飞机上包括乘客以及机组成员在内的155条人命。

以上的案例并不意味着我们不需要知识和经验。事实上萨伦伯格本人将成功归结为自己多年的飞行经验。用他的话来说，这就好比在平时往"经验银行"里存入一笔笔零钱，在急需的时候便可从中提取一笔巨款。萨伦伯格多年的经验和靠谱的直觉成就了他的这次非常规的壮举——也让他成为21世纪的人类英雄之一。

我们中的大多数人可能不会遇到像萨伦伯格这样在生死攸关间做出相机抉择的时刻。但在一些更小的方面，我们每个人——哪怕是最善于控场的高手，都在做着随机应变的事情。事实上，墨守成规比见机行事更加危险。自信甚至自负有利于雄心壮志的培养，也往往有利于事业成功；然而过于自负，以至于迷失自我并丧失态势感知能力就很危险了。无条件地信赖既有的规范或套路有可能导致忽视风险以及对意外因素疏于防备。

我曾与来自哈佛大学、"目标领导者"组织以及世界银行的同事们合作，对世界上最为成功的 31 位首席执行官展开了一系列采访，得出的结论是这些管理者全都深刻地认识到，他们并不能掌控一切，更不用说预测未来了。

比如，跨国食品公司达能集团（Danone）的首席执行官范易谋（Emmanuel Faber）透露说，比起宏大的计划，他更相信人们的远见卓识和脚踏实地。为什么呢？因为这个世界瞬息万变，过度提前规划并没有太大意义——不过远景目标仍然是必要的，否则很容易令人迷失方向。

这些管理者往往都树立了既强势又不失灵活性的抱负和目标，这些远大的抱负和目标——而非细致入微的计划，才是引导他们前进的"北极星"，使他们的团队能够在指导框架的范围内自行决策。除此之外，他们还常常展示出一种柔性的力量——拥有明确的远景和动力，同时也毫不避讳明显的缺陷，这往往可以引发更多的共鸣，从而获得更加广泛和强力的支持。

从苏格拉底到机缘巧合

本书通篇都在介绍许多利用机缘思维评估和（重新）解构环境的方法和工具。现在让我们来看看苏格拉底的做法 —— 提问式对话 —— 这是激发创新思维和削弱先入为主偏见的最有效并且经过长期检验的方式之一，它有助于我们从内在环境出发寻求突破，而不是借助外部现成的解决方案。

古希腊哲学家苏格拉底被誉为西方哲学的奠基人之一，他从不向人灌输什么理论或实操，他的教育方式也即所谓的"苏格拉底式对话"，经其学生柏拉图的总结和发扬，得以流传于世。这种对话不是高谈阔论，而是以苏格拉底的不断提问为主导的对话交流。这些问题可以使大家摒弃成见，建立起新的思路 —— 并在与苏格拉底的对话中不断增进理解。苏格拉底提出的六大类经典问题包括：澄清事实的问题（"为什么会有这种想法？"），建立假设的问题（"可以对此作何假设？""如何证明上述假设？"），寻求证据的问题（"有没有相关的例子？"），质疑观点的问题（"各种利弊是什么？"），探究内涵的问题（"该行动会引发什么结果？"），以及反思问题的问题（"提出这一问题的初衷是什么？"）等。

在过去的若干年里，每当我参加重要的讨论 —— 尤其是在充满火药味的场合时，我都会对以上这些问题加以变通运用。一旦对方强烈要求我方证明自己的假设，我便会意识到这背后其实隐含着一个立场问题。所谓智慧并不在于能否给出正确的答案，往往在于如何提出正确的问题。苏格拉底——这位被德尔斐神谕尊为"第一智者"的人物，曾经公开表示他并没有什么可以传授的。他不过是在不断地提出问题，不断地相机而行。

机缘巧合：一种教育理念

俗话说："三岁看大，七岁看老。"从孩提时代开始我们便在学习如何看待这个世界。作为父母或朋友，我们也可以对孩子或亲友的世界观产生重要影响。我的父亲常常告诫我："无论发生什么，只要抱着积极的态度，就一定能够解决问题。"这使我相信，世上无难事，只要肯攀登——而我也确实可以有所作为。而且即使天不遂人愿，太阳还是会照样东升西落。勤学苦练总会有所收获的，各种难题不过是前进路上的一些有待挑战的关卡，而不是让人止步不前的屏障。

事实上，心理学家卡罗尔·德韦克（Carol Dweck）在对所谓的"成长思维"进行孜孜不倦的研究过程中发现，即使是对话和语言中的微妙变化都足以改变我们的生活方式。因此她建议尽量避免使用"我在某某方面很差劲""某某事情我可做不来"之类的表达，以"我还没完全掌握某某技能"之类的说法替代。事实上，有关大脑可塑性的研究表明，大脑并非一成不变——正如我们的态度和方法一样。我们的大脑和身体一样，都可以通过类似锻炼肌肉的方法加以训练和塑造。

如果想要在机缘巧合来临之前做好充分准备，那么至关重要的一点就是必须善于学习并且相信功夫不负有心人。只有相信自己能够随机应变，能够与这个世界进行持续的双向互动，我们才不会错过将偶发事件转化为机缘巧合的机会。作为父母、老师或是管理者，能够给予自己的孩子、学生或是团队最好的礼物之一大概就是帮助他们建立起"没有什么事情能难住我"的坚定自信。

遗憾的是，大多数的高校尤其是商学院，仍然沉醉于如何规划未来，这本质还是在鼓励人们假装自己的人生是精心设计的结果。教授战略规划、模板和商业计划固然是件好事，但生活（和商业）往往是计划赶不上变化。正如萨阿斯·萨拉斯瓦斯（Saras Sarasvathy）等学者指出的那样，在现实生活中，人们尤其是企业家们面临着瞬息万变的环境，往往不会制定某些具体的目标，而是通过对当前资源、技能、人脉以及市场的实时评估来选择策略，并经常重新调整。如果大学教授们没有将这些情况纳入考量，很容易误导学生们忽略对未知因素的预测，然后假装自己无所不知，只需要控制和调整一些参数便万事大吉了。

以我在 2008 年与他人共同创立的"沙盒网络"为例。"沙盒网络"是一个聚集了全球 60 多个国家 1500 多位青年创新人士的国际网络社群。它包罗了各行各业（设计、艺术、商业、法律、新兴行业、社会企业等）最富激情的青年才俊，并在他们之间以及他们与外部导师之间建立起人际和资源的联结。

我们可以强烈地感知到，世界上有很多年轻又才华横溢的变革者，他们在 20 多岁的年纪就已经在各自领域里寻求开拓创新 —— 然而谁会给予这些变革推动者足够的重视呢？他们如何结识志同道合的朋辈并加深彼此联系？我们是否可以帮助未来的管理者将才干在年轻时期早早绽放而不是苦苦等到大器晚成？这些青年才俊之间的惺惺相惜又会对他们日后改变世界的行动产生何种影响呢？

德语单词 Sandkastenfreunde 的意思是"在幼儿园里玩沙子时就认识的终身挚友"，我们的"沙盒网络"社群则是以"去中心化"的方式搭建而成：在全球 30 余个城市 —— 我们称之为"枢纽" —— 当地代表（"大使"）负责吸收会员并组织非正式晚宴以及"风采之夜"等活动，为会员之间探讨专业和私人问题的解决方案搭建交流平台。在这里，会员之间通过多种方式相互支持，包括提供情感援助、信息渠道、情况反馈以及合作机会等。

"沙盒网络"的诞生过程本身便是"未来不可预知"这一深刻原理的生动演绎。2008 年末，随着美国金融服务巨头雷曼兄弟宣布破产，全球经济陷入困境，我们也难逃池鱼之殃。当时我们原计划组织一场全球青年变革者汇聚一堂的创新盛会，在始料未及的外部冲击下，这一方案的可行性显得越发渺茫。在此之前我们曾花了一年的时间寻找赞助商和会议场地。诸多合伙人虽然饶有兴趣，但迫于形势必须削减预算 —— 尤其是对于全球青年大会这类的项目。

我们当然知道没有预算是不可能组织一次全球会议的，但与此同时我们也对构建青年社群的想法满怀热情。我们开始试着在苏黎世和伦敦组织一些非正式的晚宴，结果发现与会嘉宾似乎很享受这种聚会，并彼此坦诚相待。于是我们继续组织更多类似的小型聚会，同时意识到这是一种能够吸引更多会员的有效方式——稳扎稳打而不是一蹴而就。

虽然我们的初步设想是组织一次盛会，但后来渐渐发现基于各个枢纽的小规模集会在财务上更可持续，在维护健康的会员结构方面也更长效。我们从未放弃追逐自己的"北极星"，也即构建一个青年变革者社群的远大理想。不过我们放弃了组织一次大型会议的计划。

我们摒弃了自上而下举办大型会议的设想，转而采用以各个枢纽为落脚点、动员当地会员积极参与的办会模式。这种模式操作简单且成本低廉，会址常常选在会员家中，整体氛围也比较温馨。后来，我们将零星的枢纽集会扩展为区域务虚会——通常在乡下某间私密的出租屋里举行，为期 2 至 4 天。这种聚会有助于加强不同枢纽之间的相互交流。会员们与会期间互动频繁、集思广益，彼此之间的人际关系可以得到重点深化。

4 年后，第一届"沙盒网络"全球大会在里斯本胜利召开。在此之前，会员们早已通过线上或线下加入脸谱网（Face-book）内部群的方式建立起了各种联系（"神交已久，终得相见"

成了大会期间的一大热词）。"沙盒网络"的成功之处在于让人们感受到与其他会员之间深厚的情感联结。会员们不会装腔作势地显摆"最好的自己"，而是充分展现出"最真实的自己"——即便是自己看似疯狂的一面也不必刻意掩饰。

事后来看，还真是应了那句"塞翁失马，焉知非福"。全球金融危机可能给"沙盒网络"带来了厄运，但在经历了若干个不眠之夜后，我们将这场意外转化成了重构我们发展理念和模式的重大机遇，并立刻放弃了传统会议，改为建立一个在本地集会紧密联结基础之上的全球化社群。当然，整个过程中充满了崎岖挑战——但我们最初遇到的巨大障碍已经被成功克服，一个崭新的格局焕然而生。

格局重构所衍生出的影响力有助于当代人和后代建立一种思维模式，以适当的心态合理把握意外机遇，避免在僵化的教条一旦坍塌时陷入手足无措。想要实现这一目标需要对我们的教育和学徒制度进行改革——关注重点从所谓的"硬技能"转变为如何认识和利用意外因素的"机缘思维"。我们需要向下一代人传递的理念是，我们每个人都可以把握属于自己的一番好运。

什么叫惊喜？

你有没有在某次聊天中听某人提起某个工作机会，而你可能对目前的工作非常满意，没有跳槽的打算，也可能这一工作机会和你的专业领域并不搭界，所以你当时觉得这跟你一点关系也没有？然而一周以后，情况发生了变化，你突然觉得自己想要挑战一下新鲜事物，于是你回想起那次聊天，然后发现那个工作机会恰恰是符合自己需求的。

试想一下，如果你当时完全忽略了那位朋友所谈及的"八竿子打不着"的工作话题，而是把注意力放在研究盘子里的烤宽面条用料如何，又会怎么样呢？显然你就会失去一次不错的机会。如果能够让自己充满好奇心，并对计划之外的信息和事件抱有开放的心态，便会大幅提升我们邂逅机缘巧合的概率。当然这通常也是与我们在既定环境中探知异常或意外因素的主观能动性密不可分的。总之，好奇心、开放态度和怀疑精神是捕捉和创造机缘巧合的核心能力。

安托万·德·圣-埃克苏佩里所著的《小王子》（*Little Prince*）是我至今摆放在床头的一部作品。书中的主人公小王子总是在探索世界并对周围的一切事物和人物感到好奇。它无数次地提醒着我，敢于质疑（即使有时看起来比较幼稚）的精神是尤为可贵的。（本书中我最喜欢的桥段之一就是小王子与一位整日忙于清点天上那些"属于自己的"星星的商人之间展开的一番对话：

"拥有这些星星对你有什么好处呢？"

"这样我会变得很有钱呀。"

"有钱对你又有什么好处呢？"

"如果还有新的星星被发现，我就可以买下它呀。"

"这个人，"小王子喃喃自语道，"他说话的方式和那个可怜的酒鬼一模一样。"）

作家兼非营利组织阿斯彭研究所（Aspen Institute）的首席执行官沃尔特·艾萨克森（Walter Isaacson）对诸如阿尔伯特·爱因斯坦（与天才居里夫人同一时代）和莱奥纳多·达·芬奇等世界上许多伟大的思想家进行了认真研究。他在与美国心理学家亚当·格兰特（Adam Grant）的一次对话中总结道，这些伟大人物之间的共同点是他们都怀有一颗跨领域的好奇心。这就解释了本杰明·富兰克林为什么能够通过在大西洋沿岸来回行走观察空气漩涡和东北部地区风暴之间的相似之处，从而发现了所谓的"墨西哥湾流"；或是莱奥纳多·达·芬奇为什么总能发现一些跨自然的规律；还有史蒂夫·乔布斯为什么在每场发布会的结尾都要展示一番艺术和科技的融通。所思、所见、所想和所用这数者之间的交汇融合，便是开拓创新的源泉所在。

前文提及的波斯传说中古锡兰三王子的故事之所以被视为机缘巧合的典范，不是因为他们的世界观一成不变，而恰恰在于他们始终怀着开放的心态观察世界。他们的好奇心帮助自己辨识出诸如骆驼脚印等各种线索，事后看来这些做法都在无意中促成了"穿针引线"的效果。

我们可以从中得出一个重要事实，对机缘巧合的促进行为并不以先验知识的齐备为前提。某个事件或信息中所蕴含的意义或机遇未必会在第一时间充分显现，甚至可能数年之后才会出现另一条与之衔接的线索 —— 比如一本新书或是一番对话。不过需要指出的是，好奇心和开放性也可能会使人分心，从而适得其反。事实上，机缘巧合的产生需要与之相应的天时地利。就某一具体项目而言，越是处于初级阶段，对于外在影响因素的敏感度就越高，因此这一时期对于机缘巧合的培育来说就显得尤为重要。至于后续的阶段则往往更多考虑如何执行的问题。

本书的诞生某种程度上也是机缘巧合的产物，因为各种思路、研究、对话和故事被汇聚在一起"穿针引线"。不过到了具体的写作阶段，我不得不让自己进入执行模式：坐在桌前，戴上耳机，关掉手机并取消一切会议 —— 然后安静写作。为了完成作品，我不得不将更多的机缘巧合"拒之门外"。

即使在跨国组织中，也会出现某些时刻或地点特别有利于机缘巧合的培养。对日本光电公司（Japanese optoelectronics firms）的研究表明，机缘巧合往往在勘探工作的初期，也即人们的警觉性和注意力最为集中的时候发挥更加重要的作用。总而言之，科研或产品生命周期的初始阶段是创造性活动的关键时刻 —— 话说这一阶段本身就是生产想法的阶段。但过了这一时期后，进入标准化、工业化的阶段，机缘巧合可能就不得不退居二线，取而代之的则是相关数据的一致性和可靠性。因此这里的核心问题是 —— 创新活动一般发生在哪些地方，什么时候才能体现出它的宝贵价值呢？

然而，即使是在后期阶段，我们也应继续保持对机缘巧合的开放心态。企业家们在其职业生涯中出于偶然的遭遇或设想而创办出大量企业的案例数不胜数。同样也有许多本来从事长期稳定工作的"打工人"因某个机缘巧合而进行角色转换的情况。

不过不管怎样，我们都应做到有备无患。伦敦一家餐厅的服务生查理·达洛维（化名）与我分享了他的故事。长期以来，他都因自我认知不足而无法判断合适自己的发展路径，在面对意外经历或对话所带来的机会（比如对他表现出好感的客人与他分享一些机会）时，他也显得无动于衷。不过随着他对自己的了解越来越深入，他越发相信自己已经为下一次的机缘巧合做好了准备。现在他也会引导孩子们相信自己和自己的判断 —— 随时准备迎接下一秒可能出现的未知机遇。"机缘巧合对于 25 岁以前的我来说可谓一片空白，现在则如同家常便饭。"

有的放矢，方能谈笑风生

让我们回到上一个场景中，你的朋友在宴会上向你介绍了一个你不太感兴趣的工作机会，几周后你却发现那份工作恰恰是自己所需要的，那该怎么办呢？也许你早在第一时间便应该提出一些问题对形势做出更加深刻的判断，比如："为什么那位朋友觉得那份工作适合我呢？""是不是他先于我发现了我目前工作的一些潜在问题？"

只要学会正确提问，即使看上去再无聊或无关的谈话都可以变得妙趣横生。许多人抱怨自己常常陷入"尬聊"之中无法逃离。我们可能会觉得对方"言之无物"，或是认为彼此话不投机，但除非你和对方结束对话，否则还不如赶紧想想应该问些什么问题为你们之间的对话增添一些趣味。

在过去的 15 年中，我曾通过全球网络和本地社群在世界各地举办过数百场晚宴。我尝试过多种形式的开场话题，试图充分调动起嘉宾们的情绪，因为一般来说只有与会嘉宾们敞开心扉，彼此的交谈才会火花四射。只有在一个能够充分彰显自己本色和追求的环境中，嘉宾们才能够获得让自己敞开胸怀的安全感。

一个比较实用的谈话技巧是让人们在自我介绍时不要先报职业头衔，而是先谈论自己的内心状态、参会原因以及目前所遇到的挑战。当有人说道："我现在希望让自己转型成为……"便常常会引起一些面临同样挑战或是怀有同样目标的嘉宾的共鸣，于是各种不同的经历就会陆续浮现并相互交流，然后催生出新的想法和解决方案，乃至提出新的挑战。

一旦谈及生活中真正的挑战，我们便会意识到虽然大家来自五湖四海、各行各业，但彼此之间还是有许多共通之处。于是在接下来的谈话中时常能听到"什么？这也太巧了吧！我做的事情也差不多！"之类的话。还在为爱人的狠心离去而耿耿于怀吗？可能同一桌的客人里就有某位曾和你一样为情所困，没准他可以分享一些经验和观点，帮助你更快地走出阴影。嘉宾们可以通过精神层面的交流让自己的生活发生改变，甚至还有可能找到为自己传道解惑的心灵导师，多么美妙的巧合啊！

我们总是觉得自己遇到的难题是独一无二的，但从很多看似与我们风马牛不相及的人物身上也可以找到我们自己的影子。如果我们能够在与他人聊天时更好地强化自己所提出问题的互动性，使其更有利于实现"穿针引线"的效果，那么机缘巧合就会离我们越来越近。通常来说，当某种联结可以直击人们的深层关切时，机缘巧合的力量才会为人们的生活带来真真切切的改变。

在一场对话中，如何正确提问无疑是至关重要的。如果在初遇某人时，我们提问道："你是做什么的？"那么我们便将对方的自我介绍框定在了一个非常狭隘的范围内，甚至有可能让对方感到局促。难怪很多聊天都是"话不投机半句多"。即便是在最富激情的团体中，"你是做什么的"这一问题往往也只能收到一些单调而呆板的回答。实际上一个好的提问应当是开放式的，能够让对方在回答过程中传递出自己认为最有意义的要点。

只要我们试着将提问的重点从对表面事实的关注更多地转向对深层原因、动机和风险的探究，就有可能大大提升谈话内容的趣味性并促成许多意想不到的联系。同时，如果我们被问到"你是做什么的"这种糟糕的问题，我们也可以试着以某些创新的方式予以回答，比如，"你是想听实践意义上还是哲学意义上的回答呢？"（当然，必须提前准备好两种方式的回答才行。）

通过对话来改变生活，是一项必不可少又易于掌握的技能，能够为机缘巧合打开必要的发展空间。

如何点石成金？

正如不应当限制人们的回答和对话内容一样，我们同样也不提倡对问题或需求的描述进行过度定义，因为这样一来可能会让解决方案的想象空间受到局限。

从事创新领域研究的学者埃里克·冯·希普尔（Eric von Hippel）和乔治·冯·克鲁夫（Georg von Krogh）对上述问题进行了细致的探讨。他们描述了组织内部的一种典型情景。如果询问产品经理："怎样能够降低成本？"他没准会回答可以精简人员或是采购更加廉价的原材料，然而这也许并不是他所能提供的最有价值的方案。如果我们换一种问法："这种产品的利润率似乎有点低，你怎么看？"他也许就会提出更广泛的解决方案，除了降低原材料成本，其实还可以换一种相反的思路，也即选用更高质高价的原材料并相应提升产品的价格，同样能够让收益率有所提高。此外，还可以设法在工艺流程或产品线方面做出改良或替代。

我们在考虑问题时，应当试着援引更多信息并进一步挖掘深层次的矛盾，而不是仅处理表面问题，这种操作出奇地简单，却对开阔解决思路以及培养机缘巧合大有帮助。

"为什么？"是一句最为开放式的问题。千百年来，这句疑问一直被视为科学发现的不竭动力。它往往是孩子们的口头禅，也常常让大人们感到头疼。如果我们不深究原因，结果只能是头痛医头，脚痛医脚。如果可以多角度全方位地理解"为什么"，创新思想也许就能够破茧而出——自然也包括机缘巧合的联系等。

丰田自动织机株式会社（Toyoda Automatic Loom Works）创始人、20世纪日本工业界的灵魂人物丰田佐吉［其子丰田喜一郎成立了名为"丰田汽车"（Toyota Motors）的汽车部门，后来一跃成为世界上最大的汽车制造商之一］提出了著名的"五问法"。虽然现代社会的变化日新月异，"五问法"中的很多理念已经显得有些过时，但是其核心价值仍然弥足珍贵。丰田佐吉认为，当面临困境时我们应当不断追问五次"为什么"，以便充分发掘事件背后的深层原因。每问一次"为什么"，我们对于问题根源的理解就更近一层，最终的解决方案则会伴随着问题的核心本质一道浮出水面。

这种抽丝剥茧的方法广泛适用于生活的方方面面，无论是日常工作中的挑战，还是恋爱关系中的难题。举例来说，一对感情出现危机的夫妇可能会将彼此的嫌隙归咎于某个表面现象比如出轨——但如果继续追问出轨原因的话，便可能会触及某些深层次（或者说根本性）的问题，比如孤独感。因此，我们的提问方式决定了我们能否真正地将问题或原因理解透彻（并为机缘巧合的产生构建有利的"力场"，详见后文）。

明确诉求

通常情况下，在考虑如何解决问题时，我们一般会采用线性的思维方式。无论问题来自生活、工作、学习还是其他任何方面，一种比较典型的处理方法是通过以下顺序搞清状况：

1. 对问题或诉求进行识别和描述。

2. 尝试通过以下任一方式解决问题。

（1）将关注点聚焦在解决问题的手段上。

（2）获取更多信息并对问题开展进一步重构。

假设某人总是反复头痛，最快的解决方式当然是服用止疼片。但医生很可能也会建议做一次体检，以便了解是否还有深层次的根本原因需要解决。医学等领域会采用一套清晰而规范的流程检视可能存在的潜在问题。头痛的真正原因往往不在于头痛本身，而在于身体某处的感染。

因此，医生可能会采用与丰田佐吉的"五问法"类似的方法深挖问题的根源所在。接下来，一旦问题的根本原因被发现和解决，所有的表征——例如头痛——便会随之烟消云散。

医生们所采取的"探索策略"一般是这样，首先是"广撒网"，尽量广泛地筛查可能存在的问题，比如有无任何并发症、最近是否撞击过头部或者是否酗酒。接下来是"细研究"，在上一阶段筛查结果的基础上进行更深入的诊断，直至锁定一个最有把握的方案——然而并不能保证每次都是正确的。这是一种典型的漏斗式排查法，主要思路是不断地缩小可供选择的范围，以便最终聚焦于一个既定的解决方案。这也是个人和组织在应对问题时最常用的做法。

以公司运营为例，市场部门可能会发现市场上的某个缺口——消费者的某种需求尚未被现有产品满足，这便引发了所谓的"问题描述"："什么能满足这种需求呢？"随后这一问题将被转至研发部门，以便设计出（可能）符合需求的新产品。从中可以看出，"问题描述"越清晰，就越有助于明确目标和侧重点，并采取与之相适应的衡量标准和激励机制。这同样有利于不同实体间——例如和另一个问题解决团队之间的任务交接，并大大提升我们在问题解决后获得的满足感。

不过，并非所有问题都那么容易解决。美国博学大师赫伯特·西蒙（Herbert Simon）将所有的问题划分为两种基本类型："结构清晰"的问题和"结构混沌"的问题。所谓"结构清晰"是指问题可以被明确地划分归纳并利用某种算法或类似于医学诊断程序之类的规范步骤解决。虽然上述步骤对于结构清晰的问题非常有效，但对于结构混沌的问题来说往往并非优选，因为后者的性质难以清晰判定——至少在初始阶段是如此。这种情况下，规范程序反而会对机缘巧合产生束缚。近期的研究表明，如果将某些问题定义得过分狭隘，可选答案的范围就会受到明显限制，可能难以得出创新性和有效性兼备的解决方案。

定义过窄导致效率降低的另一个重要原因是，当事人或组织难以对其实际的底层需求做出充分完整的描述，同时在发现问题的过程中也会不断地涌现出新的信息。如果再遇到诸如部门划分导致问题描述者与解决者不一致的情况，这种效率降低便会更为明显。因为这种情况下问题的解决者无法获知其他潜在的需求或问题，也就设想不出更好的解决方案。你是不是经常发现公司的IT部门在解决一个技术问题的同时给正常的办公环境增设了某条限制，甚至制造出一个新的问题？这并不是因为IT工程师的技术不过关，而是问题的解决者掌握的信息有限，无法进行宏观上的通盘考量。

举例来说，你也许会向IT部门提出以下需求："我们想让A组成员有权限读取X类文件。"这对于IT部门来说当然是小菜一碟。但也许A组成员还需要编辑文件的权限，而IT部门却没有授予。或者情况相反，A组成员只可以读取，但IT部门却给了编辑权限，诸如此类。

如果想要避免这种混乱情况，可以试着让IT部门也全程参与问题研究（也即寻找问题根源），而不是仅向他们提出某个狭隘的需求。只有这样才能够帮助IT部门制定出真正有效的措施。

这一原理同样适用于任何个人或组织：对问题性质的过度定义会使可选方案的范围受到限制，并降低机缘巧合出现的可能性。导致狭隘定义的原因在于，大量的初始精力被投入对问题的分析研判上。这种方式对于结构清晰的问题十分有效，但当情况瞬息万变或产生不确定性时（例如新设公司），许多重要的问题便没那么容易按部就班地进行处理了。

日常生活中，信息不完全的现象是十分普遍的，实际情况也往往在不断地变化发展。这种环境下生成的问题通常很难呈现易于识别和处理的清晰结构。事实上，一个相当不错的经验法则是：如果难以对问题进行即时和明确的定性，就不要过多纠缠。先将死板的教条放在一边，试着考虑一下其他的解题策略。

所谓的"迭代问题公式化"便是这样一种替代方案，也即在短时期内反复不断地尝试各种方法来解决问题，并对相应的效果进行快速评估。

在设计公司艾迪欧（IDEO）等组织的推动下，类似"迭代问题公式化"等方法越发开始崭露头角。一种名为"快速原型设计"的开发思路认为问题解决者可以在初始阶段迅速开发并提交一种易于修改且成本低廉的"原型"。用户们可以利用这一原型，结合自身获得的数据评估其运行效能，并对相应的技术规范进行修改，再反馈给设计者或问题解决者，于是又一版改良过的新原型快速出炉了。这一过程循环往复，又快又好。

简而言之就是改良、试用、再改良，螺旋式进步。

这种迭代问题或方案的重构过程以及问题解决和用户之间的试错学习会一直重复下去，直到成功求得最佳的解决方案。有些人可能会觉得这听上去和传统的部门分工没有什么明显差异——部门 A 向部门 B 提出需求，部门 B 反馈一个方案，部门 A 发现方案无效，然后投诉说："这个不行，再做一次！"

然而两种问题处理模式在节奏和态度上的差异会产生截然不同的动能。按照快速原型设计的理念，每一轮原型迭代不会被视作"失败"，而是推进过程中的必要一环。同时在这一进程中，用户和问题解决者之间可以相对迅速地建立起常态化联系，用户和问题解决者（设计师）可以通过对话或者说逻辑辩证共同开发产品。

不过我们是否能够采取某种更加激进的策略，彻底破除"一切尽在掌握""凡事皆有套路"的迷思呢？为了回答这一问题，我们需要从心理学、神经科学、图书馆学、创新和战略管理等角度对需求、目标和问题展开更加深入的剖析。

> 如果我们不仅能够掌握所有影响我们现实愿望的因素，还能够掌握所有影响我们未来需求和欲望的因素，那么自由也就失去了用武之地。自由的意义正在于应对各种未知与不测，我们需要自由，只有在自由光环的笼罩下，我们才可能期待梦想的实现。
>
> —— 弗里德利希·哈耶克，《自由秩序原理》

管理学、图书馆学、神经科学和心理学领域的最新研究表明，过于清晰明了的目标会对机缘巧合形成制约，而雄心勃勃的目标则会提高机缘巧合的发生概率。在某次实验中，参与者们被安排与一台阅读装置进行现场互动。研究人员要求第一组参与者在互动过程中寻找一些具体的信息，对第二组则不做要求。实验结果非常明显：第一组的参与者顺利完成了寻找信息的任务，不过相较而言，第二组的参与者在互动过程中展现出了更强的探索欲，并且发现了许多超乎预料的有趣信息。

其他一些实验同样表明，与拥有更多自由裁量权的团队相比，目标太过明确的团队会更排斥意外因素的出现——事实上，许多积极的未知因素都诞生于较为宽松的环境，而非边界清晰的框架之中。举例来说，如果过于关注"食物短缺"或"食物紧张"，生产部门则会过分聚焦于单一食物量的提升，而忽略对营养价值的要求。

这一道理在其他领域同样适用。在教学和论文指导过程中，我曾遇到过许多优秀的学生。通常来说，只消通过只言片语，我就能判断出哪位学生可以给出更好的学术表现（当然，绝不可让这种第一印象干扰到我的正常教学）。很多学生会对我说："我的目标非常明确，也找到了合适的方法，您可以帮忙签字确认吗？"而具备高分潜力的学生说得更多的则是："我对这一课题做了一些泛读并获得了不少启发，但对于选择哪个具体的（研究）方向还不太有把握，您能给我点建议吗？"

"普通"等级的学生往往目标明确、路线清晰，他们知道应该采取何种行动，而且表现一般都比较稳定。而出类拔萃的学生则善于开展更加广泛的研究，他们会围绕课题做全面阅读，试图寻找可能激发创新（通常来说都是意料之外的）和辩证思维的潜在"触点"。许多和我共事过的学生都认为这种飘忽不定的学习方式可能是一种缺点，但它的确常常成为想象力和原创力的源泉。

当然这种做法并不是总让人满意，有时甚至还会造成不适，但它的确有助于点燃思想的火花，从而带来真正有价值的贡献。事实上，有研究表明，远见卓识除了与好奇心和联想力有关，还可能来自矛盾冲突乃至"绝境中的灵光乍现"——由新规律的发现而产生的创意。

我在课堂上也观察到了这种现象。在某门课程中，我要求学生们提出一些商业设想。很多情况下，班级里最聪明的一群学生会首先承认自己并不是很清楚目标究竟是什么，同时也感到非常想做些什么改变现状。这是一个很棒的开始：开放而好奇的思想，配以乐于探索和创造价值的主观动机。理智层面的好奇和不安有助于避免过度自信、克服先入为主以及保持合理怀疑，如果再加上自身努力和足够的激励，往往会产生美妙的化学反应。事实上这些学生在课堂上的表现亦是如此。

现在也许是时候对我们解决问题和设定目标的方式进行一番调整，继而开辟出我所提倡的"机遇空间"了。

机缘巧合的遭遇 —— 将某个意外发现与相关的事物建立联结 —— 催生出了许多极具实用价值的发明和创意，其中有的甚至足以拯救生命。这些伟大的发明往往只是源自某个细致的观察。

电影制片人热纳瓦·佩施卡（Geneva Peschka）曾怀着开启新生活的想法，从多伦多移居纽约。前些年，她在与丈夫分居后发现自己的生活循规蹈矩。于是她决定做出重大改变，实现自己最大也是最疯狂的梦想 —— 移居纽约。

在启程前的数周里，她不断向朋友们打听纽约当地有没有适合自己的工作。其中一位朋友彼时正在欢度蜜月，便询问热纳瓦是否愿意接替她的工作 —— 照顾一位家族朋友的 8 岁自闭症女儿（名叫艾玛）的课余生活。热纳瓦欣然接受了这份工作。

年复一年，随着热纳瓦与这一家庭的关系越发亲近，她见证了 10 岁的艾玛在沟通技能方面所取得的进展。艾玛的说话方式比较低龄化，当时还在采用快速提示法，也即通过指点模板上的字母组成单词的方式来学习。

有一天，艾玛突然说起，应当让人们更多地了解自闭症。这一表达让热纳瓦大开眼界。于是热纳瓦打算将艾玛内心渴望被倾听的诉求与自己的电影制作背景联系起来。为什么不拍摄一部电影，让艾玛讲述自己的故事呢？作为一名有色人种的女性，热纳瓦深知少数群体的遭遇只有当事人自己才能说得清，因此她邀请艾玛和她共同执导这部电影。

于是，电影《不言而喻》（*Unspoken*）就此诞生。这是热纳瓦第一次为自己所关切之人发声，并与之一道创作的电影。女演员维拉·法米加（Vera Farmiga）和她的制片人丈夫雷恩·霍基（Renn Hawkey）也加入了执行制片人的行列，并大力倡导包容对话、自我维权以及人权保护的理念。该影片已经在电影节以及"西南偏南"艺术节（SXSW）、联合国"女孩崛起"（GirlUp）世界峰会等大会上放映。

光阴荏苒，自热纳瓦与艾玛初次相见已经过去5年。热纳瓦回首往事，从开始到现在，究竟这一路是如何走来。通过《不言而喻》为艾玛提供一个发声的平台，也让热纳瓦自己产生了共鸣。"我做梦也想不到，搬去纽约后，我会跟在中央公园认识的一位8岁女孩合作，并借此宣扬自己的理念。"热纳瓦回忆道。她至今仍将《不言而喻》视为自己最引以为傲的成就。该影片为自我维权和人权保护等话题的讨论提供了一个新的视角，也引发了世界各地观众们的关心和关注。

热纳瓦所经历的这种灵光乍现时刻通常来自一种求索欲引发的"醍醐效应"，从认知心理学的角度来看，灵光乍现是大脑为了保证"信息处理流畅度"而产生的一种突发性增益。换言之，灵光乍现的现象反映出大脑正在通过思考活动对意识无法觉察到的空白信息进行自动填补。

再来看滑轮行李箱的例子。20世纪70年代，伯纳德·D.

萨多（Bernard D. Sadow）携家人度假归来，不得不拖着两个沉甸甸的手提箱穿过机场。当他在海关闸口处等候时，看见一位工人正轻轻松松地利用轮式滑橇运送一台笨重的机器。于是他将这一观察与自己需要徒手拎举和搬运沉重行李的窘境联系到一起。当他返回自己所在的行李公司上班时，试着将一套家具的脚轮安装在一个行李箱上，并用一条绳子拴在前面。当伯纳德拉动绳子，行李箱随之滑动时，他大呼道："成功啦！"这便是滑轮行李箱的来历。这便是将两个从未建立过联系甚至未被发掘的事物或知识进行"异类联想"，并成功引发机缘巧合的经典案例。

比起按部就班地发现问题后再去寻找解答，机缘巧合往往意味着问题和答案同时出现。倘若我们认识到这一点，便可以在生活和工作中处理问题时加入新的思路；如果这种新的思路占上风，我们便拥有了将机缘巧合转化为有利机遇的能力。

通常来说，人们只有到了不得不解决问题的时候才会意识到发生了问题。创新学者埃里克·冯·希普尔和乔治·冯·克鲁夫建议要主动设想既定场景中可能存在的问题或需求，然后联想其他场景中对应类似问题或需求的解决方案。我们可以将两种场景进行某种叠加，或者考虑将一种场景中的需求或问题与另一种场景中的解决方案进行关联。例如对医生来说，他所面临的问题场景可能是患者的症状或病情的展示；方案场景则包括医生的专业知识和经验，以及工作环境、学术文献、研究设施 —— 一切有助于制订解决方案的要素。所谓的解决问题（以医生救治患者为例）就是将问题场景中的一个节点与方案场景中的一个节点建立联结的过程。

机缘巧合的出现往往源于在两个看似毫不相干的事物之间发现关联，事后看来这种关联乃是解决某个棘手问题的关键。有时候，我们甚至没有意识到问题的存在，但通过理性思考结合经验判断，我们明白自己一直试图解决的问题究竟是什么。

回想一下伯纳德·D.萨多和滑轮行李箱的故事。理论上说，机场对于提运行李已经备有解决方案——使用机场提供的行李手推车。正是因为既有方案的存在，所以人们往往发现不了这里面潜藏的问题，或者至少不太愿意花费精力去解决它。

不过，一旦你拥有了一个滑轮行李箱，你就会意识到行李手推车存在着一个问题——事实上，是一系列恼人的问题。行李手推车数量够吗？（通常不够。）它们的放置地点和有效时间便于乘客使用吗？（不一定。）你可以推着它们过安检吗？（很难。）你可以推着它们上扶梯吗？（不可能。）不过只有当新的解决方案出现，我们才会后知后觉地发现传统做法中一直存在的实际问题。

对于许多人来说，上述认识过程是在下意识间进行的——不过一旦我们理解了这一过程，便可以勾勒出一个远比事实更加顺畅的故事。所以在事后，我们会自欺欺人地认为自己发现了一个问题并提出了解决方案，而实际情况根本不是如此。

我猜测，许多读者可能会本能地反对这种观点。毕竟怎么可能在问题弄清楚之前设计出解决方案呢？当然，"问题和解决方案同时出现"的说法听上去确实不像是大多数人处理问题的方式，但请不要忘记，我们常常会在事后对自己处理问题的方式进行自圆其说。我们总是倾向于认为自己发现了一个问题，然后再去寻找解决方案。这就导致了许多商业领袖将他们的成功归因为一整套严丝合缝的计划而非一系列意外因素。值得再次强调的是，虽然这种本能倾向从表面看并无危害，但实际上它会产生一些侵蚀作用，因为如果我们开始相信问题本来应该这样解决，那么我们便会期望自己和他人在解决问题时都采取这一种狭隘的方式。

见贤思齐？

我们已经了解了一些行之有效的手段，比如说以更加宽广的视野对问题进行重构，避免让自己的思路局限于问题表面，从而为方案的设计开启更大的想象空间。[①] 然而，我们还可以借鉴一

---

① 在企业环境中，企业高管乃至整个公司所面临的典型挑战可能是："为了达成财务目标，我们需要让产品更加质优价廉。"但我们可以将这一目标简单转化为："我们希望在不改变现有营销渠道的前提下生产出任何可以创造利润的产品。所以……"如此一来，公司便可以借鉴类似处境下的友商正在以何种方式获利（详见冯·希普尔和冯·克鲁夫，2016 年）。事实上，我发现越来越多的公司开始将未来的竞争对手设定为亚马逊（Amazon）和谷歌（这些公司拥有大量可用于市场需求研究的必要数据），而非身边的竞业者。它们不再将自己定位为"产品公司"，而是尝试评估自己擅长解决哪些方面的问题。亚马逊进军医疗和保险领域的事实便是整个业态快速变迁的有力写照。第八章中将提及的飞利浦（Philips）案例同样佐证了这一变迁。

些现成的、基于开放式提问的方法打破僵硬的、束缚我们生活工作方式和阻碍机缘巧合的思维桎梏。

一个典型的例子是所谓的"正向偏差法"。这种方法着眼于某个集体（人群、公司、组织等），并从中寻找出与普通成员有着明显差异的个体——当然是指积极的方面。比如说，某个组织的总体愿景（也即所谓的"北极星"）是帮助撒哈拉以南非洲的社区改善家庭健康状况，那么可以采取的策略是把关注重点放在社区中比较出众的"正向偏差"，换言之就是非常健康的家庭。这种策略背后的逻辑是，这些正面典型应当掌握了一些秘诀保持良好的健康状态，这些秘诀也许同样适用于该社区内的其他家庭。接下来我们便可以深入研究一下这些正向偏差家庭的某些行为是如何对身体健康产生裨益的。如果这些生活方式——例如对某种食物的摄取或是对饮用水质的关注看上去对其他人也适用，我们便找到了一种最佳的实践模式。（类似地，擅长定性分析的研究者们可以通过寻找"极端案例"来激发有趣和意想不到的金点子。）

同样的方法在商业环境中也可以适用。哪个雇员或团队是最高效的？他们有哪些与众不同的特质？组织内部的其他成员可以复制他们的做法吗？简言之，"正向偏差法"就是首先寻找到可行的方法，然后再分析其中的正向特质能否用于解决某些长期遭到忽视的问题。

"沙盒网络"后来也成了"正向偏差法"的推行者，尽管一开始我们并没有意识到自己正在这么做 —— 我们会让所有希望加入社群的申请者们介绍自己的过人之处。申请者可能需要提交一份充满创意的材料，形式内容不限 —— 我们称之为"尖叫因子"。通过这种方式，"沙盒网络"确实发掘了许多充满创意、特立独行的另类人物。事后来看，这其实就是一种寻找"正向偏差"的方式。它有助于鼓励各种形式的创新，为彼此的生活点亮一盏明灯。

起初，我们咨询了一家猎头公司，希望对方为我们提供一套参考标准用来寻找充满创新精神的人才。但后来我们意识到猎头公司建议的标准 —— 教育背景、工作经验等与我们所理解的创新精神相去甚远。

弗雷泽·多尔蒂（Fraser Doherty）14 岁那年成立了属于自己的果酱公司，生产车间设在祖母的厨房。两年后，他的果酱产品已经在连锁超市乐购 (Tesco) 上架了。这个小男孩几乎没有接受过正规教育，也没有企业工作经验，但他在 14 岁的小小年纪所表现出的创造性令"沙盒网络"团队为之激赏。

"沙盒网络"的伯乐团队运用"尖叫因子"而不是仅凭一流的教育背景和工作经验筛选人才。当然，后两者也是我们在遴选会员时的参考标准，不过"尖叫因子"是所有标准中最为重要的。例如成功的天使投资人威廉·麦奎兰（William McQuillan）通过制作一本介绍他工作经历、世界旅行以及丛林探险的立体书来展示自己所具备的"沙盒玩家"特质。

现在，"沙盒网络"已经成为机缘巧合的想法和奇遇的孕育中心。在这里，成员们以共同的价值观和对社群的热忱开辟出一片信任的土壤，再浇灌以来自多元背景的差异化思想，最终孕育出梦寐以求的机缘巧合之花。

这些充满灵气的成员通常也是"沙盒网络"的"先导用户"，也即最先接触到新方案或新产品的用户。（顺便一提，黑客也是一种先导用户：他们通常能够在公司意识到之前便发现潜在问题，这就是为什么这一群体具备成为高价值雇员的潜力，尤其是在安全组织中。）

因此，对问题、困境、目标或实践应用的解构方式会极大影响到解决方案的创意、新意、效力以及我们感受机缘巧合的能力。尤其是在需求和问题的具体情况比较复杂，并伴随着各种形势变化和不确定性的时候，首先要做的就是避免对问题过度定义。

这并不意味着对问题的细致分析和提前限定失去了用武之地。它们依然有其特定价值，尤其是对于稳定且成熟的组织或流程来说，以丰田佐吉的"五问法"为典范的问题鉴定法是非常有效的。但对于真正意义上的创新和渐进式的思维、设计、生产、问题解决等活动来说，应当考虑更加宏观的、"半结构化"的应对方法。

本章小结

本章介绍了有利于促成机缘巧合、拓展机遇空间的思维方式和解决问题的技巧。重构世界观有利于我们在各种纷繁芜杂的元素之间发现潜在的关联。不要将困境或问题看作理所当然，这样才能抛开立场看待问题并发掘潜在收益。同时我们还可以利用"正向偏差法"等工具对各种可能的选项加以理解和运用。

然而，机缘巧合的成长周期一般比较漫长，而不是局限于某个特定时刻，所以我们需要保持充沛的动力和灵感促使其发生。在下一章中我将会和大家一道探究如何才能为机缘巧合开辟更大的空间，我们又应当准备好扮演怎样的角色。不过对于我们来说，首要的事情是转变观念，试着建立机缘思维，并持之以恒地锻炼这种能力。

机缘思维小练习：建立机缘思维

1. 在集会或其他场合结识新朋友时，不要去问："你是做什么的?"试着提问："你现在在想什么?""你最近在读什么书? 为什么?"或者"你最感兴趣的事情是?"这些问题可以避免对方不假思索地回答，并能够进一步拓宽话题范围，有助于催生出机缘巧合的结果。

2. 向关系亲近的朋友提问："你觉得生命的意义是什么?"

"你会用哪一个词来概括你的新年愿望？为什么呢？""有没有什么事情是大家都不认同但你却深信不疑的？"在得到相应的回答后，我们可以对感兴趣的内容进行深入挖掘。

3. 提问时不要总是盯着数据和细节，应该和谈话对象多聊一些独特的经历。"请问你是哪里人？"或者"你何时去过某地？"之类的问题尽量少问，应该多运用"当时是怎样的情况？"或者"你为什么对那件事感兴趣？"之类的问法。如果和对方是熟人，试着用"这周末遇到什么开心事啦？"来代替"这周末做了什么？"之类的问话。

4. 如果在某种场合下，强行提问会显得比较做作，那么请在陈述句中加入一些具有吸引力的表达，例如"这事儿说起来曲折离奇……"这样对方可能会想要了解更多。

5. 在主持晚宴或举办活动时，不要一个劲儿地让嘉宾介绍自己的职业，应当根据具体场合和嘉宾类型，做出灵活变通，比如"能否透露一下你现在的想法？""目前最让你感到激动的事情是什么？"或者"你现在的研究方向是什么？"。在更私密的晚宴中，还可以提问："可以分享一则让自己受益终身的经历吗？"

6. 当有人向你倾诉某事时，请仔细聆听并试着理解其中的弦外之音。当对方向你抱怨某个问题时，不要觉得见惯不惊。多问几个"为什么""怎么会"才能更好地发掘出深层次需求或问题的根源。

7. 写出自己在不考虑条件约束和结果成败时一定会做的三件事，再写出自己无法为此创造条件的原因，以及如何才能实现目标的三大要点。接下来，按照所写内容展开行动吧。

8. 说出你的故事。在纸上写下自己的兴趣范围和能够吸引人的看点，并将其与自身经历结合。如果还是感到没有方向，你可以问问身边的朋友："一提到我，你会联想到哪些主要特质或关键词？""你觉得我哪方面给人印象最深刻？""假如我想写本书的话，应该从哪些方面下笔呢？"一旦明确了自己想要说的故事以及看点，试着用多种随机组合的实例展开陈述，反复演练并尝试出最佳效果。当以后遇到别人问你"请问你是做什么的"时，你便可以信手拈来侃侃而谈了（注意言语表达要更加精炼一些！）。

第四章 正能量和社交点金术：构建机缘巧合的情感和激励基础

想要造船的话，既不必鼓动人们收集木材，也不必给他们分配工作任务，而应该激发人们内心对于浩瀚海洋的无尽向往。

——安托万·德·圣-埃克苏佩里，法国作家、飞行员、《小王子》作者

想象一下你正在拼一幅部分内容缺失的拼图。一开始你可能对整个画幅缺乏清晰的概念，所以没有办法想象丢失的图块长什么样——某张面孔的一部分？一片云彩？房间的一角？但随着拼图一块一块拼起来，你会渐渐地对整个画面有了全局把握，从而对缺失的部分有了更加深入的理解，可以从宏观的角度考虑局部的盲点。

同样，在个人的生活和工作中，我们业已完成的部分拼图——技能、知识以及经验等——可能并不是一开始就十分契合。不过随着时间的推移，人生的图案开始变得更加恢宏，一旦

达到了这种程度（这一过程可能需要凭借某种特殊的热情将人生的各种经历融会贯通），便可积极追寻自己缺失的那部分"图块"了。

也许你已经意识到自己缺少某些足以扭转命运的重要技能。即使没有办法说清楚具体是哪项技能，但至少对缺少的东西有一个笼统的了解——"我在技术方面缺乏经验"或者"我想拥有更好的沟通能力"等。接下来便可以用更清晰的理解进一步寻找自己缺失的"图块"。在这种情况下，先见之明和后见之明相辅相成。一般来说只有通过事后复盘才能更好地加深理解，但现在我们知道先见之明同样能够帮助我们完成人生的拼图游戏。

每个人对于未知机遇的发掘都有着自己独到的手段、见解和热忱。事实上，研究表明，建立一种更宽泛的动机或者"方向感"有助于更好地体验机缘巧合并促成理想的结果。主观能动性是必不可少的——我们必须愿意看到诱因的出现，必须愿意从事"穿针引线"的活动。

当然，每个人都有着不同的动机。有些人追求终极意义，有些人讲究原则规矩，还有一些人崇尚人文关怀。我们也不能排斥其他的一些动机，诸如抽象的好奇心、归属感、强烈的性冲动、嫉妒或者贪婪。

正如我们所看到的，机缘巧合代表着一种积极的追求。开放的精神无外乎在感性和激情的推动下，以一种强烈的意愿和动力，朝着梦想的方向启航——即使结局未知，仍然一往无前。正如之前章节中所提到的，我们必须由衷地希望机缘巧合出现，而不是将其视为年三十里打兔子 —— 有它过年，没它也过年。

不过，我们怎样才能建立起一种观念，可以帮助我们更加真切地体验机缘巧合，并充分实现自己的目标和潜能？ ①

寻找航向

2004 年夏天，立陶宛姑娘埃维莉娜·齐马纳维丘特在获得了维尔纽斯大学的全额奖学金后，准备和男友一起畅游伦敦，享受悠长假期。正巧当地的一位朋友为他俩准备了住宿，于是埃维莉娜决定等到假期结束再返回维尔纽斯 —— 无论如何她也没有想到自己后来会一直留在英国。

不幸的是，埃维莉娜刚到英国不久，她的朋友便失业了，于是不得不向埃维莉娜收取房租。埃维莉娜做梦也没想到，她就这样从一位满怀憧憬的观光者沦落成一个四处求职的打工人。后来她总算在一家小旅馆找到一份清洁工的工作。她整天没日没夜地干活，还要被同事们嘲笑不懂英语。谁知后来，不可思议的事情发生了。

"那天我正在打扫房间，突然听到身后的房门开了。有一个

---

① 机缘巧合不仅能够引发某些喜闻乐见的结果，还非常有助于人们探索自身角色转变的潜在可能 —— 向着我们可能从未想过的"更好"或者"更合适"的自己不断进化。

同事 —— 一个头上流脓、脚底生疮、抽烟酗酒、粗俗不堪的油腻胖子闯了进来。他在门外挂上'请勿打扰'的牌子，然后锁上了门，带着满脸的淫笑向我逼近。我惊恐万分，连连后退，他则解开了腰带想要对我进行侵犯。万幸的是，旁边一间屋子的门还没锁死，我这才逃过一劫。"

就这样，埃维莉娜一路逃到了伦敦闹市的牛津街头。她穿着蓝色女仆装和白色围裙，戴着清洁手套，漫无目的地在人群中奔走；而她的周围，西装革履的人们自顾自地赶路，川流不息。突然之间，她的脑海中回荡起一个如同钢针划过唱片般尖锐的声音 ——"我要活得更好！我要活得更好！我要活得更好！"

于是她下决心让自己活出个样子来。第二天，她拾起笑容和干劲，在伦敦街头四处寻觅新的工作。走着走着，埃维莉娜惊喜地发现了百特文治（Pret A Manger）三明治店的法语招牌，凭借着对法语能力的自信，她兴冲冲地找到店主，并立刻用法语与他交谈。店主的个头很高，脸上写满了友善和好奇。他在听了埃维莉娜的一番长篇大论后，嘟囔着说他是意大利人，听不懂法语，百特文治也不是法国公司，而且自己目前也不需要新人手了。不过不知出于什么原因，这位店主还是对埃维莉娜施予了援手，帮她开立了一个银行账户并申请好了工作许可证，然后推荐她去另外一家百特文治店上班。从此，埃维莉娜走上了自己的职业道路，她用勤奋和进取弥补了自己在语言方面的不足。那家店里的大多数店员都会说波兰语，这让埃维莉娜想起自己小时候通过电视节目学习过波兰语，她家附近有一所著名的教堂，时常有波兰游客前来走访，埃维莉娜还曾给他们当过向导。再后来，长假结束了。埃维莉娜却没有返乡，她继续留在百特文治工作长达数年，一直做到了公司业务开发项目的高级经理，负责百特文治的业务扩张、新店开设以及店长和管理人员培训。

又是十数年过去，埃维莉娜和自己的女儿一起搬去了伦敦郊外居住，并成立了自己的咨询公司——"精英思维有限公司"（Elite Mind Ltd.），过上了幸福而充实的生活。如今，她通过现身说法向人们传递自信与力量，帮助人们消除那些束缚自己前进的局限思想。

埃维莉娜在小旅馆的经历的确是一场噩梦，不过引人深思的是，与本书其他的许多受访者一样，埃维莉娜将这次惨痛的经历当作自己命运的转折点，通过自己的方式实现了命运的转变，而没有被不幸遭遇击垮从此听天由命。

像埃维莉娜一般的人物拥有强烈的方向感、驱动力以及打破危机的意识。还有一些人对自己的目标和前进方向有着敏锐的直觉。耶稣的信徒可以从《圣经》中寻得人生的方向，其他人可能需要依靠哲学等作为指导，公司的管理者也需要通过描绘一种"愿景"阐明发展的动机和目标。我通过多种渠道获得的第一手事例都表明，人们通常对自己的真实目标了解甚少。根据我对自己和其他人的观察来看，我们不要总是局限于具体的目标或任务，而应更多地考虑如何开创"机遇空间"，也即能够让自己激

情燃烧的梦想 —— 如此一来，机缘巧合也许会在某天与你不期而遇。

只要我们将公司、社群和大学视为帮助我们尝试和确定各种可能性的"平台"，我们就可以在培养自身能力的同时，寻找到最有利于实现个人价值的环境，从而帮助我们投注未来的人生。

在攻读博士学位时，我和导师达成了一个简单的协议：我专注于学术研究，他则帮我组建一个创新中心。这样一来，我可以专心学习，同时也在中心担任副主任一职 —— 这使我能够与外界保持沟通，有助于找到自己最适合的研究领域。

事实证明，伦敦政治经济学院，尤其是我参与组建的创新实验室，成了我的一个理想的机会平台和实验空间，在这里结识的大量人脉以及机缘巧合间发掘的许多机遇，极大地推动了我从事的很多项目，包括"企业社会责任社群"（CSR）、"沙盒网络"和"目标领导者"等。这些年来，许多事情都是自然而然发生的，而且我始终有种感觉，那就是总有好事要发生，尽管不知道具体内容是什么。

我为何能够如此确定？让我们用自然科学的眼光看待这个问题。这里要隆重介绍生物学中著名的"邻近可能性"理论，也即生态系统中每一次相互作用都会为下一次变化创造可能性。"四海为家"（Unsettled，一个帮助人们在世界各地寻找同伴的在线平台）的联合创始人乔纳森·卡兰（Jonathan Kalan）便秉持这样的生活理念。他意识到，即使某件事情一时难以达成，迟早也会在经历了各种过渡性的变化后得以实现。正如碳元素在经年累月后形成钻石一样，每一次的互动都会打开一个充满无限可能的新宇宙，等待着人们去发掘。我们不妨试着拥抱这些新的机遇——把对未知的恐惧转化为对未来的期待。

不确定性有时会让人抓狂，但显然我们也不可能对所有事情都算无遗策。如果有一天你出门碰见比尔·盖茨，还被邀请担任他的高级顾问，这肯定是无法提前预料的，但你的人生从此被打开了一扇新的大门。

社会科学中的"非期望效用"的概念与前文提到的美国心理学家亚当·格兰特的观点不谋而合。在亚当看来，谁也不知道昨晚化装舞会上和你称兄道弟的人摘了面具后是何方神圣。因此如果每做一个决定都要权衡"我能如何从中受益"，那么很可能会错过许多可能性（以及潜在的机缘巧合）。

对于成功来说，专心致志固然重要，但同样重要的是找准方向。我们需要通过一次又一次的互动、观察和启发创造一个又一个的机遇。只有这样才能成功树立生活的方向感，构建有助于预判未来的网络。在某些情况下，这种结构化的实践可以通过加入一家具备个人成长空间的大公司来获得。这里需要注意的是，我们应当把工作和公司视为一种"平台"而不仅是一门职业。在高盛公司上班的精英们只是为了学习技能和建立人脉吗？也许他们还有着更大的目标，比如鼓励更多女性参与创业，这恰恰与公司的长期目标相契合。如果我们能够创造性地搭建属于自己的平台，并在这一领域做到最好，那么无论身为将军还是小兵，都可以实现人生的快速跃迁。这就是大型会计师事务所为什么要向初级员工介绍会计行业的"三重底线"（当然这也是基于某些环境和社会因素的考量），以及大型电商为什么要向初级员工介绍公平竞争的市场环境的原因所在。

将组织视为"平台"并对自己的未来进行一种风险投资，我们可以凭借本能来追寻属于我们自己的那一颗北极星。

成功的企业在面对变幻莫测的大千世界时，也会采用类似的策略。在一次采访中，屡次荣获德国最受欢迎首席执行官的哈拉尔德·克鲁格（Harald Krüger，时任宝马汽车的首席执行官）告诉我，可持续性发展通常需要靠强烈的愿景来维系，而他本人比较注重随机应变。在他看来，没有什么策略是完美无瑕的，我们必须在前进的过程中不断尝试变化以适应未来。"这就需要好奇心、数据支撑以及与他人进行对标。这一过程中没有什么特定的战略点位——但我们必须满怀信心地探索各种新领域。"他说。

然而采取何种风险投资的模式取决于我们如何看待不确定性。这种情况常常可以用"垃圾桶"模型来解释：组织内部绝大多数的事情都是随机发生的，它们是一个个相对独立的问题、方案、参与者和选择机会等彼此交织碰撞的产物。问题与方案的配对往往都是机缘巧合的结果。

不过情况也在慢慢地发生变化。瑞典国内最大的银行之一——北欧斯安银行（SEB）首席执行官约翰·托戈比（Johan

Torgeby）解释说，传统意义上，像他这样的职务最为关注的是内部收益率等财务指标。但现在的管理者角色越来越向"技术投资者"靠近，需要具备风险投资的头脑，能够更多地基于信念而非数据来做决策。用马恒达集团首席执行官阿南德·马恒达的话来说，在变幻莫测的世界中，我们需要做的就是"鼓励百花齐放，然后优中选优"。

对于个人来说，我们也可以做自己的风险投资。作为入门，可以试着每周抽几个小时出来给身边某位德高望重的人做帮手——这样往往能孕育出许多机缘巧合。关于如何确定自己的投资方向，我们可以对马克·吐温的一句相对冷门的名言稍加改动："20年后，当你回首往事，有什么未竟的心愿是最让你感到后悔的？"如果目前来说你对此还没有什么感悟（这也很正常），那么可以问问自己，有什么东西是最吸引你的？接下来就是，哪种"平台"可以有利于你兴趣点的培养或是让你获得更广泛的提升？

以上问题的答案可以帮助我们树立宏伟的志向，并根据自己的关注点和个人特质（或愿望），有针对性地培养机缘诱因。如此一来，"穿针引线"的工作便会简单得多——因为已经具备了一些可供连接的基础。

完全的自我

抱负往往源于更深层次的信仰和价值观。如果我们成长在集体主义的环境中，那么家庭往往会比个人追求更重要。如果我们成长于注重个人发展的个人主义环境中，那么个人理想的重要性往往会盖过群体愿望。这种价值观通常会受到某些深层次情绪的影响，例如恐惧、失望或报复心理，或是至关重要的对于意义和价值感的追寻。

有些人喜欢在床头摆放经典作品——比如我就放着广受赞誉的心理治疗师维克多·弗兰克尔（Viktor Frankl）所著的《活出生命的意义》（*Man's Search for Meaning*）。弗兰克尔在人类对生命意义的需求方面做了大量的研究和实践。许多人认为人性的驱动力来自权力意志或性冲动，但弗兰克尔认为追求生命意义才是力量之源。通过反思自己作为一名大屠杀幸存者的心路历程，弗兰克尔认为，在那场浩劫中支撑自己活着的心理层面的重要因素就是对于生命意义的追寻。即使被拘禁在集中营，他也从未放弃内心的追求，比如每天都会和狱友们通过对话相互打气。渐渐地他有了一个更大的抱负：一旦走出集中营，他要写一本书。

身在泥泞，仰望星空。正是这样的内心境界帮助弗兰克尔度过了那段至暗时刻（现在的研究也表明，生活的意义感有助于身心健康，并且伴有许多其他益处）。

我从各行各业不同背景和经历的人们身上发现了类似的互动作用：脚踏实地勤奋斗，登高望远有北极——这就是一条迈向成功的荣耀之路。我们所追求的荣耀，既包括宏观的，也包括微观的。但这里存在一个问题。人们经常把生活看作一种攀登——许多人都在学校或大学接触过马斯洛的"需求层次理论"（这可能是史上最常用甚至遭到滥用的经典范例之一），它可以用来巧妙地解释许多涉及人们生活观和事业观的问题。

根据这一观点，人类首先满足住所、空气、食物和水等生理需求，其次是安全需求，再次是家人和朋友等社交需求，接下来是个人成就等尊重需求，最后的最后——如果还有余力，我们才能专注于解决自己真正关心的问题，也即在更深层意义上的自我成就和自我实现。①

像安德鲁·卡内基（Andrew Carnegie）或约翰·D. 洛克菲勒（John D. Rockefeller）这样的人首先满足了低阶的物质需求，然后拾级而上，投身慈善事业，并将大部分财富捐献给他人。同样，我常常用"先把事做对，再做对的事"这句格言勉励班级里的尖子生们，其中有些人后来先是在一个他们勉为其难接受的职位上工作了十年，等攒够了收入、人脉以及"正确的"技能，再去寻找自己真正感兴趣的领域。

这是一种非常顺理成章的生活以及创业方式，不过越到后来，经济利益与生活意义的结合就会越紧密。正如哈拉尔德·克鲁格简要概括的那样："目前看来，如果想要保持员工的忠诚度，

---

① 有趣的是，最近的研究表明，几十年来马斯洛一直被所谓的"流行心理学家"误解——事实上，马斯洛本人并未像主流的说法那样将人类需求视为一种等级制度（布里奇曼等，2019 年）。

就必须不断帮助他们实现自身价值和意义。"

当然，这种感受并非员工或客户专属。所有人的期望都在发生变化，包括许多富二代也将投资标的聚焦在营利性和公益性兼备的组织类型。这也迫使依赖高净值人群客户的银行和养老基金不断调整自己的运作和投资策略。

近年来，有关千禧一代深层次需求的分析屡见报端。实际上，这种深度思考同样适用于全年龄段的人们。在这样一个充满不确定性的世界里，个人遗产、社会贡献以及公众影响力的作用越发举足轻重。我共事过的许多企业高管在临近退休前都会开始考虑自己应当留下一份怎样的遗产——当然，对于那些濒临死亡或是痛失爱情的人来说，这种"人生的大问题"也会自然而然地在脑海中浮现。

我们所做的选择会受到自身特点以及社会评价的影响，当然这二者之间的作用是双向的。一旦时机成熟，我们便可一往无前。当今的科技手段可以让我们快速一瞥各种可能的生活和成功路径。经济利益与生活意义的有机结合变得越发普遍可行，而不是脱离实际。

在某些社会中，人们的自我价值感是与物质财富紧密挂钩的。虽然我们不得不承认经济实力是衡量成功的一个关键因素——可能是因为它相对容易衡量和比较，但还有许多人会像安托万·德·圣-埃克苏佩里笔下的小王子一样对此表示不解。

有趣的是，一旦人们更多地考虑生活的意义而不是一味地内卷，他们便能更好地活出真我。这会更有利于成就机缘巧合，甚至生命的大和谐——为真实的欲望而活，而不是假装自己过得很充实。业界领先的众筹平台"无限筹"（Indiegogo）的创始人达妮·林格尔曼（Danae Ringelmann）向我讲述了她心目中的"机缘巧合女王"——姐姐梅西的日常表现。

梅西是一位集草药商、技术销售主管、小企业家以及3岁孩子的母亲于一身的生活多面手。根据达妮的描述，"她运营着一家有机甘蓝片公司，与员工并肩作业，有时还会把孩子带在身边。在料理几百万英镑生意的间隙，她带头倡导劳逸结合，并通过外用精油帮助团队提高免疫力，保持身体健康和情绪安宁"。梅西不会为了在某些场合下表现得更加得体而刻意掩饰自己，自从她开始努力破除许多人为的社交障碍后，机缘巧合的境遇不减反增。而且她也因此变得更加精神焕发——毕竟压抑自己真实的内心是会让人心力交瘁的。在达妮看来，人际交往之间的坦诚与反套路，乃是成功的秘诀所在。

无论在私人领域还是职业领域都存在很多类似的案例——人们越来越将赚钱与自己真正的兴趣点相结合。诸如"互动全球"（inSynch Global）等培训平台已经开始将这种理念整合在自己的业务当中。在由企业家卡拉·托马斯（Cara Thomas）创立的"翻转机缘"（Serenflipity）平台里，用户可以通过各种有趣的卡片寻找"最真实的自我"。摘下假面，展现真我，有助于培养更深层次的联系、诚意和互信。长期生活在伪装之下会让人陷入病态，全情投入于真正有意义的事情（即使是某些单调的任务）才更有助于身体健康和工作高效。

如果有得选，为什么我们要把大量的生命时光浪费在让自己不快甚至可能致病的事情上呢？为什么我们总是想着"获取"，而事实上大多数研究都证明"给予"才是更高级的快乐之源？时代变了。以前的需求金字塔现在已经转化成需求生态圈，这意味着人们正在追求同时满足不同的需求，而不是逐步升级。①

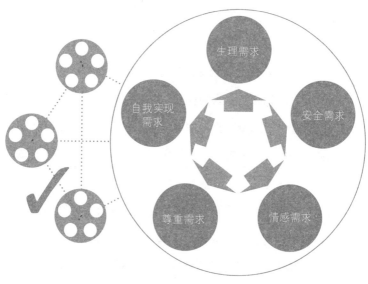

图 4-1　需求生态图

---

① 需求生态圈的规模和质量越来越取决于我们能够如何满足他人的需求——这种互惠式的自我利益实现模式是当今高度依赖知识和信息分享的网络化世界的产物。在此我要特别感谢优秀的前同事布拉德·菲奇（Brad Fitchew）帮助我梳理相关思路并绘制图示。

因此，幸福美满的生活可能意味着"拥有崇高的信仰、名贵的豪车以及亲密的爱人"，凭借更加强烈的自我意识和社会意识，我们可以与所爱之人建立更有意义的命运羁绊。

不过，能够为人生意义等更高端的目标而奋斗，这难道不是一种等级特权吗？难道这种理想同样适用于那些尚在贫困线上挣扎，整天为基本的衣食住行而发愁的群体吗？不得不说，上述观点在数十年间一直误导了整个西方乃至全世界的发展观，未能有效地激发贫困社区的发展动能。这种观点认为人们在满足所谓的"低阶需求"之前无法跃迁，它低估了人们对人生意义和"高阶需求"的强烈追求，后者恰恰可以为身陷困境的人们点亮希望的灯火。（有关保障性收入的讨论同样也跑偏了方向，因为钱只不过是诸多作用因素的其中之一。）

我们在纽约大学和伦敦政治经济学院所做的研究表明，特别是在资源有限的环境下，最重要的是做到自己的命运自己主宰，自己的目标自己设定，自己的问题自己解决。这不仅能够成就更具尊严和幸福感的生活，还可以塑造更加健康的内心世界。还记得"生活重塑实验室"的故事吗？只有当人们不再因大环境不佳而自怨自艾和坐等外援，而是积极行动起来开辟自己的一片天地，他们的生活才会发生质的改善，机缘巧合也会随之接踵而至。这就摆脱了传统的"等靠要"模式，取而代之的是创造希望和实现真真切切的人生意义。（当然，资金和其他资源的欠缺会对整个大环境产生制约。研究表明，来自资金和物资等方面的压力会极大地牵扯精力，容易导致决策失误。）

这一道理是普遍适用的。万事达卡（MasterCard）的首席执行官彭安杰向"目标领导者"的研究团队介绍了万事达卡的目标定位是如何帮助公司克服重重障碍的。他曾提出要让5亿消费者和4000万小企业家享受到金融服务，虽然当时他自己也不确定如何才能吸引到5亿消费者——但事实证明，只要提出明确的目标，并配备一批充满创新活力的人才，那么一切皆有可能。目前为止，彭安杰的团队已经开发了超过4亿名用户。"这不仅意味着更多的信用卡投放到了市场上，更进一步推动了无现金社会的构建。这一切我们说到并做到了。"这背后隐含的一个基本观念是，现在的管理者需要在不断变化的环境中乘风破浪，并能够激励团队发自内心地承担起应尽的责任。现在，彭安杰和他的团队目标明确、斗志昂扬，正在不断培育和收获各种机缘巧合。

这也适用于更广泛的领域：在一项对31名世界最佳首席执行官[①]的研究中，我和同事们发现，出类拔萃的个人和公司往往都在试图实现"二元化"的发展目标，这大大有利于创造机缘巧合。在这种情况下，长期愿景与日常奋斗有机结合，不断地积累价值。如此一来，"打工人"不必把激情留到业余时间去追逐兴趣爱好，而通过对日常工作的全情投入同步实现自己的理想。

事实上，这里面也存在许多权衡考量。比如说追求更深层次

---

① 基于《哈佛商业评论》（*Harvard Business Review*）的"年度首席执行官"排名。

的愿景（例如解决营养不良等全球性的挑战）可能看起来对公司的盈利指标不够友好。不过以天然集团（Natura）为代表的一些公司却证明二元化目标本身就是一种追求创新和幸运的路径。将许多分散的因素糅合在一起，有可能催生出新的机缘因子——并激励人们设想出更有效的解决方案。根据天然集团一位高级主管的说法，天然集团的创始人是一位深藏不露的哲学家，喜欢刻意地引发矛盾双方之间的碰撞，这种做法往往会引发真正的创新与创意——事实上这也是人类进步过程的体现。

在前进过程中不断培养并实践方向感仍然很重要。不过许多与目标相关的理念可能会产生误导。以前文提及的儿童教育传媒公司"小桥"的联合创始人莱拉·亚尔贾尼为例，强烈的好奇心和成功欲造就了她的满腔热情，对她来说，花时间思考人生目标是一件奢侈的事情。她会不断地对各种假设（我目前的处境如何？接下来该何去何从？）提出种种质疑，从而培养"穿针引线"的直觉。

这种做法通常建立在理性乐观的基础上。在此我想分享一下维克多·弗兰克尔关于飞行训练的经历：飞行教练告诉他，控制飞行的高度总是要比实际目标高出一截，因为大风往往对飞行高度有压制作用。弗兰克尔则对这一原理进行了另类解读，认为现实主义者最终会变为悲观主义者，乐观主义者则最终变为现实主义者。正如本书第二章中的相关研究所指出的，爱笑的人运气不会太差——这不就是一种能够自我实现的预言吗。

2017 年，飓风"玛丽亚"肆虐了波多黎各的大部分地区。当时，全球领先的消费类电子产品供应商百思买（Best Buy）设在当地的三家门店的管理团队必须快速应对这场意外。他们安排了私人飞机、食物和水，并为希望离开当地的员工及其家属提供了疏散通道。即便门店无法营业，员工们的工资仍然照常给付，而唯一的条件是当飓风过后，大家必须返回岛上参与重建工作。

百思买的执行主席兼前首席执行官休伯特·乔利（Hubert Joly）告诉我，公司做了"我们认为对的事"。管理层与投资者们分享了自己的看法，认为虽然公司将会因此承受一定的经济损失，但"在当时的情况下，处理意外事件的方式充分体现了公司的价值观和文化"。公司的关怀之举对员工来说是一个再强烈不过的信号：天塌下来有公司顶着，我们都是一家人。

可能正因为如此，百思买在波多黎各的业绩比之前提升了20%，员工们都像打了鸡血一样卖力，客户们也对公司的人性化做法赞不绝口。百思买对员工的百般关照虽然无法直接增加收益，但最终还是会体现在公司的业绩提升上。这是一个生动的案例，它充分说明了"把事情做对"和"做对的事情"两者是相辅相成的。

另一个相似的案例来自土耳其电信公司"Turkcell"前首席执行官卡恩·泰齐奥格鲁的分享。他向我们分享了公司的管理层是如何基于对公司实际能力和社会角色的充分理解，从容应对各种未知情况的。在一个新兴的市场环境中，各种风云变幻层出不穷。卡恩基于自己的理念，主动地开展各种"穿针引线"的活动。比如2016年，一次未遂的政变导致土耳其境内出现了严重的暴力事件。对此，卡恩和他的团队提供了为期一个月的免费互联网服务，以便人们可以及时联系到自己关心的人，同时不必为通信费用发愁。对于其他的意外事件，卡恩及其团队也做出了类似的反应，比如在地震过后，派遣无人机前往灾区修复通信网络等。卡恩跟我说，这些都是公司基于自身的价值观而采取的正确的行动，而且这些正确的事也收到了积极的回应，员工们会因服务于"Turkcell"电信公司而引以为荣，广大用户也对公司的善举充满感激。

如何妥善应对突发事件和危机时刻，已经成为树立组织和个人正面形象的一个重大契机。虽然种种选择看上去没有什么明显的规律，但它们往往取决于并且会反作用于我们对自身本质以及社会形象的定位。意外事件的发生通常不会给我们太多的反应时间，所以我们不得不根据自己的感性判断来做决定。[①] 在这种情况下，我们内心真正的价值观、信念和直觉便会发挥作用。深入了解自己内心深处的处事原则，有助于我们建立有效的应急指导

---

① 当然我们也可能在事后对这些决定进行自圆其说。譬如我就曾见证了大量的相关案例：某些企业高管或政治家根据直觉做出决策，再让手下们为这些决定编造足够的理由。

框架，以便从容应对意外事件。如此一来，意外事件便会被我们转化为一种机遇，而不是威胁。（当然这并不是否定理性思维和既定规则在制订决策过程中的重要性——很多情况下，我们并非只能在理性思维和直觉判断之间二选一，而是要依靠两者之间的相互作用。形势越是动荡、未知、多变、复杂，个人的经验越丰富，就越容易迸发出直觉和灵感。）

我们没有办法对每件事情都胸有成竹——尤其是那些涉及利弊权衡的事情。我们所能做的就是不断地塑造自己的核心价值观和行为模式。正如上文提到的，我至今仍对自己在合伙企业中所做的那次紧急决策难以忘怀。我一度在不同的观点、情感和预判之间游走纠结，最终还是让理智战胜了直觉。事后反思下来，我意识到自己当时在一定程度上被恐惧支配了：患得患失，不敢直面冲突同时又教条般地运用理性思维。事实上我们为了表面的和谐而忽视了团队的情绪。结果不但没有平息冲突，反而加剧了各种矛盾。整个团队从上到下也都在不同程度上感到自己的意见没有得到充分的重视。

我至今仍对自己当初所做的某些决策感到不满，但这些经历的确有助于我构建更加成熟的价值观——今后我能够更坚定地做出各种抉择。现在每当遇到重大决策，我便会听从自己的内心，基于对未来的展望和愿景做出决策，不再患得患失（同时也可避免造成某些终身遗憾："如果当时能够选择忠于自我，该有多好……"）。

我们应当尽早树立自我意识。对于为人父母的人来说，亚当·格兰特的育儿经可能会有所帮助：他并不是简单地制订"晚上9点前上床睡觉"之类的规则，而是让孩子们了解规则背后的理念，比如"要保证充足的休息"，孩子们便不会以为规则是随意制订的。接着是给孩子们赋予责任，比如告诉一个9岁的孩子，每天晚上8:30的时候要关闭电灯，而关灯是她的责任。他给孩子提供了两个选项："你希望自己负责这件事情还是让我代劳？如果我来做的话你就失去这个特权喽。"于是孩子便会自己做出选择。

对于原则和价值观说三道四往往很容易，但我们真的打心眼里认同它们吗？我们真的会用它们指导自己的行为吗？事实上，越来越多的公司正在努力实现这种转变。欧莱雅的首席道德官（另一种层面上的首席执行官）伊曼纽尔·卢林（Emmanuel Lulin）经常在世界各地奔波，旨在整合全球员工的价值观——正直、尊重、勇气、坦诚等。所有加入集团的员工都需要接受这些价值观和道德规范的培训，无论现场交流还是在线会议，公司的价值观正在越来越频繁地被大家提及。

宏盟集团（Omnicom）凯彻姆公司的首席执行官巴里·拉弗蒂（Barri Rafferty）将价值观具体化成了行为模范。她所提倡的核心价值是"工作与生活的有机融合"。不过在意识到仅依靠产假政策不足以获得员工的全力拥护时，拉弗蒂推出了"家庭纽带政策"，并鼓励员工们"大张旗鼓地下班"，以示对个人生活的尊重。比如当她的女儿参加排球比赛时，她会告知办公室里所有的人自己将前往观战。

拉弗蒂初任首席执行官时，在给员工的公开信中宣布她信奉的一个主要原则就是决不因工作而牺牲家庭——她已经为即将到来的个人休假做好了准备。这就等于给公司员工们发放了一张无形的许可证，让他们在需要返家时可以放下顾虑——当然他们也会更加卖力地工作作为回报。

当面临艰难抉择时，应当学会在合适的时机说不——这一点对于应对机缘巧合来说特别适用，因为任何意外事件都有可能将我们引入歧途。比如意外获知的金融信息可能诱使我们参与内幕交易（对此，沃伦·巴菲特曾一针见血地指出：树立良好的声誉需要 20 年的时间，而毁掉它只需要 5 分钟而已）。

人的价值观和处事原则通常需要历经时间的磨炼才能够日趋成熟。我想我们可以从东方哲学中汲取灵感——特别是要认识到世界上其实并不存在西方文化认同的所谓"真我"，这意味着我们应当习惯随波逐流和随遇而安。试着听从内心的呼唤，往往可以帮助我们渡过难关——当然前提是我们拥有足够的信息，这样才能在信息充分的条件下展开直觉判断。（我通过第一手资料了解到，人们的潜意识往往比表意识具备更多的信息量，如果能够将直觉和足够的信息相结合，那么得出的结论通常是相当合理的。交流越深入，收集的信息就越多，人的认识和判断就会越深刻。相比从一开始便固执己见，我更倾向于在感性的指引下找寻正确的出路。）

这种内省式的行事风格同样适用于公司。在德国经营多家心理健康医院的海利根菲尔德集团（Heiligenfeld）采取了"大组讨论"的方式，每周组织 300 多名员工花 1 小时的时间共同思考某一话题或价值观。活动首先会对话题做一番简要介绍，然后进入演示环节，接下来大家分小组展开讨论，最后将讨论结果向大会汇报。随着讨论的进行，员工们会更深入地理解岗位的重要性和工作的意义，从而有助于公司价值观在整个组织和团队中得到进一步强化。价值观还体现在办公场所中。密歇根集团瀑布工程公司将自己定义为一家"解决问题而不制造新问题"的公司。为此，公司将办公场所设在符合绿色环保建筑（LEED）标准的写字楼里，以此表达对员工和环境保护的关爱。

机缘巧合的培育需要开放的心态。因此，只要我们努力使自己的行为不断契合自己的人设和理想，那么机缘巧合的时刻便指日可待。另一方面，虽然关心是一种强大的动力，但机缘巧合往往不需要刻意关注，有时候甚至在不抱任何期望的情况下也会出现。相比之下，善良、慷慨、互惠互利等特质对此能够起到更大的推动作用。

爱你的邻居 —— 一句有关机缘巧合的格言

机缘巧合需要我们培养穿针引线的能力。"沙盒网络"的联合创始人，同时也是"共同研究所"（Together Institute）的创始人法比安·普福特穆勒（Fabian Pfortmüller），以及创投平台 To.org 的创始人纳赫森·米姆兰（Nachson Mimran）等人都善于凭直觉行事：在参与讨论问题或挑战时，他们总是试图通过介绍资源或提出建议等方式帮助他人。他们不计回报，但和维克多·弗兰克尔一样，他们都很清楚，长此以往可以令人身心愉悦、受益良多。

事实上，助人者，人恒助之，无须刻意安排。（作为补充，研究表明，心中常怀善良与感恩，也可以有效提升人们的睡眠质量、幸福感和洞察力。）

亚当·格兰特曾写道，"给予者"——致力于为他人提供服务或附加价值的人——往往比"索取者"更成功。这一论述对于服务业和最终消费领域尤其适用。

然而，想要在不断给予的同时实现个人成功，需具备优秀的时间管理能力，能够明确划清各种善举的边界，并且积极思考通过怎样的"给予"为他人和自己创造最大的价值。如果不划清边界，不把控质量，到最后很可能会疲于奔命而燃尽自己，成为过度慷慨的受害者。作为一个天生的给予者，我对划清界限的重要性有着切身体会——否则等待你的只有心力交瘁。

这一道理同样体现在谈判桌上。例如我在参加一家下属公司的股权谈判时，会把兴趣点更多地放在如何让会议室里的每个人都感到心情舒畅，而不是过分关注如何保证自己分得尽可能大的

蛋糕 —— 这常常会令人迷失自我。经验教训使我明白，过于功利的做法会引发怨恨和不公，从长远看不会给任何人带来好处（至少我自己是这样），因此我们必须及早摒弃这种做法。

此外，有关自我保护的价值观也应受到尊重，因为这是保持心理健康的先决条件。只有我们自己状态良好，才能够造福他人。关于这一点，我在亚当·格兰特等人的启发下，领悟到一个道理：不要时刻想着取悦每一个人，只需思考眼下可以做些什么善举，这样一来心理压力会小很多。

另一方面，如果让"索取者"获得展示机会，他们可能会表现出比实际情况付出更多的样子 —— 比如通过传播一些"廉价信息"，使得自己只需卖惨便可赚足众人眼光。不过，正如格兰特指出的，这类人通常是"人生的失败者"。

还有第三类人叫作"互惠者"。他们是各种关系的运作者，总是让自己在每组关系的当事人之间保持公正。这背后的逻辑某种程度上与博弈论类似：如果你置身于一大群"索取者"之中，你自然不会希望成为过度付出的"给予者"，否则就得玩完。一般来说人们既不想太过自私，也不想一味付出，所以会提倡互惠互利。这其实是一种短期行为，但人们往往会长期沿用下去。

一些有趣的实验表明，在某些国家，如果鼓励人们多去思考快乐的事，他们便会真的变得更快乐。但是在美国等一些国家，情况却恰恰相反。为什么？因为在许多国家中，幸福感是与"利他行为"挂钩的，这样的确会让人感到愉悦；在另一些国家中，快乐来自"为自己消费"。这种行为当然可以带来短期的满足和放松，但与幸福感是两回事。从长期来看，利他主义会比利己主义更容易产生幸福感（当然，首先要做好自我保护，只有保持自我健康，才能更好地服务他人）。这种做法同样有助于培育机缘巧合：人们在接受善意之后，会更积极地协助我们的"穿针引线"活动。

我们应该如何培养这种利他的善意？一是要懂得感恩，尤其是在艰难的处境中。在某个新年前夜，卡拉·托马斯的航班误点了，这让她觉得闹心。为了缓解自己的愤懑，她试着在通信记录里寻找可以表达谢意的对象，其中包括一位将她准时送达目的地且一路上与她相谈甚欢的优步（Uber）司机。这帮助她驱散了笼罩在心中的乌云，她的感恩之举还为她带来了又一次机缘巧合——那位优步司机在电话中介绍了一位她恰好需要的摄影师。

那么这一机制在组织内部如何实现？法国黄铜铸件厂（FAVI）经常在会议的开始环节邀请员工分享一个简短的关于感恩或祝福的故事，借此激发员工们的感恩之情和合作愿望。（第八章将会介绍如何在竞争氛围更强的组织内部实现这一效果。）然而，我们必须警惕某些搅局者：许多人其实是披着利他主义外衣的利己主义者，他们从事某些善举往往是出于不可告人的目的。举例来说，曾有一个澳大利亚的通缉犯逃去印度并在当地开始了新的生活，他帮助建造了一所学校，但使用的资金是以前当黑手党时搜刮来的，其主要目的则是为了打动自己心仪的女子。

在这一案例中，结果正义是否必然推出手段和动机正义？

有些人十分擅长撰写为了世界更加美好而牺牲小我的感人故事，但事实上当事人可能只是出于内疚或义务，抑或行为和结果之间并没有必然的联系。这种情况在社会领域尤其常见：有些人会声称自己"愿意帮助一百万人"，实际上他们只是希望被大众视为"帮助了一百万人的人"。这本质上还是利己主义而非利他主义。正视自己的动机——注重互惠式的自我利益实现——再辅以正确的沟通方式，有助于建立长期的信任。

简言之，互惠式的利己模式要求我们不能太过自私。无论是通过利他行为让自己变得更好，还是换来别人善意的反馈，都有助于我们"穿针引线"和培育机缘巧合，但所有这些都需要我们对机缘巧合持开放态度。

准备好迎接机缘巧合了吗？

一些有趣的研究表明，培育机缘巧合的意愿和动机可以来自某些可塑造（并且可习得）的特质，诸如主动性、幽默感、吸取经验以及乐于尝试新观念等。这其中尤为重要的是主动性，包括敢为人先和深谋远虑等，这些品质都有助于催生机缘巧合和扫除前行障碍，具体表现如：获得更好的工作和收入，实现企业的可持续增长，脱离贫困，等等。

机缘巧合呼唤创新能力，因为创新力与培育机缘巧合所需的许多特质相吻合：如何应对意外因素，以及如何在不同的思路之间展开非比寻常的联想。富有创新力和独创性的人往往是厌恶风险的，也即比较害怕失败。但是相比之下，他们更害怕不去尝试，所以选择了勇往直前。作家或音乐家常常会为自己的最新作品还不够出色而感到苦恼，但他们绝不会止步不前，而是设法做到更好。

在人的个性特质方面往往也存在这样一种悖论。人的性格特征与脑科学和进化论有着紧密联系。哺乳动物进化出了大脑新皮质，使人类可以在行动之前展开思考和预判。为了应付常态化的工作，大脑新皮质需要保持一个合适的"兴奋度"——正如汽车挂挡之前需要保持马达转动一样。

偏外向的人可以通过与他人的互动获得最适宜的兴奋度，偏内向的人则需要将兴奋度维持在更高一些的水平上，因为对于他们来说，社交活动会耗费大量精力，必须通过静养或独处来弥补。美国作家苏珊·凯恩（Susan Cain）在其所著的《安静》（Quiet）一书中讲述了一位加拿大籍哈佛教授的故事，教授在学生们的眼中一直是一位十分外向的人，然而，在结束授课后他会一个人躲进浴室里，这样就可以不用和外人交流。当我在一次活动中偶遇他时（他在偶然间向我透露自己就是故事主角本人！），发现这位外表热情的内向人士很多方面的特质都与我相似。

我生活中的大部分时间都在建设社群，所以一般人总以为我是个外向的人。然而我和许多其他的社群建设者一样都是所谓的"内敛者"。我们也会有极度奔放的时刻，尤其是在主持活动时，我们需要控场，需要长袖善舞，和与会的嘉宾们打得火热。这些过程中出现了许多机缘巧合，有发生在我们身上的，也有我们帮助他人促成的，而事后我们会尽快让自己安静地走开。对于我们这类人来说，在不同的时间和场合下，对于新思想的接受程度也有着天壤之别。

如果你在"内向性格当值"的星期天遇上我，那么我的情绪会充满排斥，没有什么积极性去做"穿针引线"的事。虽然"穿针引线"是件有趣的事，但它实在太费精力。我需要经常溜到某个没人的地方给自己"回血"，即使当我切换到"外向模式"时也是如此。这个时候我会想要躲在一个清静而空旷的地方，无论是浴室、露台还是其他地方，这样我才能重新获得力量，以免感到太过不适。

剑桥大学（University of Cambridge）教授布赖恩·利特尔（Brian Little）将人们给自己充电并重获能量的场所称为"修复空间"。为了避免精力枯竭，人们需要找个地方休整自我，梳理思路和各种联系，从而调适到最佳的皮质兴奋度。但事实上这样的修复空间很难获得，这对于机缘巧合的培育来说是非常不利的。

当然，外向型性格对机缘巧合的培育更有利 —— 但无论性格内向还是外向都可以通过培训改善。我身边的许多社群建设者都是充满热情的内向性格者 —— 不过我们都学会了如何在一个活泼开朗的世界中生活。

研究表明，外向性格者可以通过三种途径提升运气：一是结识大量朋友；二是吸引他人；三是保持社交联系。想要做到这一点并不难，只要试着找人搭讪 —— 比如在超市或咖啡店排队的时候，便可能开启一番妙趣横生的对话（永远不要事后再痛心疾首地懊悔"当时如果找个机会和他说说话就好了"）。只要这种搭讪没有冒犯到别人，便有可能与他人增进联系，提高自己邂逅好运的概率。

再来看克里斯塔·吉奥利（Christa Gyori）的故事。我现在还记得若干年前我参加 TED 爱丁堡全球大会期间，在排队等咖啡时认识的克里斯塔（时任联合利华高管）。当时她主动找我攀谈，我们聊得很欢。两年后，她发了一封电子邮件告诉我她即将迁往伦敦，并邀请我出来喝杯咖啡，聊聊伦敦的环境。环环相扣的是，我与克里斯塔在霍尔本（Holborn）一家咖啡馆里的那次谈话直接促成了后来我俩共同设立全球性组织 —— "目标领导者"的重要机缘。克里斯塔每到一处，都不忘播撒机缘巧合的种子 —— 并与志同道合的伙伴们共同奋斗。

5 月一个繁忙的星期一，从事战略咨询工作的塔佳娜·卡扎科娃（Tatjana Kazakova）接到了一个陌生来电。由于塔佳娜工作繁忙，时间成本很高，通常情况下除了家人或客户，其他电话她一律不接。但是那一次，冥冥之中有个声音引导她接听了电话。电话另一头的陌生男子告诉她，他从一位朋友那里得到了她的号码，想邀请她在业余时间加盟一个团队以及一项"超刺激的项目"。那一瞬间，塔佳娜被深深打动。她突然觉得自己之前为了遵从内心和追逐兴趣所做的努力和付出终于有了回报，她必须抓住这次机会。于是她毫不犹豫地回答道："我愿意！"

那名陌生男子就是我。那天当我放下话筒时，心情特别激动 —— 克里斯塔的直觉应验了，塔佳娜加入了我们的团队。起初她只是协助撰写有关"目标驱动型领导力"的研究报告，数月过后，在克里斯塔的个人魅力 —— 以及勤奋和敬业精神的感召下，塔佳娜最终成了我们的全职伙伴，她放下了一切，辞去了工作，变卖了车子，成为"目标领导者"的联合创始人以及首席战略官。

塔佳娜后来回忆道，她在接到电话的那一刻，并不能完全知晓我的邀请以及她的答复会给今后的生活带来多么复杂而深刻的变化。塔佳娜和克里斯塔将一个初出茅庐的项目发展成为一个架构完备的组织。并且塔佳娜的老东家 —— 霍华德合伙管理咨询公司（Horvath & Partners）也成了"目标领导者"最给力的合作伙伴之一。

心理学大师理查德·怀斯曼的一项最新研究表明，像克里斯塔这样性格外向的"幸运儿"往往都充满个人魅力和奇思妙想，究其原因，最基本的就是他们善于运用眼神、微笑以及充满亲和力的仪态进行交流。怀斯曼发现，相比运气欠佳的人群来说，幸运儿们微笑的频次要高出一倍，肢体语言更热情大方，并总是直视交流对象，从而更易赢得对方的信任和好感。①

最后也是至关重要的一点，性格外向的人往往拥有规模庞大的人际关系网。其中的道理也很简单：我们朋友圈里的每个人也有属于自己的朋友圈。假设我们认识 100 位朋友，这 100 位朋友又各自认识 100 位朋友，那么我们便可通过两级社交网络认识到 1 万人。（这里假设每个人的朋友圈不与他人的重叠，否则总人数会有所减少。在此仅作原理展示。）所以每一次交友或是赴宴都有可能催生出成千上万的机遇，对于个人来说，有时候一次机遇便足以改变一生。

话虽如此，但我们绝不能忽视内向性格特质的重要作用，应将机缘巧合视作整个团队——乃至同一个人的所有外向型行为和内向型行为共同助力的结果。机遇的火花也许更容易迸发于外向型行为中，但机缘巧合的诞生同样需要内心专注、自我认知以及等待时机。想法和观点并非总是浅显易见的。事实上，越是富有价值的"异类联想"往往潜藏得也越深。某些想法可能需要在头脑中经历时间的沉淀和转化才能逐渐显露出潜在的价值。此外，伟大的思想还可能蛰伏在安静的角落——例如书籍、电影或其

---

① 有趣的是，这一做法同样适用于识记事物。心理学家詹姆斯·道格拉斯·莱尔德（James Douglas Laird）和他的同事们曾开展过一次关于人们在表情受控条件下的心理反应的实验。研究人员招募了 60 名学生，并请他们阅读两篇具有同样感情色彩——风趣幽默或愤世嫉俗的文段。其中一组学生在阅读时需要把一支笔衔在嘴唇中间（强制微笑），另一组则被要求保持皱眉。实验结果是，皱着眉头的学生们对悲剧情节的记忆更深，而挂着笑脸的一组更容易记住幽默桥段。（莱尔德等，1982 年）

他作品中。因此性格外向者要与内向者加强互补，进行深入反思和串联，将创新思想和实践经验有机结合。例如性格外向的纳赫森·米姆兰和心思缜密的弟弟阿里耶共同打造了一个"反思大本营"，时常在一起探讨各种潜在的机会。

实际上，所有的个性特质都是可塑的，即使自己的个性不够外向也不必担心，每个人都可以展现出与自己性格最搭的特质。最重要的是要认识到，我们与机缘巧合的距离往往取决于我们的情绪状态。积极的情绪可以提升人们对外界刺激的敏锐度和探索欲，有助于洞察机缘巧合；同时还可通过扩大人们注意力和行动力的范围强化对事件的反应能力。事实上，许多决定的做出（比如应对意外因素）都离不开当事人自身或他人直觉的驱动，因此个人的情绪状态是至关重要的。你是否体验过，当你埋头苦干或陷入迷茫时，身边有一位充满"正能量"的伙伴有多么可贵——如果换作一个成天怨声载道的"猪队友"，又有多么崩溃。无论正面还是负面的能量，都是会在人与人之间传导的。

正能量和社交点金术

以克里斯塔为代表的一类人可说是"机缘巧合的炼金术士"：他们四处传播正能量，创造出一个又一个正能量和积极思想融汇交流的"力场"，实现人际和思想之间的碰撞。

量子物理学告诉我们，能量是以波的形式存在的。如果我们将电子视作能量波而不是固定不动的粒子，便可以理解它们的传播空间有多么宽广。这一原理同样适用于世界观的改造：如果我们把自己看作粒子，就会专注于自己的经历、记忆、身体等特定元素；但我们也可以让自己成为能量波，除了展现出积极的态度，更可以传播强大的正能量——不断拓宽自己以及他人的机缘力场。

最后，能量是生命力的核心所在。援引热力学第二定律关于"熵"的表述——随着时间的推移，事物会渐渐呈现衰败或崩塌的趋势。如果无法保持一往无前的姿态，那么组织也好，个人也好，都会不进则退，甚至引发系统性的下行。比如有些企业可能初看上去欣欣向荣，但一段时间过后，创新力会被例行公事和墨守成规所压制，最终走向破产。

每当科学与形而上学交织在一起时，总是可以带来许多有趣的发现。虽然我们对此有所保留，但量子物理学或许能够从一定程度上解释为什么专注于特定的目标有助于催生机缘巧合：实验表明，粒子会根据观察者对其特定行动轨迹的关注而做出不同反应，也即个人与系统的相互作用可能会改变电子的行为。原理在于，有序有用的能量十分有限，大部分的能量呈现无序无用的状态——所以一旦产生了一个明确的方向感，这种牵引力便有可能带领我们驶向理想的目的地。

这听上去非常神奇，不过也许我们可以从生活中找到类似的例子——心心念念的某件事是不是最终如愿以偿？顺风顺水的某段时光是不是至今让你嘴角上扬？这些都是所谓"自我强化"的能量，因为人们是会对正能量做出反馈的。正如物理学中想要启动某种反应必须具备一定的"活化能"一样，我们在生活中有时也需要一些燃力 —— 或者像克里斯塔·吉奥利和纳赫森·米姆兰一样的"燃烧者" —— 让自己也变得光芒四射。这里要引出一个更加抽象且充满争议的"吸引力法则"，该法则指出人们是由能量构成的，相似能量之间的惺惺相惜有助于改善个人财富、人际关系、身心健康以及幸福快乐。

当我们将自己的能量融入整个宇宙时，可能会引发所谓的"同步性"——也即同一时间点上出现的具有意义的巧合事件。[1]有趣的研究表明，人们往往容易和亲近之人产生相似的情感体验。譬如双胞胎往往心有灵犀。基于这一原理，我们应当与自己深切关爱的人多分享彼此的想法，这实际就是一种真真切切的"量子纠缠"。

法国生命科学顾问、艺术家苏菲·佩尔特（Sophie Peltre）和她的姐姐便有着这样的羁绊。每当苏菲伤心难过的时候，她就会觉得姐姐可能遇到了某些困扰，于是她给姐姐去电，结果发现姐姐果然也在闹情绪。

我们的确应当谨慎使用量子神秘主义理论为一些不合情理的现象背书。不过世界上包括大多数主流宗教在内的许多精神层面

---

[1] "机缘巧合"和"同步性"二者对于个体事件活动进程的关注点有所差异（荣格，2010 年）。

的方法论都建立在万物互联、善有善报的信念之上，科学和灵性二者在这方面日渐趋同。

据估计，人们平均每天会产生 12000 到 60000 个念头，其中大多数是重复的，80% 是负面的。研究人员通过开展实验，找到了帮助人们从"痛苦状态"切换至"理想状态"的有序步骤。这一方案的核心内容就是给自己的生活注入精神层面的愿景 —— 本质上就是如何规划自己的目标。这要求人们聚焦于自己的内在真我 —— 站在非价值判断的立场悉心观察自己的内心世界。生活中我们可能会经历痛苦 —— 也许是一些无处安放的愤怒、焦虑或者忧伤，也可能会享受愉悦的美好时光，痛苦的状态往往会让自己陷入迷失无法自拔。

清醒地认识自己的内心状态又不刻意压制情绪，有助于唤醒我们体内的所谓"通用智能" —— 支配我们的不仅是大脑，我们的内脏，甚至脊椎，所有这些组织器官都具有"智慧"。（根据某些说法，旧的记忆通常储存在我们身体的不同部位，例如脊髓。我们可以提取它们，甚至可以改变储存在我们细胞中的记忆。）

瑜伽、冥想和"可视化"等练习可以开发意识，帮助我们学会舍得。于是我们在遇到问题的时候可以不必急于改变当前的生活波折（例如处于负面情绪状态时），而是通过一时停止或者放慢脚步，让自己调整至更佳状态再做决定。除了仰望星空，我们更要学会低头看路，要活在当下而不应自以为是或自命不凡。

精神层面的愿景不同于一般意义的目标：目标一般是面向未

来的，比如战略计划等。而精神愿景与最终目标无关，是指人们在追逐目标的过程中选择的生活状态。在某种程度上，它是所有愿景的源泉。保持专注的精神愿景并将其呈现在日常生活中，可以帮助人们从过去的阴影和内心深处的脆弱无助中解放出来。

以优兔网（YouTube）上一个小男孩的视频为例，孩子在视频里告诉母亲自己很爱她，但他并不总喜欢她——只有当她给饼干吃时才会喜欢。我们可能都有过类似的经历，这种情况下，我们不会以社会标准来划分对错，不会根据这些感觉对自己进行评判，只是单纯地享受快乐。毕竟，"感觉"这种事情又有什么对错呢？这不过是一种更加放松的状态而已。

深受追随者喜爱，同时被不少专家视为"伪科学"化身的心理医学专家迪帕克·乔普拉（Deepak Chopra）在他的著作《成功的七大精神法则》（*The Seven Spiritual Laws of Success*）中指出"业力"（karma）的重要性——行动所产生的能量往往会以类似的方式反作用于我们自身。

需要指出的是，足以支撑上述观点的科学依据并不多，只有一些坊间传闻和一面之词。因此，对于这其中是否存在对某些科学概念的误读和误用，有着激烈的争议。不过我们还是可以从中汲取灵感，关注诸如正能量传播和褒奖等行为所扮演的积极角色。事实上，我们从其他领域也可以观察到类似的范式。不过非常重要的一点是，结构性的约束条件可能会阻碍机缘巧合的产生，因此对于当事人为自己"招引"来的负面事件——比如某种使人衰弱的疾病，我们不应过分苛责。毕竟生活实在太过复杂，每个人都活得很脆弱。

生活中，我不断提醒自己，虽然我经历和促成过很多的机缘巧合，但糟糕的事情往往也会突如其来。和我一样，我的兄弟也差点死于车祸；在我小的时候，妈妈差点被肠囊肿夺去生命；还有一次，我的父亲突发心脏病，若非救护车及时赶来，很可能酿成一出悲剧。生命如此脆弱，让我每一天都对共聚天伦的生活满怀感恩之情。

当然我身边也不总是幸事。比如我的表弟在海里溺亡，尽管他是一个相当出色的游泳好手；此外我的一位老同学因为精神疾病走上了自我了断的道路。

我们都曾有过悲伤和绝望的时刻。而机缘巧合可以让我们的生活变得更快乐、充实和成功。即使在逆境中，怀着一种"至少杯子里还有一半水"的乐观态度，可以切切实实地帮助我们变得更优秀和高效。在"生活重塑实验室"中，会有一名"激励者"陪伴在成员们的周围，他将在重大会议中回应每位成员的质疑、归纳强化每个人的观点，即使在形势不利的情况下也能创造出更多的正能量。

不完美中的完美

人生的旅途中，学会谦虚和示弱是至关重要的。为了培育机缘巧合，很多时候我们需要学会拥抱小小的不完美和不受控。

百思买的执行主席兼前首席执行官休伯特·乔利告诉我，如果追求全面掌控，那么在遇到自己力所不及的情况时便很难求助。而如果其他人犯了错，他们也会被当作问题人物处理。这种生活显然是不够人道的。相比之下，如果我们可以接受不完美，拥抱自己以及他人的一些缺陷，那么当意想不到的事情发生时，便可以坦然处之。其实世界上并没有什么不完美，有的只是各种人间事。不完美无关对错，关键是要把握好每一个当下。根据休伯特的经验，"危机时刻往往正是变革时刻"。

这一道理也适用于那些要求他人追求完美的人。来看丹妮尔·科恩·恩里克斯（Danielle Cohen Henriquez）的案例。丹妮尔是一名由政策分析师转职的企业家，同时也是一名具有影响力的投资者。她和我分享了自己职业早期的一段工作经历。那时她受雇于一个脾气暴躁的可怕老板——他是那种将所有的成就归功于自己，将所有的失败归咎于团队的人。

正是这种"有毒"的环境，导致丹妮尔入职时，公司内部1/3 的人都辞去了工作或者称病不出。丹妮尔是一位积极热心的实习生，所以很快她便超负荷运转了。一个星期五的晚上 7∶30 左右，丹妮尔正准备下班，这时她的老板突然发现当天一份内部报告中有错别字。丹妮尔回忆道："他的双眼睁得像铜铃一般，挥舞着拳头在电脑键盘上一通暴捶，并把一堆回形针扔到墙上，歇斯底里地厉声吼叫着：'这里的人都是废物吗?!'当时我感觉自己的体温降到冰点。尽管我一直在想方设法证明自己，尽管那个错误并不是我犯的，但是看到老板的那番表现，我只能认为自己还差得远呢。"

后来，丹妮尔总算离开了办公室，她赶紧飞奔前往回家的地铁，却不幸迟到了 20 秒。"我一下子瘫倒在满是灰尘的站台一角，愤怒而又卑微。"她知道必须有所改变，然而又该怎样改变呢？下周一找个时间和老板谈谈？不过这感觉没什么帮助。辞了工作待业？也不行。这时，一位熟人恰巧也来到了站台。他就职于镇上最大的公司 —— 某种程度上说还是丹妮尔所在公司的竞争对手。"那家公司是所有人都梦寐以求的，所以我知难而退没有去申请，"丹妮尔继续回忆着，"当我询问那位熟人最近过得怎么样，他说他的团队刚刚接到了一个激动人心的项目，所以他们急缺一位新人。'你有没有推荐的人选？'他当时就是这么问我的。"

于是，下一周的周二，丹妮尔参加了那个大公司的面试，三天后，她拿到了录用通知。值得一提的是，这成了她所从事过最有收获的工作之一。她的新老板是一位了不起的管理者：轻松随和、充满激情又学识渊博。他为丹妮尔开启了充满无限可能的职业大道，至今仍是丹妮尔的一名人生导师。

站台的那一晚，原本是丹妮尔人生中的落魄时刻，但事后看来，她却与职业生涯中的一次机缘巧合不期而遇了。

丹妮尔和休伯特都意识到，机缘巧合往往就出现在某些看似

危急的时刻 —— 不过只要能够积极地面对人生的种种不完美，那么美好的事情往往就会在下一站出现。

放轻松吧！

人不是一成不变的，我们会根据各自所处的环境、情况以及事项的轻重缓急做出调整。不光人与人之间存在差异，就连同一个人在不同的时间都可能判若两人。

就拿压力来说。海豹突击队将古希腊诗人阿尔基洛科斯（Archilochus）的箴言略作改动，指出"在激烈的战斗中，你的状态不可能达到自己所预期的上限，而是会下降到日常训练的底线"。在面临压力时，由于身体产生急性应激反应，完全依据本能行事。此时，丹尼尔·卡尼曼（Daniel Kahneman，诺贝尔经济学奖得主）提出的所谓"系统 2 模式"（缓慢而理性的思考）主导的"紧急制动机制"是无效的。压力往往会导致仓促决策、急于求成和重拾恶习。我也曾在深感走投无路之下，进入急性应激反应状态而不自知，做出了许多糟糕的决策。

幸运的人往往都是轻松自如的，而焦虑容易令人错失良机。心理学教授理查德·怀斯曼进行了一项实验，让被试者阅读一份报纸，并回答其中包含多少张照片。绝大多数人都在两分钟左右完成了任务，有的人还花时间检查了一遍。然而报纸第二版的头条上，就有大大的加粗字体明白写着："这张报纸上有 42 张照片。"没有人发现这一信息，因为所有人的注意力都集中在照片上面。同时他们也失去了赢得 100 英镑的机会 —— 报纸上还刊登了一则巨幅广告，写着"不要数照片了，告诉研究人员你看到了这个，便能获得 100 英镑。"然而，被试者们忙于寻找照片，结果错失良机。后来，当怀斯曼询问被试者们，是否在报纸上发现什么异常时，他们便改变了阅读方式，立刻发现了上述信息。忙于（或是过度）关注某些特定的任务，有可能会让自己错失一些真正的收益。

如果内卷文化在组织内部蔓延开来，人们会时刻担心职位不保或无法按时参加会议，那么便可能与机缘巧合渐行渐远。（在贫困环境中，人们的压力和焦虑情绪可能更为严重，这可能会对决策过程产生负面影响。）

另一方面，虽说健康的精神状态非常重要，但不适感和压力往往也能够成为一种成功的动力 —— 当然这里还是存在一个老生常谈的问题，也即如何把握好其中的平衡。

此外，有关意识和身体之间互动作用的研究表明，人们的消化系统和心脏系统的变化将会影响到面部表情。从本质上来说，人的生理状态决定着心理和行为体验。毫无疑问的是，一个柔和的声音抑或一张友善的面孔，都能够瞬间转变我们的生活体验；而被忽视的感觉则容易让人陷入恐惧甚至精神崩溃的状态。以此类推，当心爱的宠物去世或是自己刚刚经历了一场手术时，可能并不适合去发掘机缘巧合。

许多人都通过冥想和（或）瑜伽让内心归于平静，并从中受益。这种状态有助于提升机缘巧合的概率，因为只有足够警醒才能发现机缘巧合（这种情况需要人们保持专心致志，不能心有旁骛）。人们在不同状态——不同时间和精力情况下产生的想法是不同的——这意味着人们在有的时候更容易接受（或是善于表达）创新思想，在其他时候则未必。在合适的时机遇到合适的人——并且他也正处于合适的（开放包容的）状态——这一点至关重要。

这一道理适用于人生的不同阶段：无论你是刚从学校毕业，即将告别某一生活阶段，还是变卖了公司正在思考下一个投资方向，你可能会对意想不到的变化持更开放的态度。商业运作同理。好好把握住机缘巧合的窗口期，其他的时候便将精力专注于执行层面吧。

然而，世事并不总是遂人心愿，特别是对于那些还在为了生存（尤指经济方面）疲于奔命的人们来说，即使在这种情况下机缘巧合仍可能不期而至，我们至少要对其抱有希望。让我们在聚会和工作时多多留意机缘巧合的萌芽——敞开怀抱见证奇迹的时刻吧。

本章小结

善于捕捉潜在的诱因和尝试"穿针引线"的活动——有意识

地将某个机遇时刻与另一标的事物进行联结，有利于提高机缘巧合出现的概率。这需要我们比他人有更强的"异类联想"能力，为自己树立明确的前进目标有助于强化这种能力。我们可以通过很多方式培养自己的方向感，它既可来自更深层的目的感，亦可来自精神感应；既可基于原理推导，亦可基于实践验证。在信息充分的条件下展开直觉判断，将助力我们扬帆远航。

这就是本章对构建机缘巧合的情感和激励基础等问题进行重点关注的意义所在。

机缘思维小练习：构建基础

1. 写下你在生活中最珍视的事物。你的脑海中浮现出了哪些主题呢？当你回首往事的时候，会不会有某种潜意识 —— 比如激情、方向感等，渐渐占据了自己的思想呢？试着在这种感觉的引导下展开实践 —— 这将有助于今后的"穿针引线"。

2. 每天花 10 分钟时间进行冥想或唱诵祈福。可以先从简单的方式入手。坐在舒适的椅子或垫子上，将手掌放在大腿上，做 4 次深呼吸，然后慢慢地对自己说："愿我找到问题的答案，愿我发现理想的方案，愿我和我爱的人生活变得美好……"使用"心静如水"（Calm）或"顶部空间"（Headspace）等手机应用也可以获取相关的引导。

3. 将充满正能量的人汇聚在自己的周围。寻找两三个能够让自己心情愉悦、愿意与之共度时光的亲友，经常约他们出来坐坐。

4. 对生活常怀感恩之心。可以写感恩日记，或者在"感恩"（Gratitude）等手机应用上做记录。你也可以将感恩之举融入日常生活中，比如每次晚饭前，大家分享三件值得感恩的事情。

5. 每周向三位曾经给你的生活带来积极影响的人发送感谢信。事实证明，感谢信无论是对发送方还是接收方来说都可产生惊人的激励效应。

6. 从一点一滴开始，展现真实的自己。人际关系组织"一触即话"（Trigger Conversations）的创始人乔治亚·南丁格尔（Georgie Nightingall）分享了以下方法：当被问到最近过得如何时，试着打破套路，做出真实又出人意料的回答，比如"满分 10 分，我给 6.5 分""咖啡因告急"或"好奇宝宝"等。对方一定会深感惊讶，同时也会被你的不按常理出牌所吸引，从而引发进一步的对话。

7. 锻炼自己的外向能力。比如在排队等咖啡时和前后的人聊天；用微笑的眼神与他人交流；在聚会中与陌生的来宾交谈等。以善意度人：每个人都有自己的烦恼，正如

"汉隆剃刀理论"指出的，如果某个错误能够用无心之失来解释，就不要将其归结为恶意——只要我们用善意看待世界，便可以避免许多恶性循环和自我实现的预期。如果我们假设他人愿意与我们交流——即使对方可能会出于惊讶或其他原因做出奇怪的反应——你们的对话便可顺利进行下去。

8. 列出自己的 20 条志向，并从中选出前 5 名。人们往往过分沉醉于建功立业，而忽视了曾经的雄心壮志。然而万里西行，不仅为求得真经，还为修成正果。请扪心自问："我所取得的成功对于自己的人格塑造有何帮助？"

9. 做出两项承诺（例如"每周一都要与爱人共进晚餐"），再寻找一位"责任伙伴"——监督自己履行承诺的人——告知你的承诺内容，并商定好时间向其汇报执行情况。

10. 在组织员工或社群务虚会时，回顾 5 个能够充分体现本组织、社群或家庭价值观的具体案例，还可以让大家分享一下自己日常生活中的类似经历。

11. 如果身为父母，可以用同样的方法教育孩子。比如，在晚餐时让孩子们分享一个能够体现核心价值观的故事（比如说，关于某个同学是如何善待自己的，或者自己是如何善待他人的故事）。

第五章　识别和促进"机缘诱因"：不断拓展"机缘力场"

不去尝试就永远不会成功。

——韦恩·格雷茨基（Wayne Gretzky），

前冰球运动员兼教练

促进机缘巧合

居住在纽约的厄瓜多尔籍教育家米歇尔·坎托斯（Michele Cantos）向朋友和熟人们发送了更新自己生活近况的电子邮件，谁知这一小小的举动竟然让她此后成为一家成功的编程训练营的主管。

米歇尔曾在一家慈善机构工作过4年，为具有管理者潜质的贫困学生提供支持。离职后，她打算花几个月的时间返回母国休养，并考虑下一步计划。动身之前，她给一百多位朋友和熟人发送了一封近况邮件，坦诚告知自己打算辞职和休假半年的计划。

这是一个脆弱而敏感的时刻。米歇尔在邮件里表达了"我会在 6 个月后回归，同时正在思考下一步打算"之类的意思。后来她又陆续更新了一些有关旅行和自我思考的状态，与亲友们分享自己的心路旅程。当她返回纽约后，她发送了最后一封邮件，告诉大家自己已经归来，介绍了一下自己目前的状况以及理想中的下一步计划，并简短地表达了向大家征求意见的想法。

很多朋友都回复了米歇尔，并向她致以个人的祝福，而有一位熟人给出了一条具体的建议。这位熟人刚刚经历了一家科技公司的多轮面试，最终还是决定另谋高就。不过她给那家科技公司留下了非常好的印象，所以该公司向她询问有没有其他合适的人选可以推荐。她认为米歇尔便是一位理想人选，并与米歇尔分享了自己对于这一职位具体情况所做的一些功课。熟人的背书，加上米歇尔自身的工作热情，使她最终获得了这份工作。

对于米歇尔来说，她之前从未涉足过科技工业领域，因此这份工作完全是一场意外。她也承认，如果让自己来选，可能永远也不会去申请科技公司的职位，因为这与她当时的个人情况大不相同。"那位熟人替我发现了这次机会，"米歇尔说道，"她改变了我的生活。"这份工作不但改善了米歇尔的收入水平，还提高了她的生活质量。她在休假过程中先后发出的四封近况邮件为她带来了巨大的经济和生活回报。米歇尔将自己的工作经历和随之而来的社会地位上升归功于机缘巧合的力量，她表示自己现在遇到的机缘巧合"不胜枚举，无处不在"。那么米歇尔在这一过程中究竟做了些什么呢？实际上她种下了一颗机缘诱因的种子。她将自己内心的一份小小的冲动与他人分享，从而诱发了机缘巧合的出现。她成功地展现了自己的积极开朗，以及恰到好处的脆弱，从而为机缘巧合的出现做好了准备。

在这一案例中，"穿针引线"的工作是由他人替米歇尔完成的，这说明机缘巧合往往是由合力促成的，有时必须依靠他人的善意。他人可以帮助我们发现自己尚未意识到的天赋才干，进而物色合适的机会——或是从他们各自的知识领域出发，开展一些我们自己难以企及的"穿针引线"活动，进一步打开我们的机遇空间。但是，如果我们不让别人知道自己的兴趣点或是所追求的目标，如果我们不播下机缘诱因的种子，别人又怎么可能帮到我们呢？

播下机缘诱因的种子，是所有受机缘巧合青睐的幸运儿们的必备技能；"穿针引线"的活动则会将机遇转化为有利的结果。这两者都是关键中的关键，它们有时会次第发生，有时则并行不悖。

播下机缘诱因的种子

> 永远不要放弃垂下鱼钩，没准在你最不抱希望的池塘里，就能钓上你想要的鱼。
>
> ——奥维德，古罗马诗人

居住在伦敦的奥利·巴雷特（Oli Barrett）是多家企业的创始人，也是一位"超级连接者"（具有强大社交影响力的信息传播者）。他非常善于在每次结交新朋友时，抛出容易引发潜在共鸣的"机缘鱼钩"。比如当有人问他："你是做什么的？"他会回答说："我喜欢将人们联系在一起。我开设了一个教育公司，最近正开始研究哲学，不过最喜欢的事还是弹钢琴。"诸如此类。

这种方式的回答至少包含了 4 种潜在的机缘诱因：热情（人际联络）、工作介绍（教育行业）、兴趣点（哲学）以及爱好（弹钢琴）。如果他仅回答"我是一个创业者"，那么留给他人帮忙"穿针引线"的潜在机遇空间会局限很多。

通过植入 4 个甚至更多潜在的机缘诱因，可能会让某位听者反馈道："真是太巧了！我正在考虑买架钢琴，能否给我提点建议呢？"借着这样的楔子，双方可进一步就彼此的生活进行深入交流 —— 机缘巧合（无论是大惊喜还是"小确幸"）的概率便大大提升了。

现在我们知道机缘巧合离不开诱因的推动，我们应当如何加以运用呢？

如何催生（积极的）意外因素？

为了更好地推动机缘巧合，我们需要具备一些化学知识，这一科目恰恰是高中时期让我位列班级成绩倒数 5% 的"功臣"之一。虽然我对化学知之甚少 —— 目前为止我能记得的"表格"仅限于告诉我什么时候下课的"课程表"—— 但是现在我越来越重视这一科目，尤其是当我了解到化学反应与社会反应之间有着如此之多的共同点后。

前沿杂志《科学》（*Science*）曾发表了一项令人兴奋而又充满争议的研究。普林斯顿大学（Princeton University）杰出的化学教授大卫·麦克米伦（David MacMillan）和詹姆斯·S. 麦克唐纳（James S. McDonnell）指出机缘巧合是可以被"催化"的。科学研究的通常做法是假设某些分子会发生反应，然后设法促成这一反应。麦克米伦团队则反其道而行之，选取那些并未发生明显反应的分子，观察所谓的"意外反应"。研究者们选取了一些从未发生过反应的化学物质，促成了此前未被发现的化学反应，从而开发出了具有价值的新型药物。

研究者们的核心假设是，机缘巧合属于概率论的范畴，因此可以通过统计学手段加以干预。所以，只要在实验环境中尽可能增加化学反应的次数，就能够提升有利反应的概率 —— 事实证明的确如此。

简单来说，这就好比购买的彩票数量越多，赢得大奖的概率就越大，或者申请的大学数量越多，被录取的概率也就越大 —— 像我一样（包括我的母国德国在内的许多国家对于申请大学的数量都不设限制）。我至今仍然非常确定自己被大学录取的原因是我的申请函中有一些主观的内容正好与校方招生团队中的某人相契合。虽然我可能永远都无法了解究竟是哪些内容引起了校方兴趣，但在一口气申请了超过 40 家大学的情况下，即使学业成绩（非常）一般，某个人的某部分特质获得他人欣赏的概率也大大提升。也许某位招录人员也有一位和我一样浑浑噩噩的儿子——这种情况可能是巧合，但我发送的申请函越多，发生巧合的概率就越大。正如之前提到的化学反应的例子，还有生活中许多其他领域的例子一样，这些都是数字游戏。只要不断增加投篮次数，进篮或者打板的概率自然会越高，即使只是碰巧射中而已。

意料之外的关联往往来自意料之外的途径。回想一下"生日悖论"的例子：表面上看起来出乎意料的事情实际上是建立在大量潜在的未知关联的基础之上。如果能够将所有的可能性叠加在一起，我们会发现机缘巧合无时无刻不在发生——我们只需睁大眼睛密切观察。往往只需要一个机会便足以让我们的生活得以改善。

有些人可能会认为："我很满意现状，为什么要改变呢？"有趣的是，会说这种话的人，与能够从机缘巧合中获得最大幸福感的往往是同一群人（包括我的一些同事在内）。改变不一定意味着颠覆整个人生，更多的是让生活变得更快乐、更有意义和更成功。

从现在开始，最重要的是我们要对各种未知因素敞开心扉。我们总是习惯于为自己寻找舒适区，但机缘巧合要求我们更多地接触各种随机的外部影响。这种影响形式多样：新的信息、资源、人物和想法等。

信息不仅是力量

信息是人生机遇的核心要素。在米歇尔·坎托斯的案例中，她意外获知了适合自己的职位，不是来自主动搜索——毕竟我们无法搜索自己的知识盲区——而是来自她对未知抱有开放态度。

机遇可能会以一种最微不足道的方式出现。斯洛文尼亚哲学家斯拉沃热·齐泽克（Slavoj Žižek）有句名言："我们以为自己想要的，未必就是我们真正想要的。"齐泽克举例说，假设某男子娶了位妻子，又找了个情人，他可能会暗自盼望哪天妻子离他而去，他就可以和情人在一起。结果有一天，妻子真的不辞而别了——男子却突然也不再痴迷他的情人了。为什么会这样？因为男子与妻子和情人之间的微妙关系构成了一种生态环境，一旦该生态坏境被打破，情人便失去了她的魅力——她不再是一种"遥不可及的欲求"。世事难料，不是吗？事实上，正如第四章所提到的，往往只有身临其境的时候——通常是出于机缘巧合，人们才会意识到自己正在做什么，并从中体会出美妙的感觉。

某些人可以通过静态渠道发现机遇。比如浏览报纸和网页、观看书籍或电影等。数年前，阮克云（音译）在阅读杂志时发现一篇关于云计算的文章，由于当时她正在为自己的博士研究寻找课题，因此这篇文章立刻激起了她的好奇心。于是她靠着对机缘诱因的敏锐感，不断开发自己在云计算领域的兴趣爱好。如今，她已成为领先的计算机科学家和云取证与安全专家。无论采取哪种方式，我们都应让自己更多地接触新信息，这是促成机缘巧合的重要手段。①

2016 年，危地马拉的活动家、政治经济学家、企业家兼记者比比·拉·卢斯·冈萨雷斯（Bibi la Luz Gonzalez）参加了在伦敦举办的一次大会。她不曾想到自己的人生会被一部电影改变。

在参加汤森路透基金会（Thomson Reuters Foundation Trust）就现代奴隶制问题所召开的大会期间，比比出席了电影《雏妓贩卖》（*Sold*）的首映式，该电影讲述了一名女孩从尼泊尔被贩卖到印度，并被迫在妓院工作的故事，这让观影的比比心情久久不能平息。事后她找到该片的导演，希望可以将这部电影引进危地马拉，唤起人们的关注，同时她也表示自己可以在自家报纸上为这部电影撰写文字宣传。导演同意了她的建议 —— 但由于需要为电影加配西班牙语字幕，所以剧组花了两年时间才完成

① 信息的力量不仅局限于信息本身，还取决于当事人在特定语境下做出的解读。譬如在德国，人们往往更加注重文本或对话内容中的事实层面，而忽略某些细节。但在对语境高度敏感的国家——例如许多亚洲国家中，信息的表达比较容易引起歧义，因此，解读弦外之音的能力是至关重要的。在低语境敏感性的文化中，人们会直截了当地说"请关门"，而在高语境敏感性的环境中，人们可能会说"屋里有点冷"或者"最好不要让猫咪跑出门外"。（霍尔，1976 年）

翻译。2018 年，比比得知电影字幕终于完工了。

然而那时，比比已经不在报社工作了，不过作为全球杰出青年社区（Global Shapers，一个致力于改善世界的全球青年社群）危地马拉分中心的策动者，她希望以这部电影为契机，与其他社群成员们一起在危地马拉开启一个本地项目，打破相关的话题禁忌，正视和关注人口贩卖问题。此外，作为妇女儿童权利保障这一跨领域话题的一部分，比比还打算在引进电影的同时，将导演也邀请到危地马拉为当地的电影制作提供指导。

虽然由于日程冲突，该导演未能成行，但比比还是利用一次前往萨克拉门托参加活动的机会联系上了该导演，并与两位社群成员——电影制作人拉马赞·纳纳耶夫（Ramazan Nanayev）和梅根·史蒂文森–克劳斯（Meghan Stevenson-Krausz）一道前往旧金山拜会了该导演，还做了一次采访。后来，影片《雏妓贩卖》以及比比对导演的采访录像都在危地马拉成功放映，而比比策划的本地项目也得以推进。经过数年的苦心经营，比比的耕耘终于结出硕果。她所牵头的"停止奴役"项目已经发展成为全球杰出青年社区（汇聚了约 8000 位来自世界各地的青年管理者）内部的一个全球性项目，她本人也在运作项目的过程中结识了许多社群成员，并结下深厚友谊。对于比比来说，电影及其导演可以视为一种机缘诱因，而她本人则在周而复始地开展着"穿针引线"的活动。2019 年，当比比再度出现在汤森路透基金会的大会现场时，她的身份已经是大会"变革者"奖项（授予在某些领域具有影响力和专业知识的人）的获奖嘉宾。

虽然机缘诱因往往潜藏在书本、报纸或影视作品的信息之中，但说到底，播种机缘诱因——以及"穿针引线"——的关键还是要看个人自身。

谋事在人

20 世纪 60 年代，以美国为主的资本主义阵营与以苏联为主的社会主义阵营之间仍处于彼此孤立的冷战状态。时任美国国务卿的亨利·基辛格（Henry Kissinger）在波兰度假胜地索波特召开的帕格沃什会议上遇见了一位社会主义阵营的官员，历史的进程自此发生改变。

基辛格是美国最有成就（同时也最富争议）的国务卿之一。正是在帕格沃什会议上的一系列机缘巧合，帮助他促成了 1972 年美国与中国之间的外交破冰，并为此后尼克松访华和地缘政治格局的改变铺平了道路。当然这很大程度上也要归功于基辛格本人积极主动的外交斡旋。

如果说历史事件过于宏大的话，那么从更微观的视角来看，个人生活也很容易被各种意外遭遇所改变。我们将日历翻向 50 多年后的 2014 年，伦敦有一位名叫阿米娜·艾茨-塞尔米（Amina Aitsi-Selmi）的女生站在了职业生涯的重要十字路口。她学医出身，履历出色，此时却感到失落和迷茫。身边的人都力主她从事稳定的工作，但在她看来，四平八稳的职业太过黯淡和乏味。虽然自儿时起她便一直梦想着在全球卫生领域工作，但此时她却觉得自己与这一梦想渐行渐远，甚至可能要相忘于江湖了。一天早晨，她走进电梯，发现里面还有一位乘客，于是她向其打了个招呼，二人寒暄了几句天气，突然打开了另一话题。

"你是做什么的？"电梯里的那位女士问道。阿米娜向她介绍了自己目前的职业，但接着又表示说，自己真正想要从事的是卫生领域的工作。那位女士看着阿米娜，对她说道："有空来找我吧，了解一下我做的事情。"原来那位女士是联合国组织旗下一家科技集团的副主席，正在物色一位科技方面能力出色（且性格合拍）的助手。

经历了一番辗转之后，阿米娜最终投身联合国 2015 年可持续发展目标议程的相关工作，致力于降低健康和灾害风险。她参与合著了一份联合国报告以及其他各种出版物，这些经历帮助她获评高级临床讲师，并得到英国皇家国际事务研究所（位于伦敦的国际事务智库组织）咨询师一职，联合国和世界卫生组织专家小组也经常向她征求意见。就这样，阿米娜在经历了 2014 年那段令人窒息的彷徨失落后，终于实现了自己 20 多年来的梦想。谁承想，电梯里的一段偶然的对话就能改变阿米娜的一生呢？

无论是阿米娜·艾茨-塞尔米还是亨利·基辛格，都能够把握住生活中的某个机缘诱因并积极开展"穿针引线"的活动。那么我们应当如何借鉴并复制这种操作，又应当如何开始呢？

许多学生和年轻的职场人士经常问我:"请问怎样才能在合适的场合中与他人建立起联系呢?我认识的人可没多少。"

对此,企业家、哥伦比亚大学(Columbia University)兼职助理教授马坦·格里菲尔(Mattan Griffel)认为,人们应当尽可能多地扩张"机缘触手"。比如给某些德高望重的人发送一封推介邮件。奇妙的是,他们往往真的会回信,尤其是当信中提及一些他们曾经参与过的项目时,获得他们回复的概率就更大。

尼古拉·格雷科(Nicola Greco)便是这样一个例子。他给万维网之父、计算机学者蒂姆·伯纳斯−李(Tim Berners-Lee)写了一封邮件,介绍了自己曾参与过对方的一个开源项目并编写过大量代码,提出希望能够和对方当面聊聊。

尼古拉的个人经历引起了伯纳斯−李及其团队的注意,并促成了双方的会面。后来伯纳斯−李成了尼古拉的博士生导师,对尼古拉的学术研究以及各项活动给予了大力支持。

我们常常会因为某些不可预知的兴趣或理由参与某件事情,洞察到这些兴趣或理由的往往不是我们自己,而是他人。比如某封推介邮件上的内容可能恰恰引起了某位学者的研究兴趣。

即便身处只要敲几下键盘便可获取各种信息的网络时代,我们也不可能无所不知。因此,试着向我们敬重的权威人士发送一封可能创造机遇的电子邮件吧，也许某个机缘巧合便会一触即发。即便没有收到即时的反馈，至少我们已经引起了对方的注意（前提是他们有阅读邮件的习惯，这点很重要！）。所以为什么不给他们写封信呢？告诉他们你的重大发现以及卖点。就算他们本人不感兴趣，他们往往也知道谁会是那个合适的人。

在许多专业领域，学术研究都是一个理想的建立人际关系的切入点。我们一般可以在大学官网的首页上找到相关权威人士的电子邮件地址，这些大儒往往都和业界高层关系熟稔，而且通常都很乐于替人引荐。据我所知，还有其他一些有效的自荐方式，包括：推特（Twitter）私信，联系对方助理，"照片墙"（Instagram）留言，以及在"领英"（LinkedIn）里发送内部邮件（InMail）等（支持发送陌生人消息）。

来自伦敦哈克尼行政区的年轻学生阿尔文·奥乌苏-福德沃（Alvin Owusu-Fordwuo）也是通过类似途径展开"机缘触手"的。阿尔文是一位心胸宽广且目光远大的年轻人，曾在我的一间工作室待过一段时间。后来他以某家大公司实习生的名义，在领英上致信该公司的首席执行官和副总裁，并且得到了和两位高管直接见面的机会。阿尔文的邮件开门见山，格式大致如下："[高管名]您好，我叫[姓名]，是[公司名]即将入职的春季实习生。我将在一周后正式到岗，非常希望届时能够邀请您共进午餐，向您请教在贵公司工作的成功经验，不胜荣幸。"

起初阿尔文并没有收到回复，然而他又通过自己兼职的一家社会企业，联系到公司里一位中层人士（二重机缘触手）。结果这位中层恰好是总裁的带教生，她便向总裁提起阿尔文，并成功引起了总裁的注意。于是，在一起喝了几次咖啡后："总裁对我表示大力支持，希望我在大学毕业后能够在他们公司大展拳脚。"

随机向陌生人发送信息也许是个好办法，如果接下来还能遇到贵人推自己一把更是再好不过了。没准领英或者脸谱网上就有哪位熟人可以帮你引荐。所以无论我们是谁，身在何处，关键就是要主动加强外部联系。

当然，让自己抛头露脸是需要勇气的。当伦敦企业家、慈善家阿尔比·沙尔（Alby Shale）得知自己父亲因心脏病去世的消息，他悲痛万分。按理说他应该找一位心理医生聊聊，不过他却选择去参加聚会，试图找个同病相怜的人诉苦，恰巧遇到一位陌生人和他的遭遇相仿。结果二人聊着聊着突然产生了建立一个心理健康社群的想法，社群成员们可以通过播客或是"痛苦手链"等符号对死亡或痛苦等沉重话题进行表达。事实上，构思这些想法的过程本身，对于陷入悲痛的双方来说就是一种有效的慰藉。

沟通能力也很关键。阿尔比的表现既不自怜自哀，又不声嘶力竭，他以简明扼要又富于启发的方式表达了自己的悲伤，使得对方能够与他的核心情绪产生共鸣。如此这般，将一份脆弱的情感转化成了一场机缘巧合。

如何才能更广泛地播撒机缘诱因，并为自己和他人做好"穿针引线"？不要忘记米歇尔的故事：无论报纸新闻、博客帖子还是电邮、推特和照片墙等平台上的话题更新等，都是一种通过"无心插柳"诱发机缘巧合的有效手段，同时我们也应当对身边的时事热点保持关注，而不是闭目塞听地活在自己的世界里。

自我展示是一种强大的魔法。来自新加坡的社会企业家蔡健与我分享道，他在创办公司的关键时刻一直对格雷厄姆·普林（Graham Pullin）的《无障碍设计》（*Design Meets Disability*）手不释卷。蔡健当时正在寻找设计、技术和残障等交叉领域的专家——这种人才是相当稀缺的。他很早就想给格雷厄姆发一封推介邮件，但总是一拖再拖。不过他坚持在社交媒体上持续更新公司的业务情况和经营理念。

其中的一篇帖子引起了设计公司艾迪欧新加坡办事处一位交互设计师的注意。这位设计师在邓迪大学（the University of Dundee）求学期间曾做过格雷厄姆的学生，后就职于艾迪欧，在设计领域发展得风生水起，却未能将格雷厄姆为残疾人士所做的无障碍设计发扬光大——因此当他发现蔡健在社交媒体上发布的活动时，便主动和他接洽起来。

直到二人见面，蔡健仍然不知道这位设计师是格雷厄姆的学生，不过设计师给蔡健提供了一则信息，也即格雷厄姆即将来新加坡为邓迪大学做招生推广。经过一连串努力后，蔡健成功邀请了格雷厄姆共进晚餐，而且本来预定的两个小时的会谈最终延长到数个小时，从商业到生活，无所不谈。现在二人已经成为好友，并在各种领域寻求合作。

我们如何才能通过描述自己的生活和职场经历为机缘巧合埋下伏笔呢？在我看来，一种有效的做法是将自己的兴趣领域以一种引人入胜的方式和自己的亲身经历建立联结并记录下来。

每个人都有自己的故事，尽管有时候可能会夸夸其谈，但总有人可以从我们的生活中找到共鸣。无论走到哪里，我们都可以说出自己的故事。我们可以把故事精简一下用来回答诸如"您在哪里高就"之类的问题。人们总是觉得自己必须首先成为专家然后才能对外宣扬，那么请问你是不是亲手把孩子养大？你是不是在自己的工作岗位上一干就是好几年？你就是专家！在小组讨论时，很多组员不过是在见风使舵，还有很多人更是除了简报提及的内容以外一无所知。很多专家学者也只是在某个细分领域内造诣深厚，但常常被视为全知全能，因此他们在遇到擅长领域外的话题时也只得依靠随机应变蒙混过关。

"很高兴遇见你……"

当然，当我们身边充满了各种有趣的灵魂时，机缘巧合的概率（相关内容将在接下来几章中详细展开）也会水涨船高。大学里的公开课堂或是诸如英国皇家艺术学会（Royal Society of Arts）等组织都是孕育有趣灵魂的"打卡"点——而且这些场所几乎都免费对公众开放。这里的演讲者往往都极为乐意与他人互动，尤其是在对相关课题真正感兴趣的时候。与直觉判断相反的是，演讲者段位越高，就越乐于和他感兴趣的人展开互动。从事慈善事业的迈克·克鲁里（化名）与我分享了他是如何在一次演讲中结识一位企业高管，并从对方那里获得大量捐赠设备的故事。迈克在这位高管的一次公开演讲中向其提出了一个非常有趣的问题，并且分享了自己的亲身经历，从而吸引了这位高管的注意。后来，这位高管的公司变卖了一些零售店，在思考如何处理闲置设备时，他突然想到可以捐献给迈克新开的十几家慈善机构。

这一案例中，迈克面临的挑战和我们许多人一样：站在一个看似无所不能的权威面前，如何克服自己的无力感。然而，这些上流人士其实也会被鲜活的个人经历所打动，无关任何物质因素。即使再平凡的人，都有值得向他人展示的精彩故事。既然"给予"比"索取"更令人感到快乐，那么何不敞开胸怀让别人也进入我们的生活，就某个共同感兴趣的话题产生共鸣呢？

我发现机缘巧合眷顾的对象常常会在诸如晚餐、会议或商务宴请等活动开始时主动向东道主介绍自己。通常这些人并不是活动的主角，但他们掌握着关键人物的信息。如果能够和他们搭上话，他们可以让你结识更多的朋友或者把你的想法传播给其他人。这种方式在社群、共享办公空间或线下活动中尤为适用。这是一个不错的开局，为进一步寻找潜在的兴趣话题打下良好基础。

兴趣社团里的社交也同样有效。我曾经参加过近身格斗术的培训班 —— 这种武术最大的规则就是没有规则 —— 有一次我无意中听到一位金融市场专家谈论自己从事的预测模型工作。机缘巧合之下我们聊了起来，并谈及他们公司的模型为何更关注纠错率而非兼容性 —— 其中一些思想也被收录进了本书中。关于"弱关系"（彼此并不太熟悉的人际关系）的研究证明，意外的机遇往往出现在非常规的环境中。

不过，即使我们尝试着与更多的人互动，也不一定就能建立起联系。我发现，想要与人保持联系的一个有效方式是向他介绍一些能够帮得上忙的朋友。这是一个获取对方名片的绝佳理由 —— 同时作为一种附加效应，人们往往会对介绍人感念于心，并在日后给予报答。

如何才能更有效地推介朋友？像我同事法比安·普福特穆勒这样的"超级连接者"通常会根据人们的潜在兴趣而不是社会角色来牵线搭桥（"这位朋友和你的兴趣爱好一样"）。如此一来可以让双方的话题聚焦在共同的兴趣和热情上，并尽量减少社会地位之间的潜在差异。通过这样的方式，不同的人可以根据性情或爱好联系在一起，而不拘泥于各自的职业身份。只要我们能够（协助）做到这一点，机缘巧合之花便含苞待放了。

精心设计机缘诱因

大量研究表明，物理环境对机缘巧合的发生概率具有重要影响。我们可以从数量和质量两方面对机缘诱因进行改善，这样不仅有利于我们自身，也有利于我们的组织、社群以及家庭。

美国内华达州北部黑石城举办的"火人节"（Burning Man）是世界上规模最大的社群庆典之一。主办方通过在公共空间摆放艺术作品的方法，促进机缘巧合的发生。火人节的参与者们住在一块块的帐篷区域，如果想从 A 区前往 B 区的话，需要穿过公共空间，也即所谓的广场。火人节的主办方意识到人们需要多元化的人际交流以获取新的想法和创意，于是他们将公共空间的面积缩小，并在广场中央放置了一些艺术设施，从而提升了人们打照面的频率（基于有限的空间），同时也为陌生人相互搭讪提供了不错的话题（可以彼此分享对艺术品的观感）。实践证明，这一手段的确促进了许多机缘巧合的对话（这归功于火人节团队营造的一种分享和互动的文化）。

无论是通过摆放艺术作品增加碰面概率，还是巧妙安排座位拉近人际距离，抑或聘请主持人加速陌生人相互认识，只要在物理环境方面做出精心安排，便可以对机缘诱因的数量和质量产生重大影响，并显著提升个人或组织邂逅机缘巧合的概率。

我们可以采取多种形式的空间设计诱发机缘巧合。例如在某些共享办公空间内，常见的长条办公桌设计其实并不太科学。而另一种式样的桌子——每隔两到三个座位有一道弯曲的设计，人们既可以并肩而坐，也可以转向一边以获取更大的空间——巧妙结合了"开放"与"专注"两大设计逻辑。来自不同公司的员工们在这类办公桌上往往可以擦出机缘巧合的火花。我曾在伦敦感受过这样的办公空间，并经常从许多不期而遇的谈话对象（例如怀揣创业梦想的歌剧演唱家）那里获得创意灵感。

史上最为成功的电影制片公司之一的皮克斯（Pixar，平均每部电影的票房高达 5.5 亿美元）也采取了类似的措施。史蒂夫·乔布斯在收购了皮克斯后，要求建筑师将办公建筑设计成能够"最大程度地增加不期而遇"的样子。在皮克斯，艺术家、设计师与计算机专家携手合作——文艺与理性这两种截然不同的文化在这里水乳交融。作为成功扭转公司发展命运的管理者，乔布斯将他的人文精神注入"皮克斯园区"的设计之中。皮克斯在加利福尼亚州奥克兰北部的爱莫利维尔市购下了一家废弃的工厂，最初的规划是为皮克斯高管、动画设计师和计算机专家分别打造一栋写字楼。不过乔布斯推翻了这一方案，他希望取而代之的是一个超大的独立空间，在建筑的正中央设计一个中庭。在他看来，公司的核心价值观应当体现在员工之间的交流互动上。

乔布斯又是如何让这些（来自不同文化背景的）员工们进入这一核心地带的呢？原来他将收发室搬去了中庭，把会议室搬去了中庭，把食堂搬去了中庭，当然还包括礼品店和咖啡吧。他甚至还想把所有的洗手间都设在中庭（鉴于这一想法在具体实施过程中效果不佳，因此他也做了妥协，在园区的周边位置配备了若干洗手间）。以上所有措施都促使员工们更加频繁地造访中庭——并相互熟识。猜猜皮克斯园区的"徽标"上写着什么？"Alienus Non Diutius"——一个拉丁短语，意为"你不是一个人"。

根据不同的空间，我们可以设计一些简单易行的办法催生更多更好的机缘诱因。"午餐彩票"（Lunch Lottery）手机应用可以帮助大型组织内不同区域的员工彼此邂逅；而在英国国家科技艺术基金会（NESTA），"随机咖啡试验"（RCT）项目也可以促进同事间相互认识。参加"随机咖啡试验"的人们将会定期（比如一个月）被安排与一名陌生同事一起共进咖啡。这些同事可能来自另一个部门，也可能来自所谓的"边缘群体"——也即日常不大会接触到的人群。这种活动是开放式且随机匹配的，如果因故无法参加当面聚会，视频交流也是一个可选方案。

"随机咖啡试验"往往有助于打破"孤岛"（部门之间彼此不分享信息），推动更高水平的协作和更高频次的机缘巧合。英国国家医疗服务体系（Britain's National Health Service）、联合国开发计划署（the United Nations Development Program）、谷歌和红十字会等组织都先后采用了这种方法。在谷歌公司，员工们甚至还能够自主选择接受配对的日期。

技术可以成为强大的机缘巧合加速器。一年一度在里斯本举办的全球最大规模的科技盛会之一 —— "互联网峰会"（Web Summit）专门聘请了数据专家"策划机缘巧合"—— 通过编写程序设计需要邀请哪些人参加会议，需要帮助哪些人牵线搭桥，事后又需要向哪些人提供支持，等等。

如今，互联网峰会的受众已经高达 5 万人，然而它的创始人帕迪·科斯格雷夫（Paddy Cosgrave）最初却是在没有任何会展经验和可用资源的条件下，在一个略显偏僻的地方 —— 都柏林举办的首次峰会。当时才 20 岁出头的他，是如何做到的呢？帕迪将大部分原因归功于数据驱动的机缘巧合策划术。

从姓名牌的排版到展台、标识和队列的长度定制，每一个看似微不足道的项目都是经过精心设计的。通过复杂的系统和网络手段 —— 例如"特征向量中心度量"（衡量个人在社交网络中的影响力），分析网络数据并提出个性化建议，让科学成为会议组织的核心要素。互联网峰会成功地将许多社交媒体平台的在线内容搬到了线下，通过图论算法为与会嘉宾推荐合适的联系对象。科斯格雷夫将互联网峰会视为一台"自我加速的催化器"，为超 5 万人参与的超大规模的头脑风暴创造了有利条件。

不仅如此，互联网峰会还借助机器策划，通过分析嘉宾之间的潜在共同点进行分组。这一特色还体现在座位安排上：通过数据演算，将有望开启"畅聊模式"的嘉宾们聚集在一起。

这些线上线下的元素结合甚至早在嘉宾到场之前便已经成型了：在组织会议时，嘉宾们会被匹配到他们最感兴趣、最容易擦出火花的区域；天花板上的运动摄像头会以计算机视觉提示空旷和拥挤的区域，以便主办方及时引导孤立的个体；对于那些尚未注册的目标人士，主办方则会设法向他们的脸谱网推送各种偶像和名流成为峰会"认证会员"的新闻，让他们产生一种错过了什么的感觉——当然，有时候"享受错过"比"害怕错过"的感觉更好。

从个人层面来说，无论是脸谱网、照片墙还是推特——尤其是它们的"标签"功能——都可以帮助我们突破小小的朋友圈，让机缘巧合的数量与质量获得指数级的提升。

科技帮助人们突破了社会资本的天然局限。就在短短几十年以前，人们能够结识的对象还很有限。时至今日，人们可以建立起的"弱关系"比以往任何时期都多，如果运用得当，便可以有效增加我们自己以及他人的机缘诱因。具体的实现方式是多种多样的。如果我们愿意分享一些感兴趣的话题，并"标记"给自己最喜欢的人——那么机缘巧合的发生概率便会大增。需要说明的是，所有人都可以"标记"符合要求的对象。

在推特上，像亚当·格兰特这样的用户常常会点赞或转发那些"标记"了他们的推文。有时候他们甚至会直接回复作者并提出意见或建议。在某个话题标签下分享自己对于相关事件的心得体会也是一种有效手段 —— 对该话题感兴趣的其他人有可能会回复你，没准还能促成一系列激动人心的会谈。

在基于兴趣而建立的在线社区中，分享的效果是事半功倍的。例如在脸谱网的沙盒小组中，如果有人发布"征集有关水下机器人的金点子"的帖子，只需要 10 分钟左右，便会有人跟帖说："我以前的导师就是研究水下机器人的，我可以帮忙引荐。""我有个朋友正在研究类似的机器人。"诸如此类。这种互动在基于成员共同兴趣而精心搭建的社群内效果更佳，因为这类社群相比一般松散组织的人际网络来说，成员之间因共同的身份或观念而具备了基本的信任基础。

这一做法在高收入和贫困群体中同样适用。马龙·派克告诉我，许多慕名而来的人们都在脸谱网和推特上关注了"生活重塑实验室"，素未交流过的人们可以通过网络关注"生活重塑实验室"的动态，"实时获得所需信息，并'直呼内行'。有时候人们可以立即参与进来"。

通过持续不断的在线展示，"生活重塑实验室"吸引了来自全球各地的随机访问者。随着平台访问量与日俱增，马龙及其团队也得以博采众长，从许多意想不到的方面汲取了意想不到的启发，并运用到产品和平台的开发过程中。例如，有社群成员发现年轻人喜欢整天抱着手机不放，于是他们开始研究社交媒体的价值。基于好奇心的驱动以及对实际需求的研判，他们开发出了一款"'妈咪'（moms）程序"，帮助年长的母亲们学习如何使用社交媒体。我们的相关研究表明，相比高科技来说，较低的科技水平更容易成为创新的有利条件。我们应当将科技视为一种强化人际交往的便利手段，而不是单纯的某个问题的解决方案。

然而，正如《纽约时报》（*New York Times*）专栏作家托马斯·弗里德曼（Thomas Friedman）所观察到的，阿拉伯之春、占领华尔街以及其他抗议活动体现出科技的一个潜在缺陷：它可以扩大人际交流，但未必能加强人际合作。事实上，人们常常会用社交媒体上的互动代替实际行动。所以我们有必要重新审视一下前文提及的"方向感"的重要性。

更值得注意的是，多元化程度不高的网络反而会对机缘巧合有阻滞作用。在"过度封闭"的网络中，成员们习惯于共性思维，很难接触到异常或意外的见解，从而对机缘巧合产生阻碍，这在同质化的、思想统一的网络中尤为明显。《华尔街日报》（*The Wall Street Journal*）对民主党和共和党在脸谱网上的推文进行了深入对比，发现双方阵营都会通过各种不可思议的"自我参照"手段持续强化各自的信念体系，从而让双方的支持者们变得越发坚定——同时也越发失去了质疑自己思维模式和信念的能力。

我们对肯尼亚部落的研究也就"自我参照"问题得出了类似的见解。只有采用创新方式对人们的"共同身份"（例如基于体育等共同爱好）进行重新定义，才能够打破部落的局限，架设起跨群体交流的桥梁。伦敦摄政大学（Regent's University London）校长迈克尔·黑斯廷斯（Michael Hastings）勋爵称这种做法为"掌握另一套规则"，也即通过了解对方的套路和立场，让自己走出 4% 的小圈子（这里他指的是少数族裔），融入 96% 的主流人群之中。

这一理念同样适用于组织内部运作，对"孤岛"问题和信息不对称尤其有效。以尼日利亚的金融机构巨头——钻石银行 [Diamond Bank，现被阿克赛斯银行（Access Bank）收购] 为例，其前首席执行官乌佐马·多扎（Uzoma Dozie）及其团队引入了一个名为"夜猫"（Yammer）的社交工具，试图在数字世界里广开言路，听取员工对公司某些政策的反馈意见。

相比其他一些公司来说，钻石银行在运用"夜猫"提升工作协同水平方面取得了前所未有的成功。这是如何做到的呢？原来公司允许员工们使用"夜猫"的聊天功能，就任何话题开展非正式交流，从公司政策到夜场电影，无所不包。乌佐马表示，虽然"夜猫"的使用率达到了 90%，但员工们并非主要用它来反馈问题——尽管他们有时也会这么做——而是围绕各自的爱好、信仰和观念成立一些非正式的群组。各种各样严肃或休闲的群组如雨后春笋般涌现，越发体现出等级、信仰和地理方面的多样性。如今，身处尼日利亚拉各斯的首席执行官可以和位于该国东北部的新员工展开交流，而将这二者联系在一起的是双方对于电影的共同热爱。这些措施有利于组织内部建立起各种紧密联系，从而为机缘巧合的全面开花创造了条件。

当然，机缘诱因的价值必须依靠"穿针引线"的活动才能得以充分体现。

穿针引线

还记得我们经历过的一些豁然开朗的时刻吗？机缘巧合的经历往往是灵光乍现的、令人起鸡皮疙瘩的一个激灵。我们可能会惊叹于两个毫不相干的事物之间竟然能够发生奇妙的"化学反应"，也可能会诧异于他人竟然能够从我们身上意外发现一些连我们自己都不甚了解的机遇——替我们完成"穿针引线"的工作。

有些人天生就是"穿针引线"的好手。新生代说唱歌手阿达尔什·高特姆（Aadarsh Gautm）用自己的艺名"连字符"（Hyphen）在"照片墙"上发布了一段歌曲视频，伦敦苏豪电台（Soho Radio）的主持人给他点了赞。大多数人在这种微不足道的机缘诱因面前会做什么呢？他们多半会非常兴奋——然后就没然后了。机缘巧合也就悄悄溜走了。

但阿达尔什做了些什么呢？他给电台主持人发了消息，表示很高兴能够和他讨论这首歌曲。主持人很快回复道，很乐意与他见上一面。于是阿达尔什向对方询问是否可以提供演出机会——正式表演而非访谈。主持人便对他说："要不要考虑来电台做直播？"

双方确定好日期后，阿达尔什便心心念念地等待着这一天的到来。不过在演出日前不久，主持人告诉他说，自己已经调往了英国广播公司（BBC）电台，接替那里的一位顶级的流行音乐节目主持人，并询问他愿不愿意转去 BBC 演出。阿达尔什当然求之不得 —— 这次表演为他今后的发展打开了广阔的出路。阿达尔什发现了机缘诱因并对其善加利用，他的成功之道在于坚持不断地"穿针引线"。这一案例揭示了机缘诱因发挥作用的必要条件："异类联想"。对意外信息加以深刻洞察并发挥主观联想是促进机缘巧合的关键步骤。想要搞清楚"现在是什么情况"，需要潜心观察并仔细思考现象背后所隐含的深刻信息。

当原油泄漏遇到理发师

1989 年的一天，亚拉巴马州一位名叫菲尔·麦克罗里（Phil McCrory）的发型师在打扫理发店时，从新闻节目里得知，埃克森美孚公司（Exxon Mobil Corporation）的油船在阿拉斯加发生原油泄露。大量的石油黏附在水獭的皮毛上，给从事清理工作的志愿者们带来了很大困难。

在看到动物皮毛对石油的吸附作用后，菲尔意识到他正在清理的头发可以用于制作控油设备。于是他将头发收集起来塞入锦纶紧身衣里，观察它的吸油能力。用头发吸油的想法便由此诞生 —— 据此发明的产品包括以头发为材质的吸油垫等。菲尔就这样完成了一次"穿针引线"。

有些人对于机缘巧合有着独特的嗅觉。德国海德堡一家传奇咖啡店的老板弗里德·斯特罗豪尔（Frieder Strohauer，也即我高中打工时所在咖啡馆的老板）跟我说，每当他和人聊天时，都会下意识地思考如何将对方提供的信息与自己周围的人脉资源联系在一起。比如当某位银行家偶然透露了某家企业即将破产时，他便会思考谁有兴趣成为潜在的买家；又如当邻居告诉他自己正在寻找新的住所时，他便会努力回忆最近有没有从某人那里听说过有关房屋出售的消息。当然，他也会和别人分享自己的兴趣爱好。虽然在他看来一切都是巧合，但事实上，总会有人掌握着有用的信息，并且这些信息总会以某种形式匹配在一起。大多数情况下，这些看似神奇的匹配实际都建立在不断扩大机遇寻求范围的基础上——这种做法的确有利于催生出机缘巧合。

通过这种方式，弗里德与一些谈得来的朋友们建立了颇具能量的人际网络，并在谈笑间促成了一个又一个新项目。他从中收获了很多快乐，同时也将自己成功的部分原因归结为坚持做"穿针引线"的事情。

"穿针引线"的能力在不同的环境中都可以体现价值。成长于休斯敦一个工人阶级家庭的皮特·芒格（化名）一直被灌输"当地的工厂才是理想归宿"之类的想法。他的父亲曾对他说："我们这种人是不会上大学的，我们根本不是那块料。"后来，皮特在一次晚宴上偶然遇见了一位大学讲师，并和其交谈了一会儿。那位讲师向皮特推荐了一些他可以申请的大学的方向，并告诉他"不妨去试一试"。于是皮特真的递交了申请，因为他觉得应该给自己一次机会。

虽然申请大学深造不是件容易的事，但功夫不负有心人，皮特最终成功地成了自己家族中第一个获得大学学位的人。现在的他是全球排名前十的一所大学的毕业班学生，还成了一所世界领先的教育机构的校友。皮特将自己的成功归结为很多因素，但他认为其中最为重要的一点是，要将命运掌握在自己手中，并紧紧抓住稍纵即逝的宝贵机会。

如何主动把控局面而不是只能被动做出反应？这就需要我们转变思想观念，化不可能为可能。菲尔也好，皮特也好，包括纳撒尼尔（还记得第一章中"TED×火山"联名会议的故事吗？）等人的共同点是，他们接触到的机缘诱因与他人别无二致。菲尔不是唯一一个从电视上看到埃克森美孚原油泄露事件的人，纳撒尼尔也不是唯一一个被火山爆发打乱了行程的人。但是他们的反应是与众不同的：他们善于"穿针引线"，并为自己和他人创造了机缘巧合。

从个性中寻得共性

提前掌握一些相关知识参考有助于让"穿针引线"变得更容易。通常来说，我们只有在具备了相关的背景知识后，才能够对意外因素的重要性做出判断。同样，只有在具备了长期的知识积累后，才能够诱发出灵光一现的时刻。例如，前文提及的导演热纳瓦具有电影制作背景——这和艾玛渴望被倾听的愿望有可能联系起来。通常来说，只有具备足够知识的观察者才能够更好地从个案中归纳出普遍性特征。作为生活的智者，我们每个人都在有意或无意间积累了一定程度的知识储备，这些储备可能会在我们面对意外因素时"乱入"脑海（如果该事件充分引发了我们的激情和动力）。通常只有在遭遇到合适的应用场景时，我们才会意识到自己以前学过的知识可以派上用场。史蒂夫·乔布斯也不清楚自己在大学期间学到的书法技能会在何时发挥作用，直到他发现可以为苹果电脑（Apple Mac）设计多样化字体。

法律领域也是如此。看过律政剧《金装律师》（*Suits*）的观众可能都会注意到，哈维·斯佩克特和路易斯·里特所采取的很多策略（尤其在面临危机时）都迸发于某段偶然间发生的对话或阅读的文字。只有具备在新获信息与既有知识（例如相关的判例法或对对手的了解）之间建立联结的能力，才可能实现"穿针引线"的效果。需要再次强调的是，许多时候知识的储备并非为了实现某些特定目的，而是化作一种通用能力以备不时之需。

和人类一样，各种组织也会发展属于自己的集体记忆，从而让成员们可以从过往的"实验"和实践中汲取知识，这一点对于机缘巧合的培育非常重要。从这个角度来看，失败和浪费可以被赋予不同的涵义，它们和成功案例一起构建了一个充满"推荐选项"和"不推荐选项"的庞大知识库。

在了解自身能力的基础上，进一步培养开放的心态，对于我们在面对意外因素时进行有效的"穿针引线"具有很大帮助。保持开放心态是尤为重要的。位于旧金山的软件公司龙头"赛富时"（Salesforce）的创始人马克·贝尼奥夫（Marc Beniof）一直谨遵日本禅宗大师铃木所提倡的"空杯心态"："虚怀若谷方有无限可能。"贝尼奥夫回忆说，他的"力量"源于他并不拘泥于任何具体的事情，而是对所有的可能性都保持一种开放的态度。

斯蒂文·德·索萨（Steven D'Souza）和狄安娜·雷纳（Diana Renner）在《未知》（*Not Knowing*）一书中阐述了将"空杯心态"融入内心的重要性 —— 真正的学习要求我们必须走出自己的舒适区。对于前文提及的那位常被机缘巧合垂青的卡拉·托马斯来说，幸运女神往往就藏身于某种"一无所知"的状态之中。

简言之，我们需要把握适当时机，有效地运用各种既有知识，并时刻保持"空杯心态"，勇往直前。

艺术与机缘巧合

《圣经》里记载了传奇君主所罗门王裁断两位女子争夺婴儿的案件。两位当事女性都声称婴儿是自己的，在 DNA 鉴定技术出现以前，对于亲子关系的评估手段极为有限，于是所罗门王下令取出宝剑将婴儿一分为二。为何如此？因为他想要观察两位女性的反应，并由此做出判决。结果他话音未落，其中一位女子便苦苦哀求他手下留情，并情愿将婴儿交给另一位女子——这恰恰向所罗门王证明了她才是婴儿的亲生母亲，因为她为了让孩子活着，宁愿牺牲自己的监护权。在这一案例中，所罗门王使用了一种创新的、非直观的间接手段，被著名的"创新思维之父"爱德华·德·波诺（Edward de Bono）称为"水平思维"。这是与按部就班解决问题的"垂直思维"相对的一种思维方式。

水平思维模式可以帮助我们拓宽解决方案的范围，并锻炼我们的创新能力。试着随机选取一种事物并把它与自己感兴趣的领域建立联系。比如德·波诺引用了一个将"鼻子"（随机选取的事物）与"复印机"（相关对象）进行关联的例子，由此引发的思路是，复印机可以在纸张用完的时候产生薰衣草的香味。于是一场充满创意的讨论可以就此展开。

在促进机缘诱因和"穿针引线"方面，艺术可以给予我们很多启发，正如艺术家们善于从意外因素和异常情况中汲取灵感一样。事实上，艺术的繁荣发展离不开各种未知与意外。

20 世纪最伟大的抽象画家之一杰克逊·波洛克（Jackson Pollock）曾发表过一句名言——"拒绝偶然。"这是什么意思呢？这句话的重点在于，虽然一些观察者认为波洛克只是在画布上随意挥洒颜料，但波洛克本人相信自己每个看似随机的笔势背后都遵循着确切的技法和意图。虽然"拒绝偶然"和"胸有成竹"并不是一个概念，但在波洛克看来，所有的所谓"意外因素"实际上都是目的性和主动性共同作用的结果。

在体验派表演、即兴爵士乐或喜剧演出中，艺术家们都会对意外状况和即兴表演持欢迎态度。临场发挥可能来自表演者内心情感的流露，可能来自观众情绪的感染，也可能来自其他表演者的带动。当这些设计之外的桥段成功时，现场非但不会陷入混乱，反而会被一股充满创造性的张力所包裹，带来出人意料的舞台效果。

艾美奖提名作家、大学讲师布拉德·乔里（Brad Gyori）指出，艺术家们都是"按需"策划不期而遇的"机缘巧合猎手"。事实上，艺术手法通常都比较实用，远没有一般人想象中那么神秘。这些手法的精髓在于打破定式思维，强调随机应变和即兴发挥。

20 世纪 70 年代中期，音乐家兼制作人布莱恩·伊诺（Brian Eno）与艺术家兼画家彼得·施密特（Peter Schmidt）合作出品了一组名为"迂回策略"（Oblique Strategies）的印刷卡片。每一张卡上都印有一句短语或评论，旨在打破艺术窠臼，启迪创新或构建思想体系。其中一些短语非常实用，例如"将问题表述得越清晰越好"，其他一些短语则近乎隐秘，例如"你的身体知道答案"。

布拉德·乔里将这一做法称为"析取策略"。所谓的"析取"包含了"除旧"和"布新"两个方面，可以让观众们通过对某种艺术形式的直观感受来发掘新的、隐含着无穷乐趣的联系。人们与生俱来的、善于对各种形式进行观察和总结的意识倾向，往往会成为机缘巧合的丰富源泉。

"析取策略"是如何运作的？主要是通过改变空间、时间、视角和（或）意象的连续性来实现的。我们可以从艺术手法中借鉴并运用到其他无关领域（如谈判分析）的三种策略是：1.混成；2.重启；3.解构。这些手段有助于变革预期和"穿针引线"。

混 成

人们善于构建自己的立场和观点并加以捍卫，也即采取既定的立场并试图为其辩护。这些立场通常是基于零和博弈的假设 —— 别人所得的即是我所失去的，反之亦然。一个典型的例子就是谈判，当事人通常会假设自己与谈判对手的立场是对立的。

我在大学里开设了谈判技巧课程，新学期开始时，我会给班级的学生们布置一个任务：就某项工作机会展开谈判。为了模拟出一对一的面试环境，学生们两两分组，一名学生扮演求职者，另一位则扮演招聘者。所有人首先会获得一些一般性的信息 —— 也即无差别的信息，详细说明了一些需要达成一致的项目，例如薪水、奖金和工作地点等，随后每个人还会收到专属的私密信息，列明了各种事项的优先级，并为不同的谈判结果赋予相应的点数（例如，月薪达到 9 万元可获得 x 点；工作地点在旧金山可获得 y 点等）。不过每个人都不清楚对方在同样的结果下可以获得多少点数。

接下来的剧情往往是，学生们会假定在每个项目中，自己与谈判对手的利益都是对立的。"求职者"认为"招聘者"不愿意给付高薪，而"招聘者"认为"求职者"一味追求高薪。在这种情况下——事实通常如此——这种面试便成了一种分配式谈判：达成的薪资越高，"求职者"的点数就越高，而"招聘者"的点数则越低。这是一场非赢即输的博弈。同理，谈判双方都会假设对方偏好的工作地点与最有利于己方的选项是不同的，因此极少有人能够意识到，如果彼此选择了同样或类似的工作场所，那么双方都可以获得很高的点数。这种相辅相成、双赢局面的谈判，只有在彼此充分交换信息后才能得以实现。

上述练习可以给我们带来很多启示，其中的一个重点就是人们倾向于将许多事情都看作零和博弈。然而许多情况（例如谈判）可能是互惠互利，也即双赢的。因此我们可以设法寻找让双方处境都得以改善的途径。这是能够做到的，首先要关注双方的潜在利益而不是立场——试着尽可能多地了解彼此的真正需求和重要性排序。随着谈判课程的开展，学生们渐渐学会了将谈判风格转向以潜在利益点为基础，学会了将整个蛋糕做大——创造出双赢的局面——而不是仅在原本尺寸（甚至更小）的蛋糕上划大属于自己的那一块。

开展基于利益的沟通的前提是充分收集有关对方潜在利益的

信息。这是一种探索性的活动 —— 不预设固定的立场，而认为立场是灵活柔性的，会随着信息的更新发生变化。彼此之间不断地进行信息的交换，直到可能的 —— 而且通常是意想不到的 —— 解决方案浮出水面。

我的谈判技巧课程中还设置了另一个非常直观的场景，也即前文提及的加油站主人与具有购买意向的大公司之间互不相让的案例。只关注初始立场的学生们是无法找到破局之策的：因为公司愿意支付的价格对于加油站主人来说太低了。理论上，如果单从各自立场的角度出发，是无法让双方达成一致的。这种（假想的）非赢即输的局面往往出现在十分激烈的环境中，例如美苏冷战期间。然而，在谈判课程中，随着学生们之间信息交换效率的提升，他们往往会发现一些出乎意料的解决方案。比如公司承诺在收购加油站后继续雇用原主人，又如公司可以为加油站主人计划的环球旅行提供免费的燃油赞助等。如此一来既可以实现加油站的低价转让，又能够让原主人感到满意。

通过这一案例，学生们可以认识到所谓价格 —— 谈判双方的初始立场 —— 仅仅是一个出发点，而不是一成不变的结果。他们在获取到更多信息（例如，加油站主人真正在意的并非价格本身，而是交易完成后可以过上舒适的生活）之后学会了如何"穿针引线"。简单来说，重点在于如何对双方的初始立场（本例中即为仅仅关注单一价格）进行重新研判，并根据最新获得的信息以及对潜在需求的挖掘不断调整策略。

这种柔性的立场在更广范围内同样适用，例如个人发展及其世界观方面。例如，卡尔·马克思青年时期的作品和后期著作之间存在着显著差异。同样，许多人可能在血气方刚的年纪容易接受极端思想，上了岁数以后会变得更加中庸和主流。

上述这些与艺术以及机缘巧合有什么关系呢？艺术家们通常能够规避许多自我强加的意识形态束缚，不断地刷新世界观和拥抱不确定性，反对刻板僵化的照本宣科。通过不断地组合和重组各种想法，催生出更多新的观点和见解。俄罗斯电影制片人谢尔盖·爱森斯坦（Sergei Eisenstein）宣称，如果将两部独立的影片进行剪辑，便能创造出所谓的"第三意义"（tertium quid）。例如艺术拼贴的"格式塔"（gestalt）原理讨论的就是如何将各种诱发潜意识关联的元素加以排列组合。

因此，"混成"策略的着力点并不在于单个元素，而是元素之间的种种关系 —— 以及由此引发的新的、出人意料的关联。我们可以从电影编剧身上学到很多东西，他们会在索引卡片上记下场景摘要，然后尝试各种不同的叙事顺序。这里的知识点是，同一个故事可以通过不同方式进行叙述。

像"混成"之类的"析取策略"有利于打破和重新审视现状，发掘前所未有的观点并建立新的联系。在将各种元素打乱顺序后重新排列的过程中，机缘巧合也在不断孕育。定性研究发现，这种"混成"策略往往可以引发许多有趣的、打破常规的结果。这一策略同样适用于商业领域。

以日本本田汽车集团为例。20 世纪 60 年代，基于对美国人通常偏爱超大件商品的认知，本田公司计划在美销售大型摩托车。然而，有些公司员工会驾驶当时日本常见的小型摩托车上班，这引发了人们的讨论，大家普遍认为这种小型版本更具吸引力。本田公司听取了这一意见，开发了名为"超级幼兽"（Super cub）的小型摩托车并打入美国市场。本田公司根据更新的信息进行"穿针引线"，展现出非比寻常的洞察力，并取得了巨大成功。管理研究表明，"混成"策略可能会在机缘巧合间促成某些战略机遇。

但是，仅仅将一大堆观点拼凑在一起是远远不够的。基本的信任和交流的意愿是促成机缘巧合的核心要素。例如在某些精心组织的兴趣社群内部，成员们常常会对频频出现的巧合表示惊叹。但无论从数量还是质量上来说，这种社群内部的机缘巧合并非完全的随机事件 —— 成员间共同的价值观、经验、习惯以及多样性思维等因素叠加在一起，发挥了重要的筛选和推动作用。

重 启

"重启"策略指的是彻底地推倒重来。许多新的想法、计划和作品都源于对以往工作的激进"迭代"或"更替"。

以漫画作品为例。布拉德·乔里认为漫画剧情的编排模式通常只有短暂的生命力。一种既定的叙事模式在过了一段时间后会走向没落，被另一种新的模式所取代。这种迭代打破了叙事手法的连续性，可以将观众带回原点，欣赏一出旧曲新唱。

这听上去是不是很熟悉？是的，我就见证过"重启"模式，见证过自己的友人在成功穿越中年危机后让自己变得焕然一新——虽然最终的状态可能还是更接近于"混成"而不是彻底的"重启"。我自己也有切身体会，例如那场车祸给我带来的翻天覆地的变化。一旦执行了"重启"，就意味着整个秩序的重建。单个事情的重新来过叫作"重制"，整个系统的重新来过则叫作"重启"。"混成"是对原始素材的重新编排，"重启"则是彻底清除旧有的一切，基于全新的理念创造出全新的故事。所以"重启"不是洗牌，而是启用新牌。有时候"瓶子"可能跟之前差不多，但里面装的一定是"新酒"。"重启"策略一般适用于局面僵持不下——例如，思维陷入停滞，急需注入新鲜思想的时候。

"重启"策略的运用需要建立在对原始素材以及除旧布新的方式方法有着深刻理解的基础上。试着发掘一下我们自己和所在组织执行"重启"策略的案例吧。有时候我们的确需要迎接一次彻头彻尾的改造。

人们经常会尝试采取一些激进的手段实现"重启"。例如服用某些植物药剂"净经身心"，或是徒步攀登乞力马扎罗山。我的研究团队曾带领伦敦政治经济学院和纽约大学的学生与来自高风险地区的组织展开合作，让学生们在这些高危地区长期居住并与当地人进行接触。这些体验常常会令学生们对某些固有的理念产生怀疑，比如我们是否只有先在一份自己不喜欢的岗位上历练十年，才能继续寻找自己想做的事？为什么不可以一开始就直接投身自己的理想呢？如果说长途跋涉不可行或不切实际的话，可以试着戴上虚拟现实头盔，获得一部分身临其境的感觉。

解　构

"解构"指的是从宏观上把握某种事物的结构，并试着发现可能隐藏的部分。"解构"的目的并不在于达成某种既定结果或最终目标，而是循着经验的引导，展开不定向的、漫游式的拆解——往往能够获得惊人而有趣的结果。

以"刷除术"（grattage）为例，这是一种超现实主义的艺术技法。艺术家倒持画笔，使用手柄端从已经绘制好的画布上刮去颜料。再以作家格雷戈里·马奎尔（Gregory Maguire）的《魔法坏女巫》（Wicked）为例，该作品就是对《绿野仙踪》（The Wizard of Oz）的解构，对原著中饱受恶评的边缘角色——西方邪恶女巫的生活展开了二次想象。这种颠覆文化常识的创作手法是对先入为主的假设和偏见的挑战，也是为一些缺乏存在感的群体代言发声。

古罗马的"农神节"（Saturnalia）是一个为期8天的祭祀节日，在这个节日里，人们会打破规范的约束，主仆互换位置，男女互扮对方，纵情狂欢。这种一年一度的仪式可以对社会地位的区分进行暂时重塑，从而成为人们宣泄自我的一个途径。从更广泛的角度来说，反主流的文化常常表现为对既有文化规范的颠覆。这种环境有利于机缘巧合的培养，因为创新往往是自发和不可预测的。

2007 年，沃伦·巴菲特的商业伙伴查理·芒格在南加州大学（University of Southern California）法学院的毕业典礼演讲中讨论了"逆向思维"的重要性，也即从后往前思考问题。他认为，许多问题通过逆向思维更容易得到解决。比如说，如果我们想要"帮助索马里"，那么我们应该问的问题不是"怎样才能帮到索马里？"而是"哪些因素给索马里造成了严重破坏？如何才能加以避免？"虽然我们可能认为这两种问题在逻辑上是同一件事，但事实并非如此。正如代数学习中，如果遇到百思不得其解的问题，尝试使用反推法往往能够使问题迎刃而解。又如芒格曾经说的："我想知道自己将死在何处，然后永远不去那里。"

远离机械的数据挖掘

混成、重启和解构策略都是为了避免人们成为数据的奴隶：也即机械地提取信息证明预判的结论。反之，我们应当化身为"务实的哲人"，保持怀疑精神，不做自以为是的假定，能够转换角度看问题，并善于理解各种弦外之音。

在许多领域，带着质疑的态度看问题是非常有益的。社会学教授穆雷·S. 戴维斯（Murray S. Davis）的杰作《妙趣横生》（*That's interesting*）启发了一代又一代的博士研究生。文中特别提到创造价值的方式有多种多样，其中非常重要的一项就是找出受众群体普遍持有的假设，并试着将其颠覆，或者举出在某些特定条件下的反例。这种手法在艺术领域很常见，不过许多世界级的成功管理者对此也相当得心应手。我们通过"目标领导者"平台采访了 31 位全球表现最佳的首席执行官。他们中的许多人会时常质疑这个世界的运行规则。他们对怀疑精神和逆向思维持欢迎态度 —— 这就为机缘巧合打开了发展空间。

相比追求绝对真理来说，我们更应当积极探索现实处境下有意义的东西。所谓的意义并不是封存在一个四平八稳的容器内，而是蕴藏在观点争鸣的硝烟里，蕴藏在思想碰撞的火花中。正是这种激烈的碰撞，才最容易激发出机缘巧合的能量。事实上，培育机缘巧合的一个有效途径就是容纳不同的观点。所谓的"辩证思考"，不就是"正题""反题"和"合题"三者的不断演进吗（这很黑格尔！）？现实世界并不是非黑即白的，生活的灵魂在于微妙的差异。

培养幽默感

锻炼"穿针引线"能力的方法还有很多。比如说，具有创新思想的人经常会使用类比思维 —— 利用一个领域获取的信息帮助解决另一领域的问题。培养类比思维的方法包括：列举出各种可能适用的类比模式，并以此为启发，进一步打开想象空间，从而有效提升寻求已知问题解决方案的概率。一旦成功发现类比对象，解决问题的方案便呼之欲出了。

另一种方式是采取激进的想法推动创新思维。极尽夸张或异想天开的思维都有助于催生出激进的想法——然后再对这一新生模式进行重点研究。需要特别指出的是，尽可能地激发趣味性，有助于促进机缘巧合和创新。生活中的许多乐趣都源于探索性活动，因为这些活动往往都意味着打破规则或勇于尝试，开启一场从已知到未知的精彩旅程。接下来便是见证奇迹的时刻了。

一些社群通过回归自然的方式让人们找回年轻的感觉。它们引导人们笑看人生，舍得放下，消除各种障碍和地位界限。事实上，阿尔伯特·爱因斯坦将玩乐视为创造力之源，他总是不断地将各种思想、幻想和设想进行组合、组合再组合——而且常常是以一种可视化的形式，就像孩子拼接乐高玩具一样。这种"组合游戏"强调一种独特的技能，即通过表面关联推断事物之间的匹配关系或一系列事件的集合。

史蒂夫·乔布斯同样拥有这项技能。他曾公开表示，创造力就是联结万物的能力——如果向一位创新人士提问如何做到充满创意，对方也许会觉得有些羞愧，因为他并没有"做出"什么，而仅仅是"看出"了什么，只不过这种"看"的能力对他们来说似乎轻而易举。

创新的血脉根植于历史的长河中。塞涅卡是古罗马著名的哲学家和政治家，他的思想对文艺复兴时期一众思想家和艺术家产生了重要影响。塞涅卡本人十分推崇后来被爱因斯坦称为"组合游戏"的思维练习：收集各种想法，去粗取精，排列组合，形成新的创作。他在《书信集》（Epistles）中引用了蜜蜂的例子：它们四处奔忙采摘花蜜，再将收集到的材料分门别类存放在蜂巢的隔间，各种元素经过发酵作用，融聚为一种单一的物质——蜂蜜。塞涅卡用蜂蜜的酿制过程类比阅读过程中的筛选提炼和融会贯通，将不同来源的知识片段进行有机整合。我们要做的是好好咀嚼消化它们，否则这些精神食粮只能化作一段回忆，而无法滋养我们的思想。

在玩乐的时候——无论是新奇的游戏、具有挑战性的谜题还是"吸睛"的名场面，我们会比较容易产生"异类联想"。既然如此尽兴，何不试着再幽默一些呢：机缘巧合的常客往往都是风趣幽默的人。有一位名叫亚历山大·泰瑞恩（Alexandre Terrien）的小伙子，他在巴黎观光期间鬼使神差地成了朋友婚礼的"意外嘉宾"。那一天他入场很晚，结果只有新娘妹妹里瓦·哈福什（Riwa Harfoush）的身边还有个空位。若干年前，亚历山大和里瓦曾在网上加过好友，但彼此素未谋面。于是当亚历山大在里瓦身边落座时，他便向里瓦及其父母开玩笑说："为了这一刻，我足足等了 10 年啦！"后来，亚历山大和里瓦结为了夫妇，里瓦至今还对两人的那次偶然邂逅念念不忘。[①]

本章小结

机缘巧合不是一个独立事件，而是一个动态过程。它有赖于机缘诱因的创造以及"穿针引线"的活动 —— 通过自己的努力将机遇转化为幸运。我们可以通过多种方式埋下机缘诱因的种子，例如抛出"机缘鱼钩"和展开"机缘触手"等 —— 我们还可通过在已知信息与另一领域的知识之间建立联结（即使两者乍看起来毫不相干）的方式实现"穿针引线"的效果。如此一来，我们可以不断地拓展所谓的"机缘力场"。

但是，如果不付诸实践的话，一切都会变得毫无意义。所以让我们行动起来，从机缘思维的锻炼过程中寻得更多乐趣吧。

机缘思维小练习：付诸实践

1. 设想一些可以在今后的交谈中使用的"机缘鱼钩"，尤其需要应对"你是做什么的?"之类的问话。试着在自己的

---

① 里瓦本人也熟知如何运用幽默建立融洽关系。她采取这种方式创造所谓的"小宇宙感应时刻"：在这种神奇的时刻，人们彼此心灵相通，世界观相合，奠定了相互信任的基础。幽默是"穿针引线"的火种和原动力 —— 培养幽默感永远不会太晚！

（简要）回答中嵌入三到五个"鱼钩"，这样可以给对方更多的选择空间。享受每一次聊天吧！

2. 在一张纸上写下自己感兴趣的领域，并结合自己的亲身经历，设计一些有趣的"机缘鱼钩"。比如你是否在逆境中成长并走上了意想不到的成功之路？是否在高中留级的那一年突然找到了自我？说出你的故事，然后让自己身临其境：联系自己的母校或大学，或者附近的某所学校，试着争取到在校友或学生活动中发言的机会。你可以从"作为一名校友，我是如何……"等简单的主题开始。或者你也可以在自媒体撰稿平台发表一篇类似主题的博文。

3. 展开"机缘触手"。通过领英的内部邮件、电子邮件或者其他联系渠道，给你最为仰慕的权威人士写一封情真意切的信件。告诉他们你一路走来如何被他们影响，又是多么希望能够与他们产生更多交集的。此举多多益善，因此在力求精确的同时，一定要尽可能地广泛撒网——不能少于 5 位对象。

4. 在集体讨论时，请做好应急预案：当听众的手机响起时，请抛出一个段子；当投影仪罢工时，请抛出一个段子；当你的包袱没抖响时，请再抛出一个段子。在面对意外因素时表现出的悠然自若，可以使你立刻从众人中脱颖而出。

5. 如果你居住的城市有大学或其他的公共活动中心（例如地区图书馆），那么请每个月参加一次公共活动。精心设计一个绝妙的提问，然后在演讲者结束话题后的问答环节中抛出。这将有助与你和演讲者进一步拉近关系，因为你已经给他留下了印象。接下来便趁热打铁展开社交攻势。

6. 当你结识一位新朋友时，想想你能怎样帮到对方，以及可以把他介绍给谁。每个月介绍两位朋友相互认识，在此之前要找到双方的共同语言，并在介绍的时候重点指出，但不要说得太细。

7. 当你组织社交活动时，试着邀请来宾们分享：（1）他们目前最兴奋的事情；（2）他们面临的最大挑战；（3）他们最棒的一次机缘巧合经历。积极地倾听他们分享的故事：你最近了解到的信息中有没有什么与他们的事业或挑战相关的？

第六章 化意外为机遇：优化机缘巧合的甄选机制

不要停下脚步，也许宝藏就埋在最不起眼的某个角落。没有什么事情是可以坐享其成的。

——查尔斯·凯特林，通用汽车公司研发部门前主管

查尔斯·凯特林（Charles Kettering）是 1920 到 1947 年间通用汽车公司（General Motors）研发部门的负责人。他当时奉行的理念在最近的研究中不断被证实——越努力越幸运。遇见机缘巧合只是一个开始，还需要投入智慧和毅力才能将其转化为理想的结果。平庸和伟大之间的差异体现于此。

康奈尔大学（Cornell University）病理学教授亚伦·凯尔纳（Aaron Kellner）在实验中发现，兔子在接受木瓜蛋白酶注射后会出现耳朵下垂的现象。无独有偶，大约在同一时间，纽约大学教授刘易斯·托马斯也注意到了这一点。二人都注意到了这一异常，但由于还有其他事情要忙，所以谁也没有对此展开深入研究。随后的日子里，每当做到类似实验时，兔子原本支棱的

耳朵都会一次又一次地下垂，不过还是没有人展开跟踪调查。直到 1955 年，刘易斯终于决定研究兔子耳朵下垂的原因，并很快发现木瓜蛋白酶会对耳朵的细胞结构产生较大影响。这一发现给类风湿性关节炎等疾病的病理研究带来新的突破，也为刘易斯本人赢得了诺贝尔奖。而亚伦却因止步不前而错失良机。亚伦错过的，恰恰是刘易斯所得的。但是这其中究竟发生了什么呢？

在揭晓答案之前，我们先来认识一位名叫丹尼尔·斯宾塞（Daniel Spencer）的技术人员。有一次我把咖啡洒在了笔记本电脑上，后来便认识了维修店里的丹尼尔，是他的高超技术保住了我的书稿。他和我分享了自己考虑了 6 年之久才决定从事的新副业 —— 摄影。丹尼尔此前在苹果公司担任技术人员，业余时间搞搞歌曲创作。不过后来他发现自己对摄影的热情与日俱增，公司同事中有两位摄影师也在不知不觉间传授了他很多技巧。丹尼尔十分享受摄影活动给他带来的安静和乐趣。于是他削减了在苹果公司的工作时间，并借用朋友的车库创立了自己的第一家摄影工作室。在挣到第一桶金的同时，丹尼尔也从苹果公司离职了。

他开始为演员和商业人士拍摄人像和头像，并将自己的工作室命名为"回眸摄影"。没有什么特别的原因，只是"感觉不错"。那时候，360 度全景相片开始在网上流行起来。时尚公司 ASOS 以及其他一些公司都发布了产品的三维图像以提升展示效果。随着丹尼尔越发关注这一领域，他就越发觉得身边的万物都在不停"旋转"。"我那时就像魔怔了一样，感觉时间的流逝都变慢了。我站在商店橱窗外能看到人体模特们在旋转，玩手机游戏时能看到游戏角色在旋转……好像生活正一个劲儿地对着我招手呼喊，拼了命地想要引起我的注意。"

于是像开了窍一般，丹尼尔产生了制作演员三维头像的想法。他亲自做了一些尝试，并在试镜时了解到应该怎样扭转身体。他不禁想着，一定要设计出更好的拍摄方法。后来他将自己的想法告诉了好友，好友表示这绝对是一个价值连城的金点子。虽然无比兴奋，但丹尼尔却因为害怕失败，将这一计划搁置了许久。

几个月后，丹尼尔终于开始了他的研究工作。他在网上搜索到一种可以承受人体重量的转盘，然而高昂的价格令他望而却步。谁知接下来的剧情竟然峰回路转——有一次他参加了脸谱网上的一场比赛并获了奖，而奖品恰恰就是那种大大的转盘。"在看到奖品展示的那一刹那我便忍不住惊呼：'它归我啦！'我没有什么通灵的能力，但就是十分确定自己会赢，这是毫无疑问的。"

重要设备到手后，丹尼尔邀请一些演员朋友帮忙测试了自己的拍摄方法，后来他还争取到伦敦的一家选角公司在自家主页上为他宣传。公司将这一拍摄技术称为"360度肖像摄影"，自此"回眸摄影"被赋予了新的内涵。丹尼尔反思道："是我给工作室取的名字指引了未来的发展吗？我现在正走在正确的道路上吗？谁知道呢。"

刘易斯和丹尼尔的故事说明，我们常常会获得一些灵感，而灵感可能在某些诱因的触发下演化为新的创意。我们可能会出于种种原因搁置创意——也许觉得区区小事不值一提，也许觉得自己"太忙"无暇顾及——不过我们的大脑可没有这么多借口，即使在所谓的"休息"时间，它还是会调用潜意识进行持续不断的思考。

我们可以通过测量脑电波活动的仪器跟踪这种高水平的潜意识活动。这一生理机制在日常问题处理、错误检测以及冲突解决等方面都发挥着重要作用。随着时间推移，潜意识在后台默默地整合着各种信息——哪一个"灵光乍现"的时刻不是这样孕育而出的呢？

人们喜欢用"灵光乍现"描述一些看似自发生成的念头。但很多情况下，人们可能早已忘记了之前的一些想法，只有在潜意识的帮助下，才能够产生新的观点，进而实现理想的结果，抑或顺利达成"穿针引线"的效果。

这种现象无时无处不在发生。在我最近与哈佛大学和世界银行的同事共同开展的一项研究中，我们发现世界上许多成功的首席执行官在做出事关自身或企业兴旺发达的重大决策之前，往往也要经历一番磕磕绊绊。只有在事后复盘和反思的时候，这些管理者才意识到正是自己营造出的某种有利环境，促成了机缘巧合的适时出现。但假如他们没有毅力和智慧，就不可能将机缘巧合转化为理想结果。

培养机缘巧合的乐趣与风险

一个非常有趣的现象是：机缘巧合通常会有一段孵化期，需要依靠毅力和智慧才能到达成功彼岸。我们也许会将机缘巧合视为一次性的惊喜，但在诱因出现和异类联想之间可能会有一段很长的孵化期，此后直到最终的机遇出现之前又是一段很长的孵化期。我们可能无法在第一时间"穿针引线"，可能尚未对此做好准备，亦可能尚未给予足够重视，这便构成了从"搁置"到"灵光乍现"之间的一段孵化期。

日常活动——例如丹尼尔在商店橱窗外驻足浏览——可能会促使一些我们未曾刻意思考过的事情，以某种随机或意外的形式浮现在我们的脑海中。在那一刻，我们可能会对如何找到解决方案有一个全面又迅速的理解——这就是一个典型的"灵光乍现"时刻。这种绝妙体验往往还会发生在沐浴或者午夜梦回的时候。

孵化期的时长通常在 5 分钟到 8 小时之间，不过也有长达数年的情况——比如兔子耳朵的案例。无论哪种情况，我们都很难将灵光乍现的观点或关联进行精确溯源。比如我们可能会将某个突发奇想追溯到最近召开的某次会议，但实际上这一想法可能很早以前就已经在我们的意识里生根发芽了。[1] 这就是为什么我建

---

① 这种现象对于遍布全球的创新社群来说是一个巨大的挑战——既然人们难以将机缘巧合精确溯源，那么我们该如何衡量各种因素的影响？每位成功人士的传奇故事通常都经过了"美颜"处理，许多关键性的细节都被抹去了，当然也可能是因为当事人根本没有意识到而已。

议大家做好人际关系的日常维护（比如通过发送感谢信等方式）。

这对我们意味着什么？美国传奇广告大师詹姆斯·杨（James Young）经常会采用一种简单的方法来设计那些看似凭空出现，实际却久经雕琢的创意。假设你现在正在设计自家客厅，你在谷歌上搜索案例，征询朋友的意见，从多个不同角度思考问题——你的个人风格是什么？你配偶的呢？你觉得设计活动有意思吗？你的朋友对此感兴趣吗？功夫不负有心人，你终于找到了自己中意的设计风格，于是你决定先睡一觉再说。之后某天，正当你躺在浴缸里闭目养神之时，"啊哈！灵感来了！"这种灵感来得很突然，却不是凭空出现的。在此期间你有意或无意间思考过的所有潜在要素和关联都潜移默化地促成了这一灵感。

你具体做了些什么？首先你为大脑提供了尽可能多的信息，然后交由潜意识去处理。事实上，许多人喜欢在晚上研究问题，这样他们的潜意识也可以在夜间工作。这种习惯也许不利于睡眠，但有可能在经过一段时间的酝酿后产生新的灵感。

有关孵化期的原理适用于不同的环境。便利贴也好，青霉素也好，许多风靡全球的成功发明都是历经很长时间才浮出水面的。因为发掘它们的价值需要时间，而推广它们的价值同样需要时间。

那么，我们应当如何培养将机缘巧合转化为理想结果的能力呢？

丹尼尔的经历表明，人们常常会有意或无意地搁置自己的某些想法，个中原因五花八门 —— 有处境方面的，也有立场方面的，害怕失败或者害怕被骗等都是比较普遍的理由。

本书的创作实际上也是出于机缘巧合 —— 克服了一大堆的阻碍因素。我一直计划写一部有关如何促成经济利益与生活意义相结合的作品，但总觉得自己还没准备好。新书的出版计划已经完成，但我还是感觉被什么东西束缚了手脚。几年前，我和好友格蕾丝及其家人一起出去度假。一天晚上，我们在缅甸的一个海滩上，一边喝酒一边聊到我的选题以及该领域的发展近况，他们的面部表情似乎在毫不掩饰地告诉我，这部作品也许并没有我自己想象得那么具有原创性。

他们亲切地问道："你还有其他的选题吗？"那一刻，我脑海中突然想到的是，在我的个人生活和研究工作中，机缘巧合总是无处不在。在我看来一个比较矛盾的现象是，有些人似乎总是被机缘巧合所偏爱，而另一些人却一直求之而不得。有证据表明，人们可以通过转变观念，甚至通过某种科学的方法来培养机缘巧合。在过去的 15 年里，我收集了大量的可用素材。

他们的表情顿时变了。"哇哦，这很有趣！"他们甚至惊呼起来。当天晚上，我便将脑子里面浮现的所有关于本书内容的想法全都记了下来。所以说这一念头是机缘巧合间产生的。但每当我试着开始创作本书的时候，总是会一拖再拖。内心中的"自我否定倾向"告诉我，还需要做更多的研究，听取更多人的意见。同时，因为手中还有许多其他项目尚未完成，我对于继续开启一个新的项目深感不安。

后来我又花了一些时间 —— 和许多聪明又杰出的人士交流 —— 并从中领悟了"放下"的力量。放下自己和他人所期待的完美主义；放下必须搞定手中所有项目才能开始新创作的想法；放下过分关注结果的心态 —— 而是把注意力集中在总结和反思自己过去 15 年生活的乐趣上。接受所有不尽人意的决定，试着理解自己当时的处境，然后放下执念。

虽然我一直提倡做每件事之前都要有周密的安排 —— 并获得尽可能多的支持 —— 但不得不承认的是，很多事情不是一成不变的。明白了这个道理后，我便毅然投身到新书的创作中，希望通过全情全意的投入，让自己在缅甸播下的机缘种子结出理想的硕果。

心理学家布琳·布朗（Brené Brown）有关人性脆弱面的研究为本书提供了丰富的营养。对于布朗来说，脆弱性和勇敢是一体两面。脆弱的心理往往出自对未知的忧惧。布朗将自己的"内心脆弱"归结为一种巧合 —— 并一以贯之。

若干年前她被邀请前往"TED×休斯敦"联名会议发表演讲。组织者告诉她："演讲主题不限，只要内容精彩即可。"于是她决定一改以往的学术派风格，转而谈论自己一直感到不吐不快的一个话题：脆弱感。她在演讲中叙述了自己经历的一个感人故事，从中展现了自己人性中脆弱的一面。布朗对于这一领域的研究获得了广泛的共鸣，使得她的知名度被提升到了一个新的台阶，也让她开始试着向公众传递相关的理念。TED 在自家官网上发布了布朗的演讲，该视频迄今为止收获了超过 4000 万次点击量，成为 TED 历史上人气最高的演讲之一。有一次，一些人在评论区对布朗提出了严厉的批评，布朗为了调节心情，去看了电视剧《唐顿庄园》（Downton Abbey），看完之后她还饶有兴趣地研究起了唐顿庄园时期的主要政治人物。最后她读到了美国前总统西奥多·罗斯福的故事，其中有一段话成了她现在的座右铭，以及她的新书标题 ——"无所畏惧"：

> 荣誉不属于批评家，他们只会对强者的失败幸灾乐祸，对实干家的行动吹毛求疵。荣誉属于真正在竞技场上拼搏的人，属于那些脸上沾满尘土、汗水和鲜血的人，属于那些顽强奋斗的人，属于那些屡战屡败却又屡败屡战的人，因为所有的错误或缺点，都是他们曾经奋斗过的证明；荣誉属于那些投身于有价值的事业的人，属于那些敢于追求伟大梦想的人，属于那些最终取得伟大成就或者虽败犹荣的人。他们的地位，将是那些置身事外、冷漠而怯懦的灵魂永远难以企及的。

我也将上述名言保存了下来，每当士气低落的时候，我便会将它翻出来提醒自己坚持下去。还记得本书第三章中查理·达洛维的故事吗？相关的案例比比皆是，它们都证明了，自信心也是机缘巧合的一个重要原动力。

一旦迈出前进的步伐，便会获得前进的惯性，这有助于我们在个人生活和职业发展中取得进步。世界经济论坛旗下的全球杰出青年社区成员比比·拉·卢斯·冈萨雷斯曾一度因为一段长达 10 年的不稳定恋情苦恼不已。在那段最艰难的日子里，比比受《走出荒野》（*Wild*）一书启发，效仿女主角在美国西南部的太平洋屋脊步道（PCT）徒步旅行的做法，试图"找回失去的自我"。

后来，比比申请成为世界经济论坛墨西哥分会的会员并成功入选。她暗自下定决心，只要自己的项目（将危地马拉当地的手镯饰品推广到全球市场）取得成功，她就立刻和男朋友结束关系。她在墨西哥认识了另一位青年会员，后者向她介绍了另一项活动——世界青年领袖峰会（One Young World），又称"全球青年高峰论坛"。在墨西哥的这段经历让比比觉得她已经准备好迎接人生的下一篇章了。她重新拾起了想要成为营养师的梦想，并寻得了一些发展机遇。从英国华威大学（the University of Warwick）毕业后，她又成功申请了牛津大学的工商管理学硕士课程，但因为奖学金的问题未能成行。后来她创立了自己的食品安全组织"食更佳"（Eat Better Wa'ik）。同年，她以特邀演讲嘉宾的身份出席了世界青年领袖泰国峰会，这是她首次在大庭广众之下为自己的组织站台。她众筹了路费并发送了几百封邮件寻求赞助，其中一封邮件后来为她带来了一份工作机会——担任独立记者和伙伴关系专家。

在她抵达泰国时，她将手机充电器借给了一位手机急需充电的人，后来得知对方是峰会的工作人员。于是她又结识了更多的峰会人员，其中有一位可持续发展目标项目的负责人向她介绍了另一个致力于实现可持续发展目标的组织。在这位新联系人的支持下，比比在该领域发掘了若干机会，并取得了一些积极成果，包括在联合国总部发表演讲，以及获得奥巴马基金会奖学金等。作为美洲倡议青年领袖培训计划的一部分——奥巴马基金会奖学金将比比召唤到了内华达州和加利福尼亚州的北部边界——那里恰恰是所有一切的起点——太平洋屋脊步道。

在那里，她再次找到了久违的亲切感。"房间里到处都是像我这样的'怪咖'，这种感觉太棒了。"

真正的毅力

每当听到有关"一夜成名"的故事，我都感到惊诧莫名。大多数情况下，成功都来自年复一年的不懈努力。在这一过程中如果缺少了勇气和毅力，结果可能会事与愿违。

毅力（个人的不懈努力和对理想的热情相互交融而生成的一种特质）和韧性（努力并出色地实干）是机缘巧合的核心要义。长期来看，这两大要素将会是事业成功的关键。领英的创始人里德·霍夫曼（Reid Hoffman）认为，好运降临是主动追寻而不是守株待兔的结果。时机固然重要，但激情与毅力才是成功之本。以推特、秘典（Medium）和博客（Blogger）的创始人埃文·威廉姆斯（Evan Williams）为例，他创造出了"博客"一词，为博客平台的发展抢得先机，但真正让博客平台成功的关键在于他在公司出现财务危机（就像许多初创公司一样）时所展现出的过人毅力。

"沙盒网络"也是一例。2008 年，我们原本打算为雄心勃勃的年轻人们举办一场大型盛会，但随着金融危机的突然来袭，赞助商们纷纷离场，我们不得不放弃会议计划，转向本地化的社群活动。这一转变成就了"沙盒网络"（及其他相关社群）招牌式的"枢纽结构"。整个团队展现出极大的韧性，在经过无数个不眠之夜的努力奋斗后，终于将"沙盒网络"从倒闭的边缘拯救了回来。这是一次历史性的转型，我们重构了一个自下而上、组织严密的新社群。这种紧密的联系应当归功于"先在较小的群体内部建立更深度的联系，随后再组织更大规模的会议"这样一种模式。

保持韧性的重要性虽然显而易见，但人们在口口声声表示勤奋比天赋更重要的同时，内心深处的立场却截然相反。当人们的设想落空或是晋升失败时，他们可能会认为："我只是输在了天赋上。"伦敦大学学院（UCL）副教授蔡佳蓉（Chia-Jung Tsay）进行了一次有趣的实验：她邀请了两位音乐家并向他们分别播放同一乐曲的两个不同的演奏版本，其中一版来自一位"勤奋"的演奏者，另一版则来自一位"天才"的演奏者。结果两位专家均表现出了对"天才"演奏者的明显偏好。

这一结果有什么不对劲的地方吗？原来，这两个演奏版本其实是一模一样的。

安杰拉·达克沃思（Angela Duckworth）博士在她所著的关于坚毅的名作中指出，人们总是给自己灌输勤奋至上的观念，然而当面对逆境时，他们又常常将困难归结于个人天赋的不足。达克沃思对多个领域的成功人士进行了研究分析，得出的结论是坚毅的确比天赋重要得多。也就是说，我们给自己灌输的想法是正确的，尽管直观感受并非如此。这一结论说明了什么，我们又应该如何应对？

达克沃思建议人们可以通过设置一些较低层次的日常目标来锻炼毅力，通过各种肉眼可见的成功和进步，让自己更加专心致志，不断拉近与梦想或愿景之间的距离。如果能够将伟大的目标化整为零，那么成功的概率便会大大提升。对于优秀的管理者和父母来说，必须同时扮演好指挥者和支持者两种角色。

2019年奥斯卡最佳原创歌曲奖得主嘎嘎小姐（Lady Gaga）在获奖感言中说："此刻我想和正躺在沙发上'吃瓜'的观众们分享的是，这绝对是一项艰苦的工作，我为之奋斗了太久太久。输赢并不重要，重要的是我从不放弃。如果你也有自己的梦想，就为之拼搏吧。生命的激情就在于，无论经历多少次失败，多少次跌倒，多少次崩溃，你都能够重新站起来，勇敢地继续前进。"

一往无前

坚忍不拔的品格是一往无前的保障。全球政务学习平台"无政而治"（Apolitical）的发起人和联合创始人罗宾·斯科特（Robyn Scott）和我们分享了有关南非一群重刑犯人工作情况的纪实。虽然这些囚犯普遍不被外界所信任和尊重，但其中还是有八名男子希望通过实际行动来弥补自己此前的罪行，于是他们决定为狱中或当地贫困社区中的艾滋病感染者提供帮助。他们寻访到一位靠谱的社区工作者，并虚心向其请教具体的做法。

起初，这位社工觉得这种事情简直是天方夜谭——整个监狱都是黑帮的天下，白人和黑人各自拉帮结派，连乐器都被禁止。不过最后他还是决定相信这几名男子的善意。于是在他的支持下，这几名囚犯与一位 11 岁的艾滋病男孩建立了联系。他们为他制作新衣服，并争取到耕种菜园的权利以便为男孩种点吃的。在得知男孩的最大梦想是在天空翱翔时，监狱的社工联系了一位飞行员为他提供一次飞行体验——他们让男孩的梦想成真了。

就是这群被称作"希望组合"的囚犯们，持续帮助了数十位狱友以及当地镇上的数百名孤儿。除了种植食物和制作衣服，他们还邀请孩子们来到监狱里参加爱心聚会。每月一次的监狱聚会已经在孩子们的日程表上占据了重要位置。

这群囚犯们自发实施了严格的行为规范，因此 10 年间监狱里都没有发生过重大事件。他们彼此之间也建立起了紧密的联系，渴望家庭的孤儿在这里获得了关爱。为了帮助孤儿，他们还会通过制作和出售串珠工艺品来筹措资金，并从中获得满满的尊严和成就感："我们不仅在装饰串珠，更是在装饰孩子们的未来。"

天将降大任于斯人也，必先苦其心志，劳其筋骨。我们也会在经历了千锤百炼之后，变得更加能够独当一面 —— 这就构成了一种正向强化的良性循环。重刑犯们通过自己的善举收获了前所未有的存在感，这对他们的改过自新是极有帮助的。

当然对于我们绝大多数人来说，可能永远不会经历这样的情况，但我们还是得明白祸福相倚的道理。曾经的挫折可能会被成功的光环所掩盖，但我们必须认识到顺风顺水绝对不是人生的常态。我们怎样才能在困境之中寻得转机，并在时间的帮助下实现逆袭呢？前文提到过的伦敦摄政大学校长迈克尔·黑斯廷斯勋爵组织一部分学员成立了一个同伴小组，其中许多人出身贫困家庭。迈克尔为这些学生指引了前进的方向，并鼓励他们说，"真理"与他们同在，一切皆有可能。其中一位名叫山姆的学员，曾经是一名囚犯，2017 年获释后，他通过坚忍不拔的努力实现了逆天改命，成了伦敦领导力学院（Leadership College London）2019 年度学员之一。对山姆来说，支持他一路走来的是自己的坚定信仰。

迈克尔为他的学员带来了一项尤为重要的启发：相信自己的价值，相信自己对他人的意义和影响。许多研究都证明了这一理念的重要性。在我们的生活中，有没有谁能如此启发我们 —— 抑或我们可以为谁带来这样的启发？

塞翁失马，焉知非福

对于运气好坏的评价，是会随着时间而发生变化的。对于同样一件事情，在不同的环境和信息条件下可能会产生不同的解读。不过通常来说，如果一遇到困难便止步不前，那么结局通常都不会太圆满，因为许多可能性还没开始就被扼杀了。

曾经我与他人共同创立的组织一度濒临破产，那时候我觉得自己好像被厄运包围了。无论作为组织成员还是个人，我都被沉重的危机感压得喘不过气。不过从长远来看，那次危机其实是一件幸事：让组织在摆脱对投资者过度依赖的同时，转向更加贴近社群的新发展模式，这对于组织内部的团结一致以及可持续发展是大有裨益的。但只有在事过境迁，以及经历了许多负面情绪的大爆发之后，我们才意识到这一点 —— 当然，如果当初不是几位关键人物的力挽狂澜，结局可能会大不相同。

我至今还记得自己被高中开除的那一天。我不仅被勒令离开学校另投他处，而且还必须重修一整年。没有谁喜欢被开除的感觉，尤其是对于那个总是害怕被人拒绝、总是感到无处容身的我来说。

非常幸运的是，我在新的学校里遇见了超级棒的老师。我至今仍觉得我能够通过德国高中毕业考试（也即获得申请大学的资格）简直是一个奇迹。拿着我可怜的高中毕业证书——以及一张填满了"课余活动"（比如自主报名的演讲比赛等）的简历——我向40多所大学提出了申请。最终，富特旺根应用技术大学（Furtwangen，一个新兴的应用技术大学）向我伸出了橄榄枝。再后来，我在伦敦政治经济学院获得了硕士和博士学位，最后在纽约大学和伦敦政治经济学院任教。

所以我的学术经历可以用两种话语体系来叙述：一种是"高中—富特旺根应用技术大学—伦敦政治经济学院—纽约大学"的学霸路线——妥妥的"99%的努力加上1%的运气"。另一种更"人间真实"的是，我被母校开除，先是差点找不到接盘的高中，后来又被多所大学嫌弃，直到某一天幡然醒悟，一口气申请了几十所大学才艰难求得本科学习的机会。此后我又通过远程函授的方式学习了一些辅修课程，并再一次"海投"了几十所大学的研究生入学申请，最后只有伦敦政治经济学院接受了我，并帮助我开启了此后的职业生涯。

我的这段经历有何意义呢？我现在的生活充满了机缘巧合。我找到了让机缘巧合遍地开花的理想平台（除了周日我会比较内向一些）。这一切在我早年的生活中都是不可想象的。正如大炮在正中目标之前往往都会打偏几次，假设当初在遭遇挫折时选择"躺平"，也就不会有现在的我了。究竟是什么改变了我？是我脚踏实地的行动，是我对"明天会更好"的信念，是我在逆境中仍然一往无前的勇气。我几乎没有见过性格不够坚韧却长期出奇幸运的人，通常都是一系列失败后出现一次成功。

本·格拉比内（Ben Grabiner）是伦敦一位成功的企业家，他曾向伦敦的多家风险投资机构（VC）提出一些风投项目，不过都遭到了拒绝。他并没有就此罢休，而是继续和对方保持联系，一次又一次地出现在他们的视线中，用他自己的话来说就是"死缠烂打"。终于有一次，一位风险投资人被他的坚忍不拔打动，询问他是否有兴趣共同创立一家名为"野战排"（Platoon）的新企业。现在，这家公司已经被苹果公司收购。本依靠自己的毅力创造了这一机遇 —— 为即将到来的一切做好充分准备。他通过实际行动展现出坚忍不拔的可贵品质。

提升生活的意义

援引上述一些例子并非试图预测未来的人生走势，而是想要说明我们有能力应对生活加诸我们的任何考验。这种运作机制类似于人体的免疫系统：年轻时适当多接触一些细菌，人体便会产生更多有益的抗体，这将有助于今后的生活。如果年轻时过于洁癖，体内的免疫系统可能难以经受住后期的各种考验。

如果对各种意外因素采取抵制而不是开放的态度，只会让我们变得更加脆弱。与其一味地管控风险和消灭错漏，不如进一步培养坚毅品格和奋斗到底的勇气。那么，意外就不是威胁，而是机遇。如果我们试图绝对掌控局面，反而会更容易受到随机事件的影响——因为我们对意外因素除了抵制，完全没有别的应对方法。

从社会、家庭到我们的身体，很多复杂的系统内部都存在着相互依赖以及非线性反应。比如饮酒可以在一定程度上为我们的生活增添情趣，但过度饮酒是有害的。争执的时候提高嗓门并不能加强信息传递的效果——有时反而让情况变得更糟。服用双倍剂量的药物并不能使疗效翻倍——这同样可能是有害的。

介入复杂系统通常会带来难以预料的结果：从越南战争到伊拉克战争，西方国家卷入其中，却未能取得最终胜利。有时候强行干预往往会导致更糟糕的结果，因为人们很难对变幻莫测的事物做出准确的预判。

如果我们在不明就里的情况下进行强行干预和控制，那么个人、社群以及整个系统的适应能力便会遭到削弱。试想一下，如果父母保护欲过强，孩子在日后与人相处时会很容易感到焦虑。

著名思想家纳西姆·尼可拉斯·塔勒布（Nassim Nicholas Taleb）在他关于如何战胜脆弱的著作中提出了一个有力的观点：对于系统来说，意外的冲击和事件并非不幸，而是系统不断获得新生的有利契机。这对于我们的情绪管理十分重要。我们往往认为情绪是不利的，尤其对负面情绪更是要除之而后快。但实际上，与其处处避让，倒不如试着学习如何与负面情绪相处。如果我们害怕失败可能带来的负面情绪，我们就永远不敢尝试新的挑战。

哈佛大学医学院的心理学家、《情绪可控力》（*Emotional Agility*）一书的作者苏珊·戴维的研究表明，强烈的个人情绪不是洪水猛兽，而是我们生活契约中的一部分。"正是各种压力和不适感，成就了个人的事业进步和家庭幸福，并让整个世界变得更加美好。'不适感'是实现生命意义的代价。"事实上，对现状的不满往往来自高度的期望，很多负面情绪都可以转化为前进的有效动力。我们应当像拥抱未知和不确定性那样，拥抱苦痛和负面情绪。所有杀不死我们的，终将使我们更强大 —— 只要我们勇往直前、坚忍不拔。

培养坚韧的品格

我们如何更广泛地培养坚韧品格？在前面几章中，我们了解到行为动机、适应能力以及从失误中总结经验教训的重要性 —— 用法国作家塞缪尔·贝克特（Samuel Beckett）的话来说就是："下一次的失败，会让你离成功更近。"当然坚韧的涵义远不止于此。亚当·格兰特对此做了深入研究，并提出了两种有助于培养坚韧品格的方法。

第一种方法是，我们可以试着培养与过去的自己建立羁绊的能力。这一方法的践行者包括脸谱网的首席运营官雪莉·桑德伯格（Sheryl Sandberg），她曾经历过包括丧偶在内的很多艰难时刻。当我们陷入困境时，可以想象一下如果是过去的自己将会如何处理。这种设想会帮助我们意识到，自己比以往任何时候都更有能力应付眼前的困难。如果这种方式不起作用，那么就回想一下自己曾经通过何种方式克服了何种逆境。

我们可以记录下自己经手的一些成功案例，然后从中总结应对新问题的有利经验。我也是这一做法的资深受益者：每当我启动一篇新的研究论文时，面对着空空如也的草稿纸，难免产生畏难情绪。但我很清楚自己曾经面对过同样的困难，也曾经成功地渡过难关，这会让我失落的心情大为好转。以往的经验同时告诉我，在最开始的时候把所有能够想到的东西全都粗略地写下来，等第二遍梳理的时候再去细细打磨。

第二种方法是，换个角度看待问题。格兰特对于如何引导孩子学会换位思考颇有心得。得益于丹尼尔·卡尼曼在决策过程方面所做的伟大研究，格兰特在此基础上进一步提出，人在面临逆境时，大脑会处于系统 1 模式 —— 快速、自发、偏重直觉思考，但我们需要让自己切换到系统 2 模式 —— 缓慢而理性的思考。格兰特是怎么做的？当他的孩子告诉他自己遇到了困难，他会询问一些问题，例如"我能为你做些什么"，从而帮助孩子们运用推理思维考虑问题。

相关研究证实了这种方法的有效性。由汉密尔顿学院（Hamilton College）心理学教授瑞秋·怀特（Rachel White）牵头的一项研究表明，"自我抽离"（从旁观者的角度看待自己的处境）有助于培养坚韧品格，也即坚持做某事的能力。在当今这样一个花花世界里，毅力显得尤为难能可贵，同时也是具有挑战性的。

瑞秋的实验招募了140名年龄在4到6岁之间的儿童参加，孩子们需要在10分钟内完成一项重复而无聊的任务，如果中途需要休息的话，可以随时拿起手边的平板电脑玩电子游戏。实验开始前，研究人员将孩子们分成三组，并分别给每组布置了额外的作业。第一组对应的是常规的思维模式——研究人员告诉孩子们需要在完成任务后谈谈自己的感受和想法，并问问自己："我表现得有够努力吗？"

第二组对应的是旁观者的思维模式，问题也相应变成了"从旁观者的角度看，你觉得自己有够努力吗？"第三组的孩子则首先需要选定一位以勤奋著称的虚拟角色，例如"巴布工程师"或"蝙蝠侠"，然后工作人员将孩子们打扮成对应的角色，配套的问题是"'××角色'有够努力吗？"

上述准备完成后，研究人员会再向每位孩子叮嘱道："这是一项非常重要的工作，需要大家拿出全部的努力来帮助我们！"然后孩子们便可以开工了。研究人员每隔一分钟会跟踪一下孩子们的状况（"×× 有够努力吗？"），每位孩子的坚毅程度则通过其花在工作任务上的时间来衡量。

不出所料，孩子们将大部分的时间（63%）都花在了平板电脑上。然而有趣的是，角色扮演组的孩子们工作时间最多，其次是以旁观者的眼光评价自己的孩子，以第一人称视角看待自己的孩子工作时间最少。也就是说，孩子"自我抽离"的程度越高，专注力和毅力就越强。

这一实验建立在"棉花糖效应"相关的研究基础上。后者主要研究的是孩子们在棉花糖等诱惑的干扰下如何从事重复性的任务。那些懂得延迟满足并展现出良好自控能力的孩子们在日后生活中无论在财务、教育还是健康、幸福方面都表现得更为出众。研究人员将以上表现出的相关能力称为"执行功能"。

执行功能强大的孩子能够将诱惑因素重新转换为更加抽象的概念。例如有些孩子可以把棉花糖想象成图片 —— 这样可以从根本上给心中的热望降温。这种做法实际上是从心理层面将自己与诱惑因素拉开一段距离 —— 例如通过想象一张图片或一朵云彩，或者将注意力转移到其他方面。类似的现象在瑞秋的实验中也得到了印证。角色扮演可以让孩子们更好地抵制诱惑并向心目中偶像的优秀品质看齐。

两种实验的不同之处在于：自控能力是有关延迟满足的能力，而认知控制力是克服干扰并保持专注的能力 —— 后者从某种程度上来说可能更为重要。我现在越来越乐于尝试将这些学术见解应用到自己的生活中。当我感到焦虑时 —— 例如我申请的许可证会不会有问题？政府官员会不会将我的一句"我还能帮上什么忙"解读为尝试贿赂？我在两个不同的国家都拥有住所，这会不会让人误会我涉嫌欺诈，从而产生违规风险——不好意思，我总是会把事情往最坏的方面想。

不得不说，上述想法总是困扰着我，让我无法专注于更重要的事。在这些情况下，我会试着问自己："如果我的朋友遇到了同样的问题并向我寻求建议，我会如何回答他们？"这往往令我意识到，从旁观者的角度来看，困扰我的这些问题几乎都荒谬无比。换位思考的方法让我明白，自己臆造出的那些最坏情况的发生概率比彩票中奖还要小。①

当然，培养韧性和毅力对于生活的方方面面都很重要。第一次的约会也许没有那么顺利，但我们可以学会坦然面对别人的拒绝，并开始下一次尝试——直到找到那个"对的人"。只有努力和坚持不懈才能将潜在的机缘转化为机遇。虽然看起来有些矛盾，但伟大而"幸运"的人物往往都是专心致志的，他们懂得如何甄别筛选（见后文），从而能够紧紧把握最有价值的机会。越是置身于排斥创新的工作环境中，越是要注意培养自己坚持不懈的能力。

---

① 当然还有另一种解决方案，就是找一位靠谱的朋友直接聊聊。比如我就经常求助于我的好室友——尼科·瓦泽尼格（Nico Watzenig）。我和他是在电梯里相遇的，当时我们都在寻找公寓，后来机缘巧合下合租在一起。

哈佛大学的利斯·夏普对数百例来自不同行业、不同层级的人物及相关思想进行研究后发现，（机缘巧合的）想法以及各种项目在实践过程中并不是线性推进，而是"曲折蜿蜒"的。在组织内部推广某种新兴理念可能是一件极费精力的事情——而且并不是所有人都能够做成。

然而，正如前文所述，追梦路上的起起落落，包括各种失败和逆境，往往被轻易从功成名就后的宣传文字中抹去。这种做法是很危险的，一方面，它会误导人们继续按照线性思维设定目标和立场；另一方面，顺风顺水的"成功经验"与实际情况严重背离，从而失去了应有的营养价值。为了凸显那种虚幻的掌控力，当初许多如履薄冰的决策在事后被描绘得坚定果敢。在传奇故事中，剧情往往是所向披靡、偶尔波折，然而实际情况却大相径庭。

说到底，最重要的并不在于如何克服外界阻力，而在于如何让自己做到坚持不懈。自己的命运要自己做主。如果我每次听到别人向我抱怨"我一直都有遇见机缘巧合——但没有把握住"的时候能够拿到一分钱，那么现在我应该可以去买一台最新的苹果电脑了。只有发扬智慧和毅力，通过一步一个脚印的实际行动才能够创造良机——我们需要切实行动起来。

在组织中，一种可取的办法是进一步打通员工的反馈渠道，把他们的想法加以收集整合。在白色家电厂商海尔集团，员工们可以将自己的新点子直接提交至战略与投资委员会。在"沙盒网络"，我们引入了简便的客户关系管理（CRM）系统，在每次与联系人交谈后生成标记，并提示后续行动，以便整个团队能够随时了解和持续关注各方进展 —— 还可针对某项行动展开问责和评级。"生活重塑实验室"也试行了类似的机制。团队在培训材料中设计了诸如"如果遇见了对我们团队感兴趣的陌生人应该怎么办？""如何识别具有潜力的合作机会？"等辅导内容，以便成员们更加有效地利用客户关系管理系统定位目标受众。上述措施最终都将有利于引导和培养组织和个人的韧性与毅力。

但我们如何才能排除各种干扰，准确判断出哪些意外因素才是值得跟进的呢？或者更直白地说，我们如何才能慧眼识别出机缘巧合的价值，并筛选出那些值得我们关注的案例呢？

如何慧眼识珠？

有创意的人未必就高人一等 —— 他们只是比一般人的想法更多，从而产生金点子的可能性更高罢了。据说莎士比亚最佳和最差的作品都是在同一时期创作完成的，这说明即使是天才也会有

大失水准的时候 —— 至少从旁观者的角度来看确实如此。①

我永远不会忘记我第一次参加学术会议时的场景。当时我满怀期待地参加了仰慕已久的一位管理大师的会议，希望能够学到所有关于管理方面的前沿知识。然而这位大师在会上展示出的观点质量之差，让我仿佛听见了信仰崩塌的声音。原因何在？原来大师所展示的只是一个初步设想，至少还需要五年的时间才能完全成熟。他也将继续在各种研讨会、学术会以及一对一交流中抛出自己的观点，广泛征求各方意见，不断加以修改完善，最终发表出一篇高水平的论文。

这一案例说明了征求意见对选择和完善自身设想的重要性。很少有人能够一开始便和盘托出一项宏伟的计划 —— 通常我们是在某个朦胧的直觉指引下，经过若干年的持续努力，不断精心打磨，最终得以成型。在这一过程中，如果能够获得高质量的反馈 —— 并淘汰掉那些不具前景的想法 —— 成功的概率会大大增加。

我们应当如何甄选出值得跟进的想法和机遇，并加以明确

---

① 这也是为什么不建议拿自己和他人对比，尤其是在对对方情况不甚了解的前提下。因为人们通常只会在朋友圈里展现出自己最好的工作状态和生活经历 —— 这可能会误导他人对生活产生完全不切实际的预期。比如有些人可能会要求自己时刻保持卓越 —— 殊不知即使是最伟大的人物，在大多数时候也都和常人无异。无论是能力超群的管理大师还是才华横溢的抒情诗人，他们都曾有过令人大跌眼镜的时刻。正所谓"人比人，气死人"，尤其是拿自己的真实处境与他人的朋友圈状态（例如精心打扮过的"照片墙"或"脸谱网"状态）作对比的时候。

呢？土耳其电信公司"Turkcell"等一些组织会利用人工智能辅助项目筛选。当然，我们也可以通过非技术手段实现同样的目标。决策和机缘巧合具有以下共同点：获取的信息或潜在的诱因越多，产生机缘巧合或英明决策的可能性就越大。但是过犹不及，当信息量超过临界点时会造成"信息过载"（见图6-1）。如果不具备沙里淘金的能力，即使是面对天赐良机，我们也很难准确把握。这意味着我们要尽可能有效地筛选出最有价值的信息——并避免其他诱因的干扰。在这个信息爆炸的世界里，各种干扰和噪声远远多于有价值的情报，这就要求我们具备良好的甄别能力。

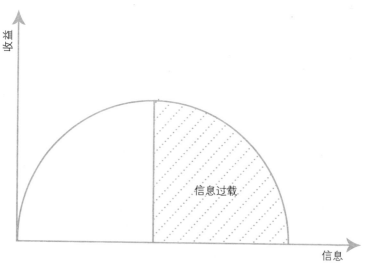

图 6-1　信息过载

　　我们可以通过多种方式甄选信息。一开始的出发点往往是某些相关的知识、启示或辅助观察的理论。本书前面章节中已经提及了一些，例如对"方向感"的培养等。但是当出现意外因素时，我们该如何应对，更重要的是，能否利用它们进行信息甄选呢？

　　1982 年，总部位于西雅图的一家小型咖啡公司派遣雇员霍华德·舒尔茨（Howard Schultz）前往米兰参加一场家居用品展销会。在此期间，舒尔茨漫步在米兰街头，很快便爱上了意大利的咖啡吧，同时他也发现了潜在的市场需求和解决方案。于是他开始"穿针引线"，决定将意大利的咖啡吧文化引入美国。由于他的这一设想没有得到老板的支持，所以舒尔茨干脆自己创业，于 1987 年在西雅图买下了一间名为"星巴克"（Starbucks）的咖啡店。在舒尔茨的精心运作下，星巴克开始迅速扩张，并成长为一个标志性品牌。

　　星巴克的成功秘诀不仅在于舒尔茨对意大利咖啡吧的观察以及如何将其引入美国市场的洞见。舒尔茨还构建了一个完整的、内涵丰富的价值创造理论，并在实验和意见反馈的基础上加以更新迭代。这一理论涵盖了从商业推广、门店布局、产品采购、门店授权到人员培训和激励等一系列问题的解决方案。

　　舒尔茨的价值创造理论是一种追求整体协调性的指导理论。

他的创业念头也许是被一场巧合所点燃，但星巴克的成功则依靠系统性的解决方案——并对与服务及客户体验相关的解决方案进行跟踪测试。舒尔茨的"方向感"帮助他成功甄选商业良机。类似情况在当今许多标志性人物和公司身上也屡见不鲜，包括迪士尼和苹果公司在内。

　　除了通过理论进行甄选，我们还可以采取更具体的方法。例如皮克斯等公司建立了"智囊团"机制，通过引入"外脑"的做法提升甄选效率。这一策略在个人层面也亲测有效：我和一些朋友组了个小小的参谋群，或者说是非正式的智囊团。每当我突发奇想时，便会在群里征询意见。需要强调的是，我会同时征求两到三个人的意见，以免过度依赖一己之见，或是因某个人的个人偏好导致埋没良机。相比之下，有时候来自导师的建议会让我觉得有点别扭。尽管向导师求助也是一种有效的甄选手段，但这同样可能导致思维受限或方向错误。因为我们经常收到的建议是"这对我很有用"，然而适用于他们自己的，未必适用于其他人。

　　我们——作为导师或朋友——往往不一定能够深刻理解对方所处的复杂境遇。我有许多追悔莫及的决定都是在征询了导师意见后做出的，当然也许是因为我并没有将事情的来龙去脉以及自己的偏好和价值观解释清楚。导师的建议在当时看来很有帮助，但随着时间的推移，我越来越意识到如果当初跟着自己的感觉走，结果可能会更好——也许当初应该向某位职业规划师或者更加熟悉情况的朋友求助才对。

为了摆脱定式思维的影响，我们可能需要经常审视自己曾经习以为常的事物。以神经学家彼得·米尔纳（Peter Milner）和心理学家詹姆斯·奥尔兹（James Olds）发现"大脑快感回路"的案例来说，两位科学家于 1953 年发现可以通过脑部电流刺激调节老鼠的特定反应。然而米尔纳和奥尔兹并不是第一个发现这一现象的人。在此之前若干年，脑神经教授罗伯特·希斯（Robert Heath）便从精神分裂症患者身上发现了"令人愉悦的大脑刺激"。可惜希斯并没有意识到他的这一发现具有更加广泛的意义 —— 部分原因在于他在精神分裂症的成因和症状方面存在很多先入为主的观念。

综上所述，作为导师，可以与学生们分享自主发现问题的思维框架，并鼓励自我选择的结果。例如一些心理治疗师会采用（反向的）"苏格拉底式对话"，具体步骤为：第一步，让治疗对象想象一种理想的状态（例如与朋友化解矛盾）；第二步，询问以下问题 —— 需要做些什么，为什么要这样做，应当怎么去做；第三步，运用可视化方式将可能的解决路径予以直观展示；第四步，帮助治疗对象建立实现梦想或解决问题的信心，并鼓励更好的想法出现；最后一步，再次询问："从现在开始全力以赴会怎么样？"

这对公司也同样适用，并且可以获得额外收益 —— 提升员工的支持度。例如：我在执教企业高管培训课程时，班上有一位学员告诉我，当她的公司意识到管理方面存在瓶颈后，他们便改变了以往那种"员工向管理层反映问题，然后管理层再提供解决方案"（这实际上是一种责任转嫁）的做法，现在管理层会将员工的问题进行重塑并征询其意见（当然，这种做法在不同的文化背景下效果不一，后文再行详述）。于是当员工提出"我应当如何处理"的时候，管理层会问道："你认为你应当如何处理？"通常来说，由于员工更加贴近一线，所以提出的解决方案普遍优于管理层 —— 员工亦可从中享受到决策的自主权。

这种做法其实就是让员工自主寻找解决方案 —— 为他们提供思维工具，而不是基于不完全信息的强硬指示。管理层要引导员工们根据自己（而不是管理者）的价值观和偏好进行优先级排序。[①] 这种情况下，如何把握好各种事项的轻重缓急便显得尤为重要。

利用优先级甄选机遇

假设你正在度假，需要买点洗发水。度假村的便利店只出售两种品牌：一种主打亮发效果，一种主打防脱发。在这种情况

---

① 不过，我们需要避免因循规蹈矩而对创造力产生束缚。例如"六西格玛"（6 Sigma）管理模式的践行者 3M 公司创造了一种重视执行但不利于探索未知的自律文化。通常来说，设定例行程序的目的在于降低生产的波动性 —— 人们往往会对能够实现预期结果的确定性趋之若鹜（奥斯丁等，2012 年），但是这种"预测逻辑"会大大限制机遇空间。因此，管理者在设计系统时应当充分考虑到外源性变化，例如引入某些随机变数等。用迪士尼前总裁艾德文·卡特姆（Edwin Catmull）的话来说："不可预见性是创新思想的沃土！"

下根据自己的偏好进行选择并非难事。但假设附近有一家大型超市，里面有多达 40 种洗发水可选，每一种包装上都展示着一头浓密而闪亮的秀发，你会选哪一个呢？

我更喜欢第一家店：因为容易选。只需要挑出更适合自己的一款就可以，实在感到纠结的话还可以掷硬币决定。有趣的是，在面临更多选择时，人们往往会将更多的时间花在挑选上，实际的购买量反而会少于没得选的时候。在机缘巧合面前，我们也会碰到类似的问题：哪些机缘值得全力跟进，哪些机缘可以不予理会？怎样才能聚焦重点，以免被过多的可能性所累？

我在奥斯陆参加一次巴士旅行时，一家世界领先的手机制造商的前首席执行官和我分享了机缘巧合给他带来的最大启示：学会分配时间；学会对我们并不完全赞同或相信的事情说不，并将精力集中于我们相信的事物上。当然，这种信念是会随着年龄的增长而变化的：在职业生涯早期，我们需要务实地对待相对有限的选择。随着时间的推移，我们拥有的选择越来越多，这时便需要考虑机会成本，实现优中选优。这番表述不禁让人想起贝宝（PayPal）首席执行官丹·舒尔曼（Dan Schulman）的经验之谈，他曾与我们的"目标领导者"团队分享了他对实验活动的推崇 —— 但更重要的是建立起相应的学习机制，以便从实验结果中汲取营养。

沃伦·巴菲特的私人飞行员迈克·弗林特（Mike Flint）曾经向他的老板请教如何设定职业目标的优先级。巴菲特让他先写出 25 个人生目标，然后再从中圈出最重要的 5 个。弗林特表示自己会立刻着手做这 5 件事。巴菲特接着问他，其余的 20 个目标该怎么办。弗林特回答说，它们也很重要，他会分配一些余力在这些事情上。巴菲特立刻回答，这样不行，其余的 20 件事是需要极力避免的，尤其在最重要的 5 件事完成之前绝不能理会它们。[幸运的是，正如我的文学经纪人戈登·怀斯（Gordon Wise）所观察到的那样，其余的 20 个目标很可能会在处理最重要的 5 件事的过程中一并实现！]

在此要再度强调的是，在将机缘巧合转化为有利成果的过程中（尤其是在初始的信息收集阶段），专注力扮演着极为重要的角色。通常来说，社会地位越高的人，甄选机遇的方式就越正规：例如私人助理、参谋长等。不过需要注意的是，这些帮忙把关的人也可能会将潜在的机遇拒之门外。如果你的助理只愿意帮你承接"挣快钱"的项目，那就有问题了。

运用"机遇管理"等方法，可以帮助我们在控制风险的前提下进一步打开机遇空间。这种方法通过评估最优概率（期望的利益最大或者损失最小）的方式来甄选机遇。它将整个项目分为许多阶段，如果早期阶段未见成效，就立刻放弃 —— 或者像前文提及的"快速原型设计"一样，一旦出现执行不力的情况就立刻调整策略。不过，这些方法在捕捉未知机遇面前仍然显得力不从心。

在工作期间，管理者应当通过加强培训（例如形成一套捕捉价值或机遇空间的理论）的方式，着重提升自己以及助理人员的敏锐感，从而深刻洞察偶发信息和事件背后可能蕴藏的长远价值。尼日利亚钻石银行采用的一种方法是开发"低概率选项"——一些非核心的、但可能产生较大吸引力的产品（换言之，这种做法带有一些赌运气的成分）。该银行在拥有 310 万用户群体的手机应用里发布了一款金融创新产品，旨在将手机用户组织起来形成储蓄团体，从而通过数字化的方式让传统的团体储蓄计划焕发生机。根据产品计划，在经过一段既定的时间后，储蓄团体中将轮流产生一名成员获得一笔储蓄金。这一创新方案获得了市场的认可，使用率稳步增长。但是令该行首席执行官乌佐马·多扎感到惊讶的是，该行的另一项名不见经传的业务——"个人目标储蓄"却意外成了手机用户的首选，办理个人目标储蓄业务的人数是团体储蓄的 10 倍以上。这个案例说明了组织可以通过数字化的推广，借客户之手来创造出意想不到的需求。后来钻石银行因势利导调整了营销策略，加强了对个人目标储蓄业务的推广——因为这是客户的自发需要，而不是银行的强行推销。

对于机缘巧合，我们应该如何把握关注的时机，又如何通过观察甄选出可能有用的信息？本书第二章中曾提及的学者南希·纳皮尔和王全煌（音译）建议，当发现异常或意外因素时，我们可以对其进行快速评估或系统评估（当然前提是具备相应的意愿和能力）。快速评估指的是依靠直觉进行的评估。丰富的个人经验可以为我们插上联想的翅膀。在公司内部——特别是数字驱动型公司，快速评估手段需要运用公司的主流逻辑、标准或语言等进行"包装"后才能顺利推广。① 系统评估则是一种更加理性的评估方法，可以更明确地推导出异常信息中可能蕴藏的价值。这一评估体系的判定标准可能包括：不确定性的程度、时机、风险承受能力，以及其他一些有助于证实或证伪信息的额外情报。

上述初筛环节的工作质量将直接影响到潜在机遇的性质。在商业领域，投资委员会的系统评估可以起到甄选作用。另一种替代方案则是"同侪评估"，也即对同事或同行的设想进行甄选 —— 评估其可行性、合意性、活性等因素。善加利用上述这些甄选手段，有助于我们接触到更多更优的积极事件，为大规模地引发机缘巧合奠定基础。

但日常生活中人们对评估方式的选择主要取决于所涉及的人物和想法的数量。具体应当如何操作？

策划一出机缘

来自新加坡的企业家和非营利组织高管蒂莫西·罗（Timo-

---

① 哥伦比亚大学教授大卫·斯塔克（David Stark）曾对所谓的"价值排序"做过相关研究。他认为每个领域（无论商业、哲学还是建筑工程）都有自己的价值逻辑。例如，我有一位才华横溢且训练有素的心理学家朋友，她是一位极度深沉、善于思考且能力很强的人，这种人才在许多地方都会受到追捧，然而她所就职的初创企业讲究的是快节奏以及杀伐果断，因此她反而无法得到应有的重视。这个例子说明管理者应当确保人才与岗位相匹配，抑或对环境进行合理改造。不同的环境下，价值排序也不尽相同，而各种价值排序恰恰是我们用来评估某种思想的标准。

thy Low）介绍了他创立的一套所谓"优化机缘巧合"的甄选机制。他面临的主要问题是确定信息量达到何种级别才足以优化机遇，超过哪一量级便会过犹不及。他将机缘事件和社交活动的规模变化比作沙漏：一开始需要在有限的时间内尽可能将沙漏填满，然后再慢慢过滤出自己更偏好的事项。

蒂莫西讲述了自己的亲身经历。在开始阶段，由于自己初来乍到，所以他尽可能让自己浸淫在社交网络中以充分熟悉新的环境。这一过程中他了解到的信息包括：谁是关键人物，有哪些规则，有哪些潜规则，哪里可以娱乐等。他每月参加的活动多达10场，这对于一个新人来说非常有益。他的成长速度很快，并与很多掌握资源的重要人物建立了深刻联系。然而，随着时间的推移，社交活动的边际价值开始快速递减，他不再是一名新人，对于周遭环境和人物也已经有了足够了解，于是"每次活动带来的收益"呈现出大幅下降的趋势。

这时他开始进入到第二阶段。他对参加活动的数量进行笼统的削减，以便将时间更有效地利用在职业发展（结交权威人士）和情感健康（结识朋友和放松身心）等方面。他通过设置简单的二元参数（专业目的和情感目的）对各种活动进行筛选，有效减少了活动数量并保证了较高的活动收益。

到了第三阶段，蒂莫西开始构建自己的闭环生态。这意味着他只会参加与志同道合之人的聚会，并偶尔结识一些经组织者"审核"和刻意安排的新人。这些就是所谓的"高收益活动"及其网络。用他的话来说，削减"低收益活动"让每次活动的平均收益大幅提升。这样可以花更少的时间收获更多的价值。

最后是第四阶段。在认识到"第三阶段中的个人往往处于孤立状态"这一问题后，蒂莫西经过深思熟虑，采取了一种更具体的甄选方式，略微扩大"漏斗"的尺寸。这种甄选方式包括以下问题：

- 我在这些活动或人际网络中能够发挥作用吗？
- 这些活动与我本人的兴趣相关吗？
- 有没有可能促成建设性和充满智慧的对话？

对此他总结道："这一阶段中每次活动的平均收益与第三阶段类似，但我能够有目的地扩大活动范围，因此每个月的累计收益将达到第三阶段的两倍甚至三倍。"

蒂莫西的这番经历对于许多人来说都不会陌生：从一开始的广泛接触，接着采用基于"价值理论"的标准或优先级排序选择想要参加的活动，然后需要注意避免让自己陷入闭门造车的处境中。

还有哪些其他的甄选方法呢？一种是关注相关性而非相似性。例如，不仅要搜索已知项目，还要搜索可能存在潜在关联的其他项目。当今的技术（例如"偶然搜索"）已经可以帮助我们做到这一点。我们可以打开或关闭搜索引擎的"搜索建议"功能，手动调节搜索参数，对搜索结果进行动态的重新排序，或控制搜索建议的范围等级。

但是，和现实生活中一样，狭隘和僵化的个性定制可能会使人错过与机缘巧合的对话，从而陷入自己一手打造的信息茧房中无法自拔。很多有关新产品和新想法的信息推送通常是根据使用者的搜索历史和所在位置生成的，因此很可能会将真正与众不同（出乎意料）的信息排除在外，从而让人错过了真正的机缘巧合。个性定制则会使我们的视野进一步收窄。研究表明，缩小搜索结果的范围并不一定能取得更好的效果，因为狭隘的视角并不利于机缘巧合的发掘。

如果人们可以走出各自的信息茧房，民粹主义抬头或英国脱欧公投这样的情况还会发生吗？还会令人如此震惊吗？信息茧房会带来深远的政治影响。我永远不会忘记曾经在伦敦遇到的一位支持英国脱欧的巴基斯坦籍出租车司机对我说过的话："现在好了！所有外国人都平等了！"（他指的是此前欧洲裔国民比来自其他大陆的人拥有更多权利的事实。）此外我在波士顿遇到的一位叙利亚籍出租车司机也表示："特朗普应该获胜（彼时特朗普尚未当选美国总统）。我们一家老小好不容易才争取到合法移民的身份，所以必须得把非法移民赶出去才够公平。"坦白说我从未料到有这些观点。我也被自己的信息茧房所困，严重低估了类似观点存在的可能性。

不过个人的兴趣爱好是动态的，会随着时间的变化而变化。

正如在现实生活中，机缘诱因既可能有益也可能有害一样，在线服务供应商已经开发出一些应对机缘巧合孵化期的手段。例如，一些优秀的平台可以通过书签工具帮助用户暂时存储一些奇思妙想，以期在适当的时机绽放光芒。

我们还可以使用创意日记记录下自己的想法。脸谱网的战略合作伙伴经理维多利亚·斯托亚诺娃（Victoria Stoyanova）会使用苹果手机的记事本功能记录偶然的想法，这样她就能够专注于手头工作——等有空的时候再来处理这些想法。

我工作过的一些公司会引入所谓的"创意停泊系统"，在开展集体讨论时将一些突发奇想存储在公司内部的"共同创作平台"中，这样既不会扰乱原定议程的顺利进行，又可以在事后及时回顾这些创意。

把握机遇的手段五花八门。一个比较有效的方法是，为某件事情设定既具有挑战性又不会让人感到困扰的截止日期。例如，在创作本书时，我和出版商达成一致，每月交付一章。这种截止日期的设定可以让我保持专注和责任感。我在每个经手的项目中都实践了这一方法，尤其是我自己牵头的项目：设定明确的截止日期可以激发动力和责任感，有利于工作的顺利完成。

不过我们需要注意那些基于偏见而不是有效筛选策略的甄别手段。当澳大利亚科学家罗宾·沃伦（Robin Warren）和巴里·马歇尔（Barry Marshall）提交报告指出，胃溃疡是由幽门螺旋杆菌引起，而不是此前学界假设的由不良饮食习惯或压力引起时，不仅他们的报告被学界拒之门外，连他们本人也被诋毁为"疯人说疯话"。直到 2005 年，他们才因在溃疡病理方面的研究成果获得诺贝尔医学奖。

即使我们具备了有效的甄选工具，接下来最大的问题在于如何为那些值得跟进的创意留出时间和空间。虽然机缘巧合可能出现在转瞬之间，但在此之前通常需要经历一段孵化期。我们如何才能腾出必要的时间和精力培育机缘巧合？

虽有镃基，不如待时

创意的萌发和成型需要时间和空间。蜚声世界的计算机程序员和投资者保罗·格雷厄姆（Paul Graham）在有关"创造者"和"管理者"日程安排的精彩文章中指出，对于不同的岗位类别，应当采取不同的思路规划和管理时间。这是我读过的最好的文章之一，其中的重要理念有助于人们在日常生活中遇见更多机缘巧合，并进一步提高工作效率。

格雷厄姆的核心论点是，"管理者"的日程安排逻辑是统筹碎片时间以处理特殊问题，其中大多数内容涉及人员和系统管理，往往需要随机应变，因此必须具备快速和明智决策的能力。对于"管理者"来说，召开会议是推进工作的一种重要方式。

相反，"创造者"的日程安排逻辑是分配大块时间以聚焦特定任务 —— 例如创作关于机缘巧合的著作、开发软件、编制战略规划、绘画等。畅销书作家丹尼尔·平克（Daniel Pink）每天早上都会给自己设定一个总体目标，例如创作 500 字。在实现该目标之前，无论早上 7 点还是下午 2 点，其他事情全部放在一边——不回邮件，不接电话，其他什么都不做，完全专注于创作上。日复一日持之以恒，最终便能成就著作。

诚然，丹尼尔属于那种可以自由支配时间的人。如果你不具备这样的条件，可以尝试本书介绍的其他一些提升专注度的方法。但即便如此，我们同样可以借鉴丹尼尔的方法为自己划出一段特定的时间，例如周六早上或周三晚上。即使我们一直被各种电子邮件和工作任务牵着鼻子走，也应当试着为自己争取一些专属时间，而且这种做法通常会得到他人的认可。但是如果我们不去主动争取，就永远无法获得用于创造性工作的时间。[1]

使用这一方法的核心要义在于严格控制处理电子邮件和会议的时间。开会对于"创造者"来说是极度奢侈的事情，因为它极大地占用了正常工作所需的时间。会议将一整段时间切割成两个小段，每小段都不足以开展实质性工作。所以许多"创造者"都"谈会色变"，他们会尝试将多个议题合并成一次会议，或者将会议时间安排在一天中能量值较低的一些时间段，例如晚上。

无论是学术研究还是创业活动，只要涉及创新，都是在创造

---

[1] 我们可以对"弱点悖论"稍做改动，得出一个实用技巧：只要设法给自己找点借口——例如"抱歉，今晚我安排了一些规划工作"（并确实将其列入日程安排），就更容易拒绝那些"只想找你喝杯咖啡"的人。

或制造某些新事物。为了塑造一篇好文章，我往往需要连续花费好几个小时来做足功课。相比之下，在切换到创业融资工作时，我又会走马灯似的参加一场又一场会议。曾经很长一段时间里，我把每一天都过成了大杂烩：写一点文章，然后参加社交活动，回来再写一点，其间不时检查一下电子邮件。这种模式经常让我产生挫败感，但我又说不出个所以然，直到我读了格雷厄姆的文章后才恍然大悟。

格雷厄姆认为，分析性或创造性的工作需要足够的时间和投入度。如果在此期间接听电话、查看电子邮件或是和同事一起出去"喝杯咖啡"，所付出的代价不仅是咖啡时间，还有让自己恢复投入状态所需花费的额外时间。

相比之下，在安排"管理者"的日程时，喝咖啡的时间通常和开会花费的时间差不多。我长期以来陷入的误区就是，将本应分配给创造性工作的整块时间应用于"管理者"环境，与大量经理人待在一起。例如在"沙盒网络"，我可以通过网络电话与许多杰出人士展开交流。我很喜欢开这种短会，但总是觉得没有时间对某些设想做深入研究。在不同任务之间来回切换的精力成本非常之高，使我既无法专注于深入研究，又提高不了工作效率。现在我会腾出上午的时间用于思考、写论文、做研究，下午的时间则用来开会。于是半天下来，我就会感到创造性的工作已经完成了。这样做还有一个好处，我在参加某些低效率的会议时不会太过自责（因为并不占用创造性工作时间）。

同时我也刻意降低了回复邮件的频率。我现在一般只在几个固定的时间点检查电子邮件，而且有些邮件也不会立刻回复。当所有人都习惯了这一节奏后，很多问题便可以自行解决。（当然，这种策略更适用于那些无须处理紧急公务的管理者。）这让我在扮演"创造者"和"管理者"的角色时都能更专注和积极——这是成就机缘巧合的必要条件。同时我的个人健康也得以显著改善：压力感大大降低。

　　许多公司也开始采用类似的做法。例如，一些公司会将每周三的下午预留给分析思考活动，在此期间杜绝电子邮件或其他事情的干扰。以谷歌和3M为代表的一些公司尝试灵活运用"20%法则"，允许员工将20%的工作时间花在自己感兴趣的领域。

　　这种安排对内向的人来说更重要——他们可能需要更多的时间消化各种想法和产生异类联想，并从中取得收获。正如"前进学院"（Forward Institute）的创始人亚当·格罗德基（Adam Grodecki）所指出的，许多出色的想法和优秀的管理者"都成长于孤独，而非忙碌"。事实上，人们常常将忙碌和高效混为一谈。我遇见过的几乎每个人都很忙碌，有的甚至忙到与机缘巧合绝缘，但实际上很少有人能够真正忙出成效。对此，特斯拉（Tesla）首席执行官埃隆·马斯克（Elon Musk）大力提倡要确保创造性工作的时间，同时尽可能地精简会议。其他一些公司则设法将各种会议加以整合，以便为创造性工作留足时间。保罗·格雷厄姆创立的"顶尖孵化器"（Y Combinator）旨在为初创企业提供种子资金，他将会见各种创业者的时间安排在每天下午晚些时候，以免自己在其他办公时间受到打扰。

我发现这种整合时间的方式非常有效：每当有人想要和我会面时，我通常会邀请他们参加我组织的公开晚宴，这样可以集中时间，并且有助于各种有趣的朋友相互认识。（这种聚会本身就可以促进机缘巧合。）

上述逻辑可以运用于常规的日程安排，以及更长的时间段。我见过的工作效率最高的人之一——亚当·格兰特坚持的一条原则就是要为艰苦而重要的智力工作确保一整块、不间断的时间。他会将教学以及管理相关的工作集中到特定的时间段——例如秋季学期，其他的时间段则集中用于科研等创造性工作——这时他会在电子邮件客户端设置好自动回复，告知来信者自己不在办公室，这样他便可以集中长达数日的时间专攻某一特定的研究项目而不会受到明显干扰。

一项针对程序员工作效率的对比实验得出了令人惊讶的结果——某些选项的数值竟然比其他选项高出 10 倍。我们本来预期工作经验或薪水等因素能够和工作效率呈现出更好的相关性，然而实验结果却显示，最为相关的因素竟然是能否给予程序员足够的沉浸空间。最成功的程序员所在的公司能够让员工掌控自己所处的物理环境，使其免受外界干扰，并充分保护个人空间和隐私。这也解释了为什么开放式办公空间并不适合研究人员等"创造者"（这种办公环境往往会导致员工更频繁地请病假，同时对生产力、专注度和工作满意度都会带来负面影响）。

组织中负责发号施令的人通常会按照"管理者"模式安排日程，并且假定下属会沿用相似的逻辑。但这种日程模式并不适合"创造者"，因此很多"创造者"会感到沮丧，进而影响到工作效率。"创造者"让自己放松休闲的方式也多种多样：他们也许并不需要与人互动，只需来杯饮料或外出透透气即可——前者可以消除烦恼，后者可以恢复精力。当我处于"创造者"模式时，连上一趟洗手间都会尽量避免与人接触。对于一些不需要太过专注的事情来说，一心多用以及与人接触一般不会带来太大问题，反而有利于创造更多机会；但在涉及需要更深入思考分析的活动时，必须做到"心无旁骛"。我以前所在的大学曾为研究人员提供了开放式办公空间，自那以后我便常常待在咖啡馆或家里做研究，只有上课和开会的时候才进校。

有些看似能够拉近人际距离的事物实际上并没有想象中那么美好。在许多领域，人们都需要在"创造"和"管理"之间取得平衡——促成机缘诱因的发生，并将其转化为有利结果。否则，不但会限制机缘巧合的发展空间，还会在潜移默化间损害我们的健康、幸福和工作效率。

吾之蜜糖，汝之砒霜？

机缘巧合可以改变人们的生活，带来成功与快乐。然而从旁观者的角度来看，一场机缘巧合可能会令某些人受益，同时又让某些人失意。

拿英国前首相特蕾莎·梅（Theresa May）上台执政的过程为例，在此之前发生了包括英国脱欧公投在内的一系列意外事件，直接导致她的前任戴维·卡梅伦（David Cameron）辞职，以及几个主要竞争者［包括此前呼声最高的鲍里斯·约翰逊（Boris Johnson）］之间的相互中伤。从旁观者的角度来看，这种机缘巧合显然不是鲍里斯·约翰逊或者大多数英国公众所愿意看到的（不过一年以后，在新一轮机缘巧合的推动下，鲍里斯·约翰逊最终当选了英国首相）。

虽然我们推动和培育机缘巧合是为了"增加福祉"，但就像任何其他工具或手段一样，它也可能会被"心术不正"的人用来"作恶"。你会帮助《星球大战》（Star Wars）中的"黑武士"达斯·维德（Darth Vader）创造机缘巧合并实现他的愿望吗？他的目标一旦得逞，我们大多数人可就要倒大霉了。

本章小结

机缘巧合并不局限于特定时间发生的独立事件，而更多表现为一种过程，对此我们需要具备坚忍不拔的毅力，发掘价值的眼光，以及甄选机遇的智慧。

我们要学会放弃一些注定无果的尝试，伺机而动，在机遇的火花闪现时果断出手 —— 注意保持必要的"自我抽离"以确保决策的慎重与客观。

归根结底，机缘巧合本身的意义才是最重要的。因此我们要将坚韧、睿智和甄别能力用于"对的事情"，不要做无谓的消耗。

机缘思维小练习：付诸实践

1. 在你的日程安排中为创造性工作预留时间，注意避开可能会开会的时间段。为自己安排一个不受打扰的晚上或者一整天。（如果你是一位"创造者"且需要与"管理者"保持联系，那么请向对方解释清楚，以免对方产生"你似乎并不需要我"的误解。）

2. 安排日程的时候请充分考虑自己在哪些时间段里工作状态最佳 —— 结果固然重要，过程同样重要。

3. 如果你是企业高管或活动组织者，请为你公司或社群内的"创造者"分配合理的物理空间和时间。

4. 试着将一些会议合并 —— 能否将某些单独的"咖啡会议"合并在一起？

5. 如果你有孩子，可以问问他们："你最喜欢的超级英雄是做什么的？"（当然，理想的答案是，这个角色是对别人有所帮助的 —— 如果不是这样，请以做游戏的方式继续讨论其他角色。）

6. 整理出你在近期活动中收集到的最有用的名片。向这些联系人发送联络信息，长短不限。内容可以包括之前你与他相谈甚欢的话题，或者提供一些他们可能会感兴趣的线索。迟做总比不做好！

7. 在召开每周例会时，让成员们反思三件令他们感到惊讶或出乎意料的事情。询问这些事情是否具有价值，以及是否能够跟进。

8. 组织一个非正式的"智囊团"为你出谋划策。当你有新想法时，请及时与他们联系，让他们做出评估，以帮助你厘清思路并进一步"穿针引线"。

9. 与你所在领域的顶尖人士联系，表明你曾受到过对方的某种启发，并就你的某些设想征求对方的反馈意见（你的创意质量很大程度上取决于你收到的反馈质量）。

10. 如果你是学生或研究人员，请向你所在领域排名前5位的权威人士发送一份简短的论文草稿或推介，并征求对方的反馈意见。这也是一种建立关系的好方法，因为你营造了一种依赖关系。（当然，你所推介的作品必须质量过硬才行！）

第七章　加成加成再加成：如何提升基本
　　　　机缘潜力

不要怀疑一小群充满创意和奉献精神的人物改变世界的能力。事实上，这种情况一直在发生。

——玛格丽特·米德（Margaret Mead），文化人类学家

表面看来，机缘巧合似乎是短期的、一次性的事件——但事实并非如此。每个人在生活中都可能有一定的机会接触到机缘事件，我们姑且称之为"基本机缘潜力"。在此基础上，可以采取某些手段进一步叠加潜能，比如加速事件进程或强化事件结果，于是便可得到一种复合型的机缘巧合——每一次新的机缘巧合都从上一次机缘巧合中吸收了更大的潜能，因为上一次的机会已经过去了。

这一切背后的驱动力来自每个人所在的家庭和社群，其中包括当地人脉、专业圈子或利益集团等。它们能够通过创造社交机遇空间拓展我们的"机缘力场"。不过任何团体都会有自己的偏见和刻板观念，因此它们对机缘巧合来说是一柄双刃剑。

因此人们在评估和规划人际网络时需要仔细衡量其中的风险与机遇。

还记得纽约的厄瓜多尔籍教育家米歇尔·坎托斯吗？她曾服务于一个关爱弱势儿童群体的基金会，在此期间她与"沙盒网络"社群结缘。这次机缘巧合不过是一个开始，她说："当我加入（这一社群时），机缘巧合便接踵而至，让我受益匪浅。但是作为一个贫困家庭出身的人，我至今仍对自己曾经是多么缺乏机会而感到后怕。"对她的人生影响最大的因素不是金钱或教育，而是特定的信息和机遇 —— 常常将她拒之门外。一旦有机会接触到这些信息时，她与机缘巧合的互动便发生了质的飞跃。

阿尔文·罗斯·卡皮奥（Alvin Ross Carpio）在伦敦东区一个饱受持刀犯罪侵扰的地区长大。阿尔文9岁时父亲去世，没有父亲的日子过得十分艰难。他十几岁的时候经常随身携带刀具，但有一次，他看到一篇文章指出携带刀具比赤手空拳更容易引来杀身之祸，这让他陷入了沉思。后来他的表弟向他索要一把刀，他马上意识到后果可能不堪设想。于是他说服表弟 —— 同时也说服自己不再携带刀具。

优良的学校教育改变了阿尔文的生活。由于他的母亲来到英国做女佣，阿尔文渐渐得以和一些手握大量资源的人物接触，这在他以前的家庭环境中是难以想象的。后来他开始积极联络包括"新锐领导者计划"（UpRising Leadership Programme）和世界经济论坛旗下的全球杰出青年社区在内的一些兴趣社群，现在则参与了一项旨在帮助解决全球性问题的运动。他本人也成为福布斯"30位30岁以下精英名单"上的常客。阿尔文将自己的机遇和成功归结为温馨的家庭、勤奋的工作、逐梦的信念以及懂得如何打造并融入有益的社交网络和社群。特别是最后一项，是让他从伦敦东区的小混混蜕变为全球性项目领导者的关键因素。

并非所有的弱势或边缘群体都能够像米歇尔和阿尔文一样有幸找到让自己如鱼得水的人际网络和社群。有些人陷入了不如意的人际关系或工作中，他们可能每天都要面对基于种族、性别、性取向或经济地位等的系统性挑战。享有加入"良性"社群的权利是一个涉及社会正义的宏大课题。我们每个人都在特定的家庭与社区内长大，我们的出身背景直接影响到我们的"基本机缘潜力"，包括个人的决策质量，以及焦虑、疲劳和压力的初始水平等。不过随着时间的推移，我们可以对自己所处的群体进行调整或重选 —— 从而扩大我们的"机缘力场"（当且仅当我们具备相应动机时）。① 至于具体该如何操作，不妨通过一些有关社交网络的学术研究进一步了解。

----

① 我目前为止的人生中大部分时间都在资源极其有限的环境中度过。不过即使是最为不堪的环境，也未能阻止我与机缘巧合邂逅。虽然诸如残疾或结构性贫困之类的硬伤可能会严重制约机缘巧合的出现，但从全球范围来看，许多人都能够在极低水平的"基本机缘潜力"基础上开创一番新局面。

你不是一个人

社交网络可以帮助我们发掘更多的生产性收益 —— 或者说社会资本 —— 例如获取资源和机会等，这有助于提升我们的幸福感。事实上，缺乏人脉资源（也即社会资本不足）的人，他们的"基本机缘潜力"水平也会相对较低。

发表于《科学》杂志上的一项综合研究报告援引了一组关于英格兰社区社会经济福祉的普查数据。研究人员对英格兰国家通信网络有史以来最大规模的记录 —— 全国九成以上的手机发送数据 —— 进行研究后发现，人际关系的多元化与经济发展水平密切相关。成长和生活在落后地区的人能够接触到不同群体及其背后蕴藏的各种机会的可能性很低。

不过这并不意味着与社会资本彻底无缘，只是它会隐藏得更深一些。我们身边的潜在社会资本可能是超乎想象的。也许你的老师认识当地议员？也许你的领导认识当地的超市经理？也许某个小店老板的表弟恰好在给市长当助理？

乔纳森·罗森（Jonathan Rowson）和他的同事们与伦敦布里斯托尔和新十字门的社区合作，梳理和研究社交网络能够如何增进幸福感。他们指出，熟悉的陌生人（例如邮差）是传播当地新闻和信息的有效渠道（尤其在低收入地区），他们可以为人们提供了解外部社会的有趣线索。

潜在的社会联系往往是深藏不露的，所以难以直接将其纳入我们的社交机遇空间。虽然机会的大门永远敞开，但如果不去用心发掘，便可能一直不得其门而入。所有当地的"超级连接者"都能够传递信息和机遇，即使在条件最受限的地区亦是如此——但前提是你必须知道有这么一些人物的存在。瑜伽老师、体操教练、教授、学校老师、地方议员、国会议员……他们每天都会与各色人等接触并对话，因此他们都是潜在社会资本的"放大系数"。如何开发并利用这些潜在的社会资本，便完全取决于我们自己。

加成加成再加成

你是否考虑过梳理身边的专业人脉以获得潜在的社会资本？"沙盒网络"的前社群负责人布拉德·菲奇是这么做的。他绘制了一张信息图表，其中每一个圆点——或者说"节点"——都代表着一位联系人。圆点越大，表明该联系人的人脉越广——也即越有可能帮助我们觅得各种良机、创意或启发。这些联系人便是我们的人脉"增益者"（multiplier）。

根据这一思路，如果想要在伦敦政治经济学院（或者其他任何网络）中获取或传播思想和机遇，我们无须联系学院里的每一个人，而应将目标聚焦于关键"大咖"——那些比我们的人脉更深更广，且在朋辈中更有威望的人物。可以借助他们的力量获取信息，促进思想交流，并为我们拓展社会关系牵线搭桥。

我们可以梳理一下自己身边正式或非正式的人际网络并找出关键"大咖"。这对组织来说尤为重要。组织内部的正式人际网络 —— 例如公司的运行架构一般都是比较清晰的，每个人都清楚理论上谁应当为哪种事务负责 —— 或者至少不难弄清楚。不过实际上很多事情都是通过非正式的网络完成的。所以更有效的做法往往不是简单地询问"这件事情谁负责"，而是要问"这种事情通常应该先找谁"或者"我应该打电话给谁"。对于此类人脉进行梳理 —— 例如通过"定名法"（name generators）收集人们经常联络的合作伙伴，可以显著扩大你（或者你的组织）的机缘力场，并推动工作任务的有效完成。

不过显而易见的是，这种人际关系是建立在利益均衡的基础上的。没有人愿意结交只懂得索取的朋友。相反，人脉关系的维护需要建立在互惠互利的基础上。相关的手段有很多，比如在他人面临困境时展现出同理心 —— 如果还能够提供一些帮助的话自然更好。

未雨绸缪积累人脉关系要比临时抱佛脚的效果好得多。还记得"TED×火山"联名会议的组织者纳撒尼尔吗？他正是在一些社群"大咖"的帮助下，才得以完成一项不可能的任务。在时间和精力都极为有限的条件下，他不可能一砖一瓦地重新搭建一套人际网络，而必须依靠现有的人脉关系。也许此前他在结交许多关键人物（例如 TED 的联系人）时并非怀有特定目的，但当某天机缘巧合来敲门时，他会发现原来自己早已为此做好了准备。

纳撒尼尔在构建自己人脉关系时肯定不是为了防备某次火山爆发会将他困在伦敦。他的社交网络是建立在互助和互惠的基础之上 —— 而不是追求特定的利益或目标 —— 因此他可以获得社群"大咖"们（本案例中是一位 TED 组织者以及一位"沙盒网络"成员）的信任并从中受益。只消这些"大咖"们只言片语，纳撒尼尔便可以顺利动员数十位素不相识的志愿者，因为这些志愿者信任的不是纳撒尼尔，而是和他们对接的"大咖"及其背后所代表的特定社群。

这一案例说明了什么？原来我们无须认识所有的人，也无须独自建立起庞大的网络。我们只需要与各种社群"大咖"建立起互利关系（例如通过主动创建或加入某些社群的方式），从而间接获得额外的人脉资源。

强化机缘潜力

社群不仅是人脉库那么简单。人脉资源可以帮助我们处理特定的事项，社群则可通过营造归属感和社会认同感，加深成员之间的情感羁绊，从而强化人们的"基本机缘潜力"。正如米歇尔的案例一样，优质的社群对机缘巧合的促进作用不是一星半点（线性），而是爆炸式的（指数级）。我们应当为此如何奠定基础？首先要理解优质社群的运作模式。精心构建和运作的社群可以实质性地拉近我们与机缘巧合之间的距离，并显著改善相关的体验感。我们可以以此为标准自行构建新社群或是加入现有社群。

通过社交加强"弱关系"

历史经验告诉我们，社群往往是建立在所谓的"强关系"[这一概念的提出者是美国社会学家马克·格兰诺维特（Mark Granovetter）] —— 也即熟人关系基础之上的。例如邻里之间联系密切的社区，或是西方的以教会为中心的社区等。这些社区内部的人际关系通常呈现出高度的本土性、可靠性和实操性，但在人脉覆盖范围和多样性方面相对欠缺。同时，建立和维护牢固的"强关系"需要花费大量的时间和精力，而且能够发展的对象数量极其有限 —— 毕竟时间和精力对谁来说都是极为稀缺的资源。

相比之下，"弱关系"的覆盖范围和多元化程度就高出许多，但在行动力方面不如"强关系" —— 例如在推特上认识并交流过几次的网友。"弱关系"在一般性的信息和机会交流方面是有效的，但支持力度有限，毕竟我们很少会因为和某位网友聊得投机就跑去他的厂子里帮他搬砖 —— 反之亦然。综上，"强关系"强在情感和行动上的支持力，但信息和机会的获取渠道有限；"弱关系"则正好相反。不过，在我同事法比安·普福特穆勒看来，如果是优质社群内部的"弱关系",反而"不是'强关系',胜似'强关系'"。因为这些社群可以将"强关系"和"弱关系"的各自优点进行有机结合,通过社交活动构建起"间接信任",从而对"弱关系"加以强化。

在"TED×火山"联名会议的案例中,纳撒尼尔具备了应对意外状况的能力 —— 绝佳的创意、合适的机会窗口以及必要的活动组织经验。但以上这些还不够,他还需要落实活动场地、志愿者、餐饮、演讲者、技术手段 —— 以及举办一场成功会议所必需的一切。这些又是如何解决的呢?关键就在于社群"大咖"及其背后的社群力量。纳撒尼尔与 TED 建立了联系,获得了品牌授权和演讲者推荐;他又联系了"沙盒网络",得到了志愿者、后勤保障以及营销方面的支持;然后他又联系了"科技博客"(TechCrunch.com)驻英国的编辑,同时也是技术和媒体领域的"大咖" —— 麦克·巴契(Mike Butcher),后者为该活动做了大量宣传推广。

本质上,为"TED×火山"联名会议提供品牌授权和其他各方面协助的人全都是纳撒尼尔很少打交道或者压根不认识的人物,而他却可以将这些"弱关系"运用得仿佛是"强关系"一样 —— 这是因为他得到了社群"大咖"(TED)以及自己所在社群("沙盒网络")的背书。纳撒尼尔不可能事先知道自己需要什么 —— 但社群为他提供了成员们的间接信任以及多元化的社会资本,加之项目本身的吸引力,使得他可以像求助熟人那样激活

"弱关系"中蕴藏的巨大能量。

当然，不是每件事情都会像上述案例那样极端。比如当"沙盒网络"的某位成员外出旅行时，他们往往可以在不同城市联系上当地的"沙盒"成员，并经常去对方家里借宿 —— 即使双方素未谋面。在一个日益网络化的世界中，工作与组织的界限越发显得灵活与混沌。人们更加依赖外部的资源，需要更多的"弱关系" —— 试着借助优质的"共益社群"的力量，让"弱关系"发挥出强效能吧。

优质的"共益社群" —— 无论是由 2 人、10 人还是数百人组成 —— 都能够极大地促进成员间的有益交流和彼此信任。如何才能有效营造出这种环境呢？

提升社群凝聚力

首先，要仔细考虑社群成员们聚在一起的原因，是出于共同的背景、兴趣、热情，还是价值观呢？寻找"最大公约数"是所有社群建设的核心，无论是足球、绘画、创新还是其他共同点。社群规模越大，我们就越需要隐晦或明确地表达这些共同点。例如，大型的"共益社群"，无论线下还是线上，往往都会使用特定的语言（例如"家庭"）、仪式（例如拥抱），或其他独特方式（例如在晚宴时隆重介绍）欢迎新成员。

然而成员关系过于密切的社群反而可能对机缘巧合不利（特

别是社群多元化程度不高的话）。人际关系嵌入度过高会导致狭隘主义和孤立主义，正如共和党和保守党选民，或者民主党和工党选民在脸谱网上所表现出来的差异一样。我们往往出生在此类社群，而且出于方便或必要，我们会始终与原生社群保持紧密的联系。

我在与肯尼亚经济学家、内罗毕斯特拉斯莫尔大学（Strathmore University）竞争力中心负责人罗伯特·穆迪达（Robert Mudida）一起参与研究撒哈拉以南非洲的种族关系网络时发现了一个极端案例。在这种背景下，部落社会关系的影响力绝不亚于美国或英国的各个政党。许多部落成员宁愿坚守在同源性（也即与本人特质相似的）网络中——很少有机会建立"弱关系"，这对于机缘巧合的培养显然是不利的。

与之相反的是，我们在对成功上进人士的研究中发现，他们会积极发展跨种族的人际网络。这些成功人士对自己的内部圈子进行了重构，从以种族为中心切换至以共同兴趣（例如体育或信仰）为中心。比如一位肯尼亚企业家会在教堂做礼拜时对坐在一旁的、来自另一个部落的管理者（也包括其他在场人士）表示，他们之间有不少共同点。对于其他一些场景的研究也显示出类似的结果。

这对于我们的生活有何启示？我们的内部圈子是一个关系密切的朋友圈还是一个孤立的部门？我们能否找到和其他圈子之间的"最大公约数"？

我们可以从一些细微之处出发，向其他群体敞开怀抱。能够做到海纳百川的团体往往更容易培育出机缘巧合之花。不过在此之前，我们需要依靠"最大公约数"建立相互信任，鼓励不同观点的分享。如果没有将人们凝聚在一起的黏合剂，多样性的优势便难以有效发挥。

在协同中成长

好的社群应当重在启发而不是控制成员，这就对如何引导话题交流提出了挑战，同时也解释了为什么社群和组织的规模越大，社群"大咖"的作用就越重要。

"沙盒网络"社群之所以能够在短短数年间扩张到全世界20多个国家，主要原因之一在于"大使"机制的引入。我们在社群覆盖的各个城市里都物色了一批因为留学等原因暂时居住于当地的社群成员，并授予他们"大使"的职务。当"大使"们回国以后，便可以在其家乡协助推广"沙盒网络"。

具体如何操作呢？社群创办者会在内部的"共同创作平台"里列出许多大家熟知的充满创新思想的成员，从中讨论出合适的人员并随即联系他们。这些成员一开始是出于情面加入进来，但往往会随着参与的进程不断深入而变得越来越感兴趣。与许多其他的社群一样，"沙盒网络"不依赖物质激励，而是设法帮助成员们提高社会地位和知名度，给他们赋予"核心成员"的角色。这样他们更容易获得其他成员的新想法，从而大大提高了他们获得机缘巧合的可能性。如果"大使"们可以将推广社群的任务与其他活动（特别是与自身职业）相结合，他们的工作积极性就会大为提升。毕竟，专业从事活动策划的人士肯定会比其他职业——例如华尔街交易员——更胜任社群"大使"的职务。

社群"大使"团队通常由2到4人组成，他们会在各自的城市组织各种活动并物色候选会员——我们会请各位"大使"协助发掘新成员，从而使社群的人才队伍像滚雪球一样不断壮大。活动组织方面需注意对接好人员和场地（比如我们在某些城市开展了"挑战之夜"活动，会员们可以充分展示和分享自己手头上的一些挑战或工作项目）。总部团队则会为活动提供最优行动指导以及社群内部的脸谱网群组支持等一系列整合方案。①

图7-1展示了"沙盒网络"的枢纽结构，其中"大使"团队显示为枢纽节点（H），成员是较小的圆点，总部团队（C）提供平台和联络支持。（这是一个简化版本——个人成员之间的联系是在枢纽内部和枢纽之间展开的。）

---

① 后来，随着候选会员数量的增加，我们对申请流程采取了更加系统性的做法。不过鉴于某些"大咖"很少在正式场合抛头露面，我们会依据"活动参与度"等一些特别指标对这些"大咖"进行评估，并授予其"合法身份"。推而广之，对于成员之间互助案例的充分展示是激励他人"见贤思齐"的有效途径——喊破嗓子不如甩开膀子！

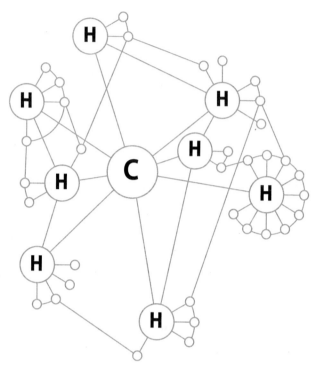

图 7-1 "沙盒网络"的枢纽结构

通过不断开发超级枢纽，"沙盒网络"很快扩张为一个紧密联结上千位成员的全球化社群。每个本地枢纽的初始编制被限定在 80～130 人之间，因为我们认为能够有效构建互利关系的成员在精不在多。[①]后来，社群能够提供的本地支持越发强大，

---

① 这一安排与"邓巴数"的逻辑相吻合：牛津大学人类学家罗宾·邓巴（Robin Dunbar）指出，个人能够维持紧密关系的人数大致在 100～250 的范围内（赫尔南多等，2009 年）。

而且成员们无论何时都能通过线下或线上渠道与其他成员建立联系。

这种将本地"大咖"与全球社群平台有机结合的模式使得"沙盒网络"、"奈克瑟斯"（Nexus）、"全球杰出青年社区"以及"TED/TED×"等社群能够仅凭极小的核心团队和有限的资源迸发出惊人的全球影响力。本地"大咖"所带来的社会资本有助于全球性社群更好地完成本土化改造。

打造社群互信环境的核心手段是充分鼓励和培育人际关系的良性互动。

推动良性互动

在多年从事社群建设的过程中，我经常听到有人提议说"太棒了，让我们搞一次社交活动吧"或者"我们可以在会议中间穿插一段社交茶歇"。事实上，"社交"这个字眼让我觉得很不舒服，因为它忽略了良性人际关系背后更深层次的意义 —— 人与人之间的相互信任。试想一下，你遇到过打心眼里喜欢参加社交活动的人吗？一味地大搞特搞联谊活动只会错误地吸引到那些别有用心的人。这种畸形社交很容易让参与者陷入尬聊，只能机械重复着各种肤浅做作的对话。这就好比参加一场快速相亲活动：只有功利主义者才可能从中受益。

相比之下，良性的人际互动往往建立在特定的主题、兴趣或爱好之上，这样人们才能够携手展开深入研究，或者就彼此共同关心的话题交换意见。良性的对话有助于提升人与人之间的互信关系，从而为培育真正有益的机缘巧合打下基础。

精心策划的活动是你或你所在的社群展示自我的有效途径。例如在"沙盒网络"，我们会举行非正式晚宴，让成员们相聚在宽松的氛围中，彼此分享经历、增进感情。营造一种令人身心放松的氛围，有助于让人们的心态变得更开放和更有信任感——尤其对那些不太喜欢在私下场合与陌生人近距离相处的人来说。在此推荐一款名为"成功、挑战、成长"（rose, thorn, bud）的思维游戏，通过彼此询问一些问题，比如"您今天／本周／本月／今年的工作生活有些什么亮点？"（成功）"您今天／本周／本月／今年遇到了些什么问题？"（挑战）"您对明天／下周／下个月／明年有哪些期待？"（成长）——可以帮助人们更好地反思自己，而不是吹嘘自己有多么了不起（或者只是妄自尊大而已）。

分享兴趣或爱好往往有助于促进良好的人际关系。这对于一些基于良性互动而不是一味钻营人脉的活动来说是自然而然的事情。事实上，我在自己参加过的所有"沙盒网络"会议中——无论在伦敦、苏黎世、纽约、新加坡、墨西哥城、内罗毕还是北京，几乎都听到过有人惊呼："这也太巧了吧！"（实际上，对于某些人来说出乎意料的事情可能对于另一些人来说只是常规操作。正如哲学家伯特兰·罗素在寓言中所说，一只习惯了每天被准时投喂的火鸡肯定想不通自己为什么会在圣诞节前被主人一刀了结。这一道理同样适用于现实生活。）

过于机械化（或机制僵化）的社交安排会对机缘巧合的培育产生负面影响。我和伦敦政治经济学院的哈里·巴克马（Harry Barkema）教授在近期发表的一篇论文中介绍了如何运用"孵化器"为机缘巧合创造有利环境。我们意识到标准化的系统对于创意和新需求的支持力度十分有限 —— 尤其是考虑到创新企业的想法和需求总在不停变化。过于刻板的机制只会扼杀而不是促进机缘巧合 —— 研究团队据此得出结论，为了更好地"策划"机缘巧合，首先需要打造有利于良性互动的社交环境。

具体措施包括：将来自不同领域（例如不同的文化或专业背景），但在价值观方面趋同的两位嘉宾安排在一起就座；在会场附近设置一家咖啡店以便促进嘉宾之间的偶遇；营造一种赞颂机缘、推动机缘和融入机缘的总体氛围等。精心策划的活动可以让参与者们自然而然地走到一起，这种效果是某些了无生气的社交联谊难以企及的。

横向问责

即使是关系紧密的团体也有可能成为所谓"公地悲剧"（tragedy of the commons）的牺牲品。因为如果没有人愿意承担维护共享资源（例如受信任的平台）的责任，那么这种资源终将枯竭。许多社群都是因为忽略了这一点而走向失败，其他一些社群则供养着许多"伸手党"——只知索取，不知贡献。数以百万计的在线社区已经停止维护或者正在停止维护的路上，其中有哪些曾经承载过你的青春记忆呢？又或者你所在的团队中有没有一些平时擅长"划水"，却同样可以受益于团队成功的"搭便车者"呢？

这就是为什么"横向问责"（既对自己负责，又对同伴负责）是许多兴趣社群取得成功的不二法门。与监管难度和成本都很高的"等级控制"相比，"横向问责"往往能够对社群内部成员的紧密合作施加积极的外力影响。在整个团队的注目下，个体成员会在脑海中产生"不想辜负同伴"的念头，这其实是一种"理性自利"的表现。

在我加入过的一些公司中，我们会将每周的工作目标明确传达给整个团队。每位团队成员——包括创始人和首席执行官在内，都应当每周更新一次工作进度，对达标或未达标的原因做出解释，并分享工作过程中的心得体会。这种做法有利于提升整个团队的士气、干劲以及自律，同时也可对"穿针引线"的活动提供助益，因为每位成员都能够更好地了解到其他人正在做些什么。

如何让我们的关系受益？

成功人士往往是优质社群的中坚力量，抑或他们会与周围的人脉自发形成一个终身受益的朋友圈。理想状况下，集支持与学习于一身的社群通常都是由来自不同背景，但年龄段和价值观相近的人们组成。美国青年总裁组织等团体也在利用类似的"朋友圈"来促进成员之间的互信对话。具体做法是，建立长期的 5 人合作小组，在面对各种挑战的时候给予彼此相互支持。

当然，这种理性的人际互动同样也适用于恋人关系。波士顿的企业家和社群建设者克里斯蒂安·贝利（Christian Bailey）在与妻子娜塔莉雅（Natalya）的日常互动中常常会询问三个问题。早上，他们会互相询问："今天的目标是什么？""我可以帮上忙吗？"到了晚上，他们又会互相询问："今天有哪些收获呢？"其中早上的问题体现出了一种"利他思维"，使夫妻双方都可以在彼此的支持和关心下开启新的一天；晚上的问题则侧重于学习和分享观点。克里斯蒂安和娜塔莉雅是我见过的最相互信赖的夫妻之一，他们共同建立了一个幸福美满的家庭以及朋友圈子。我的好几位朋友也已经开始效仿他们夫妻俩的这种相处之道了。

当然，刚开始询问伴侣这类问题可能会有些别扭。但如果坚持下去——只要你和你的另一半对生活持积极态度，即使有朝一日你们之间不再询问此类问题，"利他思维"还是会很好地保留下来。我就曾在几段恋爱关系中尝试过这种做法，收效各异，不过可以肯定的是彼此的自我意识和利他意识都得以明显增强。

不过更重要的一点是，无论何种类型的关系，都能够以某种理性的形式，从良性的人际互动中受益。我们可以通过哪些形式为自己的人际关系和朋友圈提升互信和包容性呢？请注意，形式本身并不重要，重要的是我们所希望倡导的习惯和意识。

警惕社交活动的风险

人际关系和社群可以促进机缘巧合，但它们自身也存在着一些风险。正如前文所述，机缘巧合往往来自良性的人际互动，而不是某些不可告人的目的。某位女企业家曾与我分享道，某些男性（通常是权贵人物）会利用社交活动的机会向她暗示一些非分之想。由于谈话内容比较隐晦，她很难公开揭露这种不良行径——但心中的不适感却久久不能释怀。这种危机四伏的社交环境非但无法促进机缘巧合（毕竟在一个令人如坐针毡的环境中怎么可能还有心思"穿针引线"呢？），同时也是对活动及其话题本身的一种羞辱。所以我们一定要充分警惕无处不在的暗箭、偏见以及各种歧视。

机缘巧合同样可能扭曲人们的认知并加深歧视。例如，大多数民主社会会限制警察在街头拦截搜查路人的权力。尽管这种拦截搜查可能会发现一些犯罪活动，并警醒人们严守法律，但这一做法的负面影响也十分明显，会给被拦截的无辜市民带来很大困扰，尤其是当搜查对象的选择并非基于犯罪可能性，而是基于诸如种族等其他因素时。

根据英国的数据，在 2016—2017 财年全国共进行了 30 万次街头拦截搜查，黑人被拦截的概率至少是白人的 8 倍以上。由于警方总是可以在拦截搜查过程中"凑巧"发现一些非法行为（只要拦截对象数量足够多），因此这种机缘巧合会在自我强化的过程中产生持续的负面效应，一方面使得警方更倾向于拦截有色人种，另一方面会进一步加深整个社会将黑人与犯罪联系起来的污名化行为。[①]

苏格兰小说家威廉·博伊德（William Boyd）将这种负面的机缘巧合称为"无妄之灾"（遭遇不幸的意外或刻意构陷）——这种厄运也是可以叠加的。美国联邦行政管理总署顾问理查德·贝克勒（Richard Beckler）据称曾向特朗普过渡委员会保证，他会将所有来自特别顾问罗伯特·穆勒（Robert Mueller）办公室的"调取申请"直接转交给过渡委员会的律师。结果后来呢？没过多久，理查德本人便病故了。这种"不幸的意外"进一步加剧了特朗普政府所面临的问题。

当地的文化和信仰体系也是举足轻重的。比如在一个"权力差距"（低阶群体对于"权力分配不公"的接受度和期望值）较大的环境中，机缘巧合的发生概率会更低，因为不同阶层之间的鸿沟很难跨越；在更看重年龄或资历的文化氛围中，长者和年轻

---

① 人们往往会将这种负面的机缘巧合（以及相关社交环境）和种族偏见或权力结构联系在一起。需要指出的是，基于刻板印象而建立的许多关联都是毫无意义的。

一代之间也难以碰撞出机缘的火花；而在风险厌恶程度较高的环境中，严格的风险管理以及只接受"单一真相"的理念会在无形间抹杀掉潜在的机缘巧合——比如，如果教师或企业高管的观点被普遍认为是理所应当的，那么所有的奇思妙想都将成为无本之木，无源之水。

当然，还有其他很多情况可能会对机缘巧合产生消极影响。但有时某些场合也不太需要机缘巧合的参与。例如对于核反应堆或航天器之类的严密控制系统来说，创意并不是人们关心的重点，执行才是。

教育的责任

也许有人认为我们已经能够有效解决不平等问题，但事实上不平等的表现形式是多种多样的。以一位来自中心城区贫困家庭的女生为例，即使她有幸进入一所优秀的学校，和来自中产阶层的同学们学习了完全一样的知识，但她能够接触到机缘巧合的可能性仍然是相对偏低的。

原因何在？首先，很多机缘诱因——例如晚餐时与父母讨论自己所学知识的机会少之又少；其次，她能够结交到的、可以为自己带来某些机缘的朋友也寥寥无几；最后，由于来自家庭的支持十分有限，她不得不比别人付出数倍的努力才有可能实现"自我救赎"。

因此，学校教育和职业教育的规划者需要牢记于心的是，教育的最大目的并不是为了灌输知识或培养学徒，而在于为每位受教育者打开属于自己的机遇空间。想要实现这一点，我们可以尝试对某些可能产生"社会剥夺"的领域进行改造，例如引入更多的艺术组织，从而将来自不同阶层和背景的学生们联系在一起（同时亦可有效降低犯罪率）。这一策略的核心逻辑在于设法消除不同社会群体之间的社交鸿沟——至今仍有一部分人群因害怕抛头露面而选择了自我封闭，这实际上是一种社会割裂的信号。

如果人与人之间缺乏互动，那么刻板印象便会持续激增，这对社会、种族、部落和性别群体来说均是如此。不过针对公共服务领域的专门研究已经发现了一些令人欣慰的现象：某些市政机关开始尝试组织青年代表与地方议员之间展开专业"速配"，让这两个平时八竿子打不着的群体展开近距离互动。此类活动有助于参与者进一步拓展机遇空间，也促进了多元化的观点和思想在不同群体间的交流与碰撞（关于更多的类似做法，下一章再行详述）。

我们还可以设法联系某些与自己的生活境遇类似、但可以接触到其他社会关系的前辈。我们当然乐见"维珍集团创始人理查德·布兰森（Richard Branson）访问佩卡姆高中"之类的励志新闻，但与我们有着相似境遇和奋斗历程的前辈或朋辈会显得更有亲和力。也许以前的邻居中就有人摆脱了贫困生活，开启了成功的事业呢？也许我们可以从这些身边榜样的奋斗之路中发现自己未来的模样。

在和这些榜样寒暄叙旧以外，我们还可以多花点心思——设法让自己在他们身边逗留数日，仔细观察他们每天都在忙些什么。很多不成文的法则和隐性知识只有经过长时间的言传身教才能得以继承和发扬。同样，我们也需要让自己投入成功人士的生活中，观察和学习各色人等的一举一动——这样我们才会意识到，我们的未来充满希望，条条大路都可通向罗马。

对于教育项目来说——无论是学校还是创业孵化器——必须深刻地认识到人的态度和想法是变化无常的，如此才能避免对标准化教程和特定导师（例如每个学科的带教老师）的过度依赖。相反，教育的重点应该放在帮助学员们培养机缘思维，使他们能够从各种意外因素中寻得成功的机遇。即使学员们日后进入其他领域，机缘思维也会帮助他们笑对无常的变化与挑战，拥抱无限的智慧与新知。

上述教育实践还可包括帮助学员们培养良好的社交技巧，以便为不同的社会群体牵线搭桥。一个有效的做法是，将来自不同背景的人物（包括教师、导师在内）进行配对。

本章小结

复合型机缘巧合的运行机制类似于复利：基础等级越高，获得的增益幅度就越大。不过即使"基本机缘潜力"不够高，我们也可以借助各种优质社群和社群"大咖"放大自己的"机缘力场",进而将自己拥有的社会资本予以兑现 —— 奇妙的是,这种资本不但用之不竭,甚至可能越用越强。我们可以试着加入大型的兴趣社群,充分利用好来自社群成员的间接信任。

如果打算自行开发社群的话,可以通过多种方式培养间接信任。例如营造某种仪式感,建立横向问责机制,经验共享,等等。对于"弱关系"的处理原则是,要么将其升级为"强关系",要么使其发挥出与"强关系"类似的效用。此外,还要打破不同群体间的社交鸿沟 —— 通过寻找"最大公约数"的方法为不同的群体牵线搭桥,顺便再打造一个自己专属的朋友圈。社群的建设需要在凝聚力和多样性之间寻找平衡点 —— 二者都是推动机缘巧合的有力引擎。这个世界不算太公平,但我们可以通过创造社交机遇空间、倡导机缘思维等方式应对社会不平等。

目前为止,本书主要关注的是作为个人来说,在日常生活中应当如何为自己和他人培育各种机缘巧合。但是机缘巧合的培养对于组织发展和政策制定来说同样至关重要。下一章的内容将重点围绕企业高管和政策制定者的视角进行展开 —— 如果某些读者对此不感兴趣,可以直接快进到第九章,继续学习如何提高自己的机缘潜力。

不过在此之前,请先通过本章的机缘思维小练习,巩固和提高自己的"基本机缘潜力"。

机缘思维小练习：职场跃迁

1. 凑齐 5 位朋友 —— 现有的联系人或想要结交的朋友 —— 共同参加一项活动，比如参加一个读书俱乐部或其他兴趣圈子等。活动本身并不重要，重要的是立刻行动起来。一开始，你可以试着邀请他们一块儿喝咖啡或用餐，期间和大家一起讨论如何才能让自己变得更加幸运。如果你们几位相处融洽，那么就提议下次再约，然后见机行事。

2. 挑选一些优质的兴趣社群，以便你和其他陌生群体建立联系。这个周末不妨去试试申请加入当地的 TED× 组织团队。

3. 在下一次的小组（例如当地社群小组）会议上，邀请成员们分享他们遭遇的一些重大挑战（如果在非正式的晚餐上，也可以尝试"成功、挑战、成长"的思维游戏）。通常来说，我们对他人遇到的挫折都是感同身受的，很容易引发彼此共鸣，从而建立互信。

4. 梳理一下自己的专业人脉，其中有没有谁可能会是你未曾意识到的社群"大咖"？考虑一下如何与他们建立起良性关系 —— 例如邀请当地的某位老师喝杯咖啡，增进彼此之间的了解。注意，重点是发展良性关系，而不是怀揣某种特定目的。

5. 如果你需要组织一场活动，请仔细考虑如何才能有效求得与会各方的"最大公约数"；以及如何才能让诸位嘉宾自然而然地交流互动 —— 不要只会安排"社交茶歇"！

第八章　海星式组织：打造"机缘友好型"环境

应变能力体现个人价值。

——休伯特·乔利，百思买执行主席

我们的文化——指引我们一切行动的集体价值观、信仰和原则等——可以对机缘巧合产生强大的推动或阻碍作用。从某种意义上来说，社会文化是集体智慧的结晶，如果希望个人拥有开明的思想，就必须有同样开明的文化与之适配。如何才能提升一个组织的"基本机缘潜力"水平？如何才能打造一个不断追求卓越和好学的优良环境？

我在第二章中曾提到过"茶水间实验"的概念。每当我拜访一家新组织时，我都会寻找当地员工在休息时聚集和畅聊的场所，然后一面（假装）使用笔记本处理公务，一面旁听员工们的对话。不消太多时间，我便可以通过这些对话，对这家组织的内部文化有所了解。比如在某些组织中，员工往往喜欢在背后说人闲话，通常是一通数落（"彼得的主持功力可真糟糕——把他放在那个岗位是要干什么?")。当然,有时候适度的八卦也能发挥一些重要的社交功能:比如拉近人们的社交距离、信息交流以及营造娱乐氛围等。不过流言蜚语绝不能成为人际交流和思考的主线,否则机缘巧合会受到严重束缚。毕竟没有谁愿意成为职场八卦的主角。如果人们意识到自己随时有可能被同事们在背后指指点点,那么他们的一言一行都会变得异常拘谨。

在另一些组织中,成员之间的交流是非常积极的("我刚开完一场关于公司新项目的会议——可以借此东风开展一次相关的活动吗?""佩特拉刚刚提到在墨西哥城设立新公司——我刚好想到我的一位当地朋友没准对这感兴趣。")。这种交流重在开发创意,共同打造未来。它们总是让我想到埃莉诺·罗斯福(Eleanor Roosevelt)的名言:"伟人切磋思想,凡夫争辩世事,庸者毁谤他人。"

文化赋能的核心在于倡导分享知识和想法,以及包容各种错误,不让员工因为某次马失前蹄就成为老板的输出目标或是茶水间里的"处刑"对象。近期的研究表明,充分包容错误和异见的环境有利于机缘巧合的培养。相比之下,如果坦诚的对话受阻,那么机缘巧合也很容易遭到扼杀。

我们应当如何在组织内部营造一种机缘文化呢?

心理安全最重要

环境(无论是朋友圈、家庭还是工作场所)带给人们的安全感对于机缘巧合来说至关重要。人们在安全的环境中敢于畅所欲言，比如分享一些看似怪异甚至疯狂的遭遇或感受，抑或表达一些尚不成熟的思考或设想。

这种情况涉及心理安全的概念 —— 也即尽情展示和释放自己而不必担心对自身形象、地位或职业产生影响的心理状态。哈佛大学教授艾米·埃德蒙森（Amy Edmondson）经过数十年的苦心研究，明确指出心理安全是构建良性企业文化和提质增效的核心要素。20世纪90年代，埃德蒙森的研究工作取得了重大进展 —— 她发现优秀的团队往往会经常检讨错误。起初她对这一发现深表震惊：难道团队越是优秀就越容易犯错吗？后来她发现并非如此。优秀的团队出错率当然不会更高，它们只是更愿意开诚布公地讨论错误并从中汲取经验教训而已。

相比之下，表现不佳的团队往往喜欢文过饰非：失败的项目被悄悄下架，一并埋葬的还有从中学习借鉴的机会 —— 我对某些组织在错误面前的鸵鸟心态深有体会。事实上，只有充分鼓励人们从失败中汲取智慧，才能真正推动知识共享、学习进步以及信任提升。

近年来，对于包括谷歌在内的许多公司的研究都一再证实，心理安全感是区分优秀团队和低效团队的一个主要参照，它有助于激发员工潜能以及促进机缘巧合（后文将会详述）。心理安全并不意味着将每个人都置于舒适圈，也不是盲目地追求一团和气，而是像埃德蒙森所指出的，能够让人们开诚布公地谈论失败，直言不讳地分析错误。

我们此前在百思买执行主席休伯特·乔利身上发现了相关案例。在休伯特看来，寻求外界帮助的能力和意愿是人们在这个瞬息万变的世界里四处闯荡所必备的一项核心技能。当然，这似乎与人类的本能相左：人性的本能更倾向于一意孤行和推卸责任，在外人面前摆出和善相貌，你好我好岁月静好。

追求表面和谐常常会引发自我审查，进而导致不良后果。埃德蒙森援引了知名金融公司富国银行（Wells Fargo）的例子。2015 年，该公司启动了一项激进的交叉营销计划：试图向现有客户群体大力推销包括住房贷款在内的一些附加产品及服务。

随着计划的执行，许多一线员工发现，大部分客户负担不起这些额外消费。但公司高层对此置若罔闻，反而变本加厉地压迫员工加大营销力度，甚至以开除职务相威胁，由此造成的心理压力可想而知。于是，部分销售人员为了保住饭碗不得不跨越道德底线，他们一面欺骗客户，一面通过数据造假糊弄上级。最终，这一成功的幻景被戳破，大量的时间、精力被白白浪费，员工与管理层之间、公司与客户之间的善意和信任被狠狠践踏。

这一案例暴露出的问题，一是行为动机方面存在着严重扭曲；二是公司的整体氛围让人无法坦率地提出异议。在充满心理安全感的环境中，管理层的态度一般是："兄弟们怎么都束手束脚的，我得去了解一下情况。"而在富国银行的案例中，这种态度更接近于"这帮家伙果然又在偷懒了，我非得好好敲打一番才行"。

与此相反的是，皮克斯公司营造了一种坦率又不乏批判性的反馈机制，乃至联合创始人及前任董事长艾德文·卡特姆都能够做出公开检讨，并在这一过程中展现出谦卑、直面错误以及充满感染力的求知欲。为了力挺这一机制，公司在每次会议中都营造出一种易于接受批评和意见建议的氛围——例如开门见山地承认"之前我们制作的所有电影都烂透了"。这样人们便能够在没有任何顾虑的前提下充分表达异议并提出尖锐的问题。这种机制可以快速识别错误，最大限度地减少损失，并从失败中汲取智慧——而不是"一条路走到黑"（例如为了维系表面上的"一以贯之"，对某些事实上已经破产的决策持续追加更多资源）。

那么，如何才能增强心理安全感？埃德蒙森推荐采取三个步骤：搭建舞台，鼓励参与，有效回应。

搭建舞台

这一环节旨在构建共同的愿景和价值观。重点在于确保每位成员都能意识到团队的成功与个人的仗义执言密不可分，从而鼓励大家充分表达。这一过程中需要阐明的是：各种情况是复杂多变的，敢于发声是至关重要的，没有谁是能够算无遗策的，每个人的贡献都是不可或缺的。举例来说，如果你经营着一家医院，然后发现贵院提供的医疗保健服务经常出错，这表明管理层可能存在问题。因此召集大家对此展开探讨是十分必要的，某种程度上说甚至是性命攸关的。

埃德蒙森的研究表明，大多数情况下人们不会怀疑自己的做事方法，因此会将关注的焦点放在如何执行和达标上。然而在现实生活中，有些事情往往没有明确的指标，而且需要随着形势的发展随机应变。如果仅仅设定出一个指标并紧咬不放，的确会显得更加坚毅果敢，但用埃德蒙森的话来说，"这是脱离实际的"，尤其是在涉足新领域的时候。事实上，许多事情都是需要不断地试错和迭代的。

如果有人认为同理心、好奇心和倾听能力是软弱表现的话，那么我们在"目标领导者"平台上接触到的好几十位由《哈佛商业评论》评选出的"年度首席执行官"都可称得上是"柔情似水"了。正如心理学家布琳·布朗的研究所指出的，展示自己的脆弱面是需要勇气的。

鼓励参与

这一环节旨在帮助人们建立信心，相信自己的意见会受到充分尊重，进而帮助组织正视差距、调查研究、建章立制（例如议事规则）等。具体做法主要包括引导人们发言并认真倾听。"这件事你怎么看？你有什么发现？我可以为你做些什么？"诚恳求教、认真聆听，有助于进一步厘清事实，给予员工更多的展示机会，并体现出管理者的重视态度。

这一过程中可以使用一些简洁的问题引导人们更好地识别和处理隐患。例如儿童医院的首席执行官可以针对潜在的服务质量问题向员工们提问："大家回想一下自己最近一周的接诊情况，每次诊疗过程都能确保安全无虞吗？"

这种引导式提问可以让目标问题变得更直观，尤其是可以让那些没有察觉到问题的人们意识到，改善的空间无处不在。这种讨论旨在解决问题并加强学习，而不是放大错误或追究责任。根据埃德蒙森的报告，案例中这家儿童医院的首席执行官将她的办公室变成了"告解室"，前来探讨改良方案的员工络绎不绝，每个人都将重点放在"寻求改善"而不是"批判现状"上。

有效回应

这一环节旨在通过强化正面反馈、淡化失败影响以及制裁违规行为等方式倡导一种"永续学习"的文化。例如，人们在面对失败时应当做何反应呢？埃德蒙森的建议是，风物长宜放眼量。不可执迷于相互指摘而止步不前，要激励大家重整旗鼓，面向未来。

想象一下某个噩梦般的场景 ——"我觉得在规定时间内肯定

做不完了"。对此，我们也许可以给予以下回应："谢谢您提出这个问题，我们能做些什么来帮您呢？"如果某位同事不小心捅了娄子——至少是初犯的时候——我们的目标应当是帮助他走出困境。（当然，如果他总是把事情搞砸，也许需要为他提供更加系统性的培训或辅导，或者索性承认这项工作并不适合他。）

这种包容性的措施同样有助于缓和某些因社会等级制度造成的底层噤声现象。比如在等级制度森严的日本，企业对于产品质量的严格把控是建立在组织内部广开言路的基础上的。埃德蒙森援引了丰田汽车公司的案例——公司在车间配置了被称为"安东绳"（Andon cord）的特别拉绳或按钮，任何员工只要发现异常，便可拉动绳索停止生产，以便及时处理问题。这种人人可以参与的机制有助于激发员工的奉献精神，通过微妙的制度改变营造心理安全感——并体现出对员工意见的充分尊重。事实上，20世纪80年代、90年代的日本企业能够在创新的舞台上引领风骚，因为它们激励员工持续地贡献自己的灵感、学识与天赋。

更进一步，近期研究发现，承认甚至主动坦承一些小的瑕疵，反而是提升效率的一记妙招。一项关于团队头脑风暴的研究发现，如果在开始头脑风暴之前，让每位成员主动爆料自己的一件小糗事，会议的成效会大幅提升，表现在相比一般情况产生的想法数量至少提升了26%。原因在于，这些小小的八卦故事发挥了"破冰"作用，构建起一种互信氛围，让成员们可以在头脑风暴的过程中完全敞开心扉，不必担心受到他人的攻击或压迫。这种做法同样适用于将创新思想付诸实践的过程中：管理研究表明，通过自曝糗事等方式培养出的开明、坦诚的团队文化，能够明显提升创意实践活动的成功率。

这一逻辑可以通过潜移默化的方式广泛延伸到其他场景中。例如，悉尼奥运会北侧储水隧道项目的项目联盟领导团队曾对隧道设计提供了许多创意，这得益于团队内部营造的一种"不苛责"文化。在日常生活中，我们同样可以循序渐进地营造心理安全感。比如在询问同事之前先做一个简短的铺垫（"我知道这可能有点突然，不过……"），以此表明你不是在制造某种"威胁"。大多数人都是乐意互动的，但前提是需要消除各种沟通障碍。我经常在研讨会上冲听众们大喊："大家现在就给我去找身边的陌生人提些问题，就说是这个疯狂的德国人逼你们做的！"这种情况下，很多人便会提出一些平时不太会问的问题。更重要的是，这有助于消除因陌生人问及私人话题而可能引发的"抵触感"。在交流的过程中，注意积极地倾听，并不时地反馈一些对方曾经提及的关键词语，这会让对方感到自己有被认真对待，然后你们便可以分享得更多和更深入。

有时需要一场郑重的告别

如果人们对于不同寻常的想法或见解持抵触态度，或是担心遭到嘲笑或指责，那么许多弥足珍贵的创新思想便很可能惨遭埋没，更不可能发扬光大了。

我们可以考虑使用"项目告别式"的办法提升心理安全感并促进机缘巧合。虽然"项目告别式"的名字听上去有些消极，但实际上这是一个非常积极的过程。具体而言，当某个项目不幸下架后，可以组织相关人员聚在一起畅所欲言自己当下的心情，从中学习、收获了什么，有什么遗憾，等等。此外还有一个重要看点是，某些并未直接参与该项目的人士——例如来自其他团队的项目经理也有可能前来出席"告别式"并表达某种"哀思"。

在"目标领导者"开展的一项研究中，一家大型营养和化工集团的首席执行官讲述了"项目告别式"是如何促进互信和机缘巧合，甚至引发浴火重生的。这家公司开发了一种用于亚光相框玻璃的涂层，成品效果很好，但成本比普通相框玻璃高出 6 倍多，因此项目团队意识到，虽然这项技术很好，但却难以打开市场。于是团队举办了"告别式"为其送别，结果有人问道，既然这一涂的防反光效果如此优秀，是否考虑过将其运用在太阳能电池板上？如果太阳能电池板产生的额外电力足以覆盖涂层成本的话，那么这一项目就有望打开盈利空间了。

项目经理对这一设想深表意外。他们赶紧邀请太阳能电池板专家一起研究探讨，并通过测试发现可行性很高。于是这一项目以一种新的方式落了地，该公司也拥有了一个蒸蒸日上的太阳能业务部门。用公司首席执行官的话来说："这绝对是我们始料未及的，但同时也是一系列积极因素充分叠加的结果。也许有人会觉得这纯粹是'运气'，但我认为这是一种'机缘'。"

许多大大小小的公司都尝试过这种"告别式"。这并不是在凭吊失败，而是在一个充满心理安全感的环境下深刻总结知识经验。只要我们能够坦诚地面对和剖析各种失利，便能有效地促进机缘巧合和收获真知。然而，如果想要达到这一目的，公司或社群必须对各种新信息和新想法持开放态度，这样成员们才会对各种意外因素保持警觉并设法加以利用。

也许有的公司会试图装出一副"一切尽在掌握"的样子营造安全感，但这种做法往往会适得其反。建立互信的最佳方法是在正视现实的基础上展现出自信和方向感。虽然很多人都偏爱"理性决策成就理想结果"的故事，但其实更好的选择是直面事实真相：许多杰出的想法往往都萌发于某个偏僻角落、某场不期而遇或是某次无心之失。人类历史和科技史的前进之路本就是由各种意外事件、"花式"翻车以及失误错漏铺就而成的。我们显然有必要了解究竟是哪些因素导致了意外结果的出现，不过事实上很多有趣的机缘巧合只是由人们的笨手笨脚所导致的。

约翰·韦斯利·海厄特（John Wesley Hyatt）发明赛璐珞（为了打台球）以及希莱尔·德·夏尔多内（Hilaire de Char-donnet）在某次化学品泄漏后发明人造丝的故事都是通过"启发

性失误"①取得重大突破的经典案例。同样，微波炉的发明也不是发明者刻意研究快速烹饪方式的结果。二战期间，有两位科学家发明了磁控管——一种能够产生微波的管子——用于提升英国的雷达系统对纳粹战机的预警能力。科学家珀西·勒巴朗·斯宾塞（Percy Lebaron Spencer）有一次意外发现他口袋里的巧克力棒被微波能量熔化了，于是他展开了"穿针引线"，联想到微波能量可以用于烹饪食物。后来的研究表明，微波对于许多食物的加热效率相比传统的烤箱来说要高出许多。

在制药行业，创新思想往往来自反复不断的试错过程。丹麦著名制药公司诺和诺德（Novo Nordisk）前首席执行官、《哈佛商业评论》评选出的 2015 和 2016 "年度首席执行官" 拉尔斯·所罗森（Lars Sorensen）表示，他会和员工们阐明在创新思想转化为商业产品的过程中存在哪些实际挑战，这样员工们便可以根据自己所处的不同阶段建立相应的预期。拉尔斯坦言，"装出一副胸有成竹的样子" 这样的做法很有市场，因为这

---

① "启发性失误"的概念与"限制性失误"［内科医生马克斯·德尔布吕克（Max Delbruck）］或"受控性失误"［微生物学家萨尔瓦多·卢瑞亚（Salvador Luria）］的原则一脉相承。例如在即兴爵士乐等艺术作品中，为了引发临场互动，可以提前准备一些小插曲活跃气氛。这种氛围的营造有利于激发更多的即兴互动——这是所有人都喜闻乐见的。"启发性失误"的运作机制也是如此。我们经常能在动画片里看到某次实验爆炸后，某位科学怪人站在一堆废墟中兴奋地宣布他的伟大发明——这种桥段虽然了无新意，但的确映射出了一些事实真相（德隆德，2014 年；门多萨等，2008 年；米尔维斯，1998 年；纳皮尔、王，2013 年；鲁特·伯恩斯坦，1988 年）。

样会体现出管理层的英明神武，但事情不应该是这样的。拉尔斯表示，像诺和诺德这样一家制度规范、等级森严又重视流程的公司，在产品研发过程中捕捉到的很多信息都需要经过合规性处理，才能达到新药审批的要求。不过，公司也会开展很多跨公司的项目合作，因此员工们可以凭借这些机会，通过非正式的人际网络获取各种动力、启示以及信心。

拉尔斯为员工们提供了必要的空间、时间以及非正式的人脉资源，帮助员工们在整个生产过程中（从创新思想到药品上线）树立明确目标、加强过程管理，并通过各种渠道分享实践经验。拉尔斯也借此跻身世界上最成功的首席执行官之列。[①]

上述所有内容都指出了机缘巧合的另一个特点：它通常是团队合作的成果。

不要扮演"全能骑士"

人类社会的进步很大程度上源于集体的力量。虽然我们通常会将一些灵光乍现归功于英雄人物，但无论是观察问题、思考理解、开发利用，还是"穿针引线"，都需要投入大量的人手、资源和技能。在一个瞬息万变的世界里，我们很难预知明天又会需

---

① 亦可参见利斯·夏普于 2018 年发表的论文。巧合的是，在我们的采访中，拉尔斯提到他对教育领域很感兴趣，我的同事、哈佛大学的利斯·夏普当即表示她正在物色客座教授。于是一年以后，拉尔斯便成了哈佛大学的演讲嘉宾。

要哪些人力和资源，因此，多元化的团队有助于我们更好地应对各种挑战。

以青霉素为例，发现它的作用和功效是整个牛津大学研究团队合作的结晶。团队中除了"大英雄"亚历山大·弗莱明，还有研究人员恩斯特·柴恩（Ernst Chain）和霍华德·弗洛里（Howard Florey）等人为弗莱明提供了鼎力支持。因此弗莱明、柴恩和弗洛里三人当之无愧地共同获得了诺贝尔奖。当然，还要感谢剑桥大学提供了必要的科研资金和实验场所，否则弗莱明等人也是巧妇难为无米之炊了。

本书第三章中提到的作家沃尔特·艾萨克森指出，即使是世界上最成功、最具创新精神的人，单打独斗也难有胜算。这些精英人士的长处在于将各种风格独特、天赋异禀的人才们笼络成一支强大团队。沃尔特以美国的开国元勋本杰明·富兰克林为例：作为个体来说，富兰克林论智慧不及托马斯·杰斐逊和詹姆斯·麦迪逊；论革命热情不及约翰·亚当斯；论威严不及乔治·华盛顿。但他的过人之处在于懂得如何打造一支胜利的团队。

曾经有人询问大名鼎鼎的史蒂夫·乔布斯，他心目中的最佳产品是什么？乔布斯并没有回答"苹果电脑"或是"苹果手机"。不，那些都不重要，一个能够随时开发出苹果电脑和苹果手机的团队才是最硬核的杰作。如果没有首席设计官乔纳森·伊夫（Jonathan Ive）的创新精神和个性气质，没有时任副总裁蒂姆·库克（Tim Cook）的商业头脑，也就不会有今天苹果公司的各种辉煌。用乔布斯的话来说，"你不可能每件事情都亲力亲为，所以问题在于，如何才能打造一个给力的团队？"

同样，"实验科学之父"弗朗西斯·培根（Francis Bacon）在他的《新大西岛》（*The New Atlantis*）一书中描绘了一个理想的研究团队：敢于尝试新想法的"先驱者"，协调团队间工作进度的"光明商人"，将前期实验成果纳入最新技术的"神秘人"，指导各种实验的"明灯"，专业操作实验的"贯彻者"，以及将研究发现上升为科学理论的"编译师"，等等。培根意识到，从对问题的观察到理解（并利用），再到展开横向联系的整个过程中，需要众人参与并提供各种资源和技能。

以"贝尔宾团队角色模型"（Belbin model）为代表的一众领导力研究和管理模型早已指出，如果只关注团队的角色功能（例如"营销人员"或"人力资源专员"），很可能会忽视掉更重要的方面：团队成员之间在性格特质、行事风格和专业领域等方面相辅相成，才能碰撞出奇迹的火花。如果你是史蒂夫·乔布斯式的远见者，那么你就需要史蒂夫·沃兹尼亚克（Steve Wozniak，苹果公司合伙人）式的执行者辅佐；如果你是纳赫森·米姆兰式的"燃烧者"，那么你就需要阿里耶·米姆兰式的"反思者"与你一起探讨潜在的价值。

作为一家招聘录取率仅为 3% 的汽车公司，特斯拉曾经明确表示，公司并不寻求"硬技能"（即使是在工厂），而更看重员工的"软实力"以及与团队的"文化契合度"。

不过，对于个人和组织来说，无论是创新火花的诞生，还是"异类联想"的迸发，都只是将机缘巧合转化为有利价值的第一步。对于组织来说，管理研究者口中的"吸收能力"—— 也即将信息转化为知识和行动的能力是至关重要的。但原有的文化以及相关规程可能会给新思想的引入制造障碍，而且这种困境通常难以解决。除了官僚主义和其他一些潜在阻力，过于忙碌的状态也会降低机缘巧合的发生概率。太多人为了忙碌而忙碌了！

即使人们确实拥有了新的想法或见解，仍然需要将其与现有的知识体系、行为实践以及权力结构进行有机整合。一旦既得利益、权力格局或是保守势力占了上风，或是大家对于知识产权的归属争论不休，创新思想就可能遭到扼杀或搁置。更重要的是，机缘巧合往往意味着变化和不确定，而这种状态会给许多人带来困扰。所以，当我们产生新的想法时，还要做好与各种阻力做斗争的准备。如何才能做到这一点呢？

组织也有免疫系统

在这个快速变化的世界中，建立包容开放的群体思维不是一个推荐项，而是一个必选项。宝洁公司的首席执行官大卫·泰勒经营着世界上最大的日用消费品公司，客户人数超过 50 亿。对大卫来说，处理意外状况简直就是家常便饭，故步自封无异于坐以待毙。他表示："每位员工都应当思考还有什么改进的空间，管理层也应当从'评估模式'切换成'开发模式'。"这就意味着需要营造一个鼓励学习创新而不是一味追求正确的大环境。在大卫看来，给予员工一定的容错空间，相当于让他们插上了想象的翅膀："他们可以相互学习、相互支持，然后通过集思广益，为此前的一些'老大难'问题带来新的解决方案。"如果某件事情结果不及预期，但是带来一些成功的启示，他认为这是一种对未来创新的投资，而不是单纯的失败。

这种理念应当如何具体实施呢？

也许有些人会认为人们本来就害怕创新以及由此造成的种种变化。但需要指出的是，人们并非天生排斥变化，他们害怕的其实是潜在的动荡、风险、混沌、威胁（例如对于权力）以及其他类似影响。研究表明，人们在尝试新事物时更关注潜在的风险而不是收益。收益固然可以带来动力，但人性的本能更重视风险，也即所谓的"非生产性事故"带来的潜在损失。这种厌恶风险的情绪可能会对创新活动产生阻碍，即使潜在的收益极为可观。

这种现象与人性的"损失规避"机制有关——比起追求胜利，人们更希望首先保证自己立于不败之地。加利福尼亚圣克拉拉奇点大学（Singularity University）创始董事萨利姆·伊斯梅尔（Salim Ismail）将其比作"免疫系统"：如果试图破坏大公司里的某些东西，公司的"免疫系统"便会立刻赶来和你"对线"。

不同的环境下，潜在风险的大小也是不同的——制造业公司极度排斥变化和试验，而平面设计公司则全力追求创新。我合作过的很多公司处理此类问题的方式是向员工们仔细阐明为什么墨守成规的代价和风险会比主动求变更大。他们重新定义了变化的内涵，将"不变"定义为更大的威胁。这样创新行为便会受到鼓励而非孤立，同时人们也会对创新所引发的一系列变化做到心中有数。

这种开宗明义的方式有利于消除不必要的误解，防止悲观情绪和流言蜚语的蔓延。同时也可采用"可视化"等辅助手段对创新活动的实施步骤及其影响予以明确展示。作为管理者，我们总能为自己的立场给出充分辩解，但最终我们还是需要克服自私和偏见——充分理解他人的关切并将潜在的收益与风险晓之以理。我合作过的许多企业高管在发起新动议时总是考虑到自己所关心之人（例如自己女儿）的想法，而不是专业顾问的意见。当然他们绝不会公开承认这一点，而是会用一些老套的理由为自己的决策做解释——不过解释就是掩饰。事实就是只要管理者将创新当作自己的私事，便会认为有必要将其推行下去，于是它就真的被推行下去了。

这种现象涉及所谓"情感偏见"的概念——比起别人的看法，人们更愿意相信和关心自己的想法。有趣的是，实验表明，管理者对于自身观点价值的高估程度达到了 42%，而一线员工低估了 11%。因此，在创新设想的早期酝酿阶段，应当邀请更多相关人员，尤其是社群"大咖"和关键"赞助人"参加讨论，以克服"情感偏见"的影响。

回到本书前文中有关便利贴的例子。3M 公司研究员斯潘塞·西尔弗开发的强力胶在黏性方面不够理想，但他依然觉得这一发明具有一定价值。于是他在公司内部询问是否有人知道如何利用这种弱黏合剂。在克服了产品研发不力带来的失落感后，西尔弗在几位研究人员的支持和部分公司高层（包括一位副总裁）的力挺下，最终创造了 3M 便利贴的神话。西尔弗自然是这种弱黏合剂的首创者，但如果没有各位同事的集体努力以及 3M 公司卓越的"吸收能力"，这一偶然发现便难以觅得潜在的用武之地，也不可能后来被纳入该公司的战略和操作层面。

无论如何，能够找到创新思想的第一波支持者（为其买单）是至关重要的。《舞者》（*The Dancing Guy*）是我在优兔网上最喜欢的视频之一——想象在节假日的一个公园里，人们围坐在一起一面欣赏乐曲，一面喝酒聊天。突然在某一时刻，一位"怪咖"来到公园中央翩翩起舞，周围的人们则向他投以怪异的目光。过了一会儿，另外一个人加入了舞蹈，并和"怪咖"拥抱致意。接着，他又邀请了两位观众共舞，然后他们各自又邀请了更多的人……很快，周围的观众们大多都陆续加入了舞蹈的队伍，仍然还在一旁观望的人反而会显得越发落寞。就这样，"局外人"可以转换成"局内人"，反之亦然。很多想法初看起来显得异常疯狂或怪诞——然而一旦获得"关键多数"的支持，它同样能够发展成为一种"新常态"。

除了前文提及的文化因素，公司还可以做些什么缓解前进之路上的阻力呢？一些公司会设法降低创新的风险，例如将项目细分为多个步骤，以便遇到问题时能够迅速反应并以较低的代价进行更正；一些公司在研发过程中采用可反复使用的柔性材料，或者广泛使用计算机模拟操作，以尽可能地降低实验成本；还有一些公司通过引入"外脑"协助开发机遇空间。

研究人员拉尔斯·博·杰普森（Lars Bo Jeppesen）和卡里姆·拉卡尼（Karim Lakhani）对众包公司"创新中心"（Inno-Centive）做了深入调研后指出，许多公司内部无法解决的问题，可以通过引入外援的方式化解。原因何在？因为相比公司内部成员来说，多元化的团队能够提供更广阔的分析视角和问题解决思路，进而推动更多的"需求-解决方案"成功配对。同时，外部团队也很少受到公司内部政治格局的干扰——在创新想法正式成型之前，应当为员工们营造尽可能宽松的研发环境［商业俚语称之为"臭鼬工厂"（skunk works）］。管理学历史上此类成功案例比比皆是。

最后，很多事情都讲究合适的时机。危机等转折点往往是推进革新的绝佳机会。20 世纪 90 年代，耐克（Nike）曾因某些供应商的不合规做法被消费者大规模抵制。公司抓住这一契机强化了供应链的问责机制，引入更严格的行为准则以及第三方工厂检查制度。2013 年，耐克出于安全考虑，舍弃部分利润，与孟加拉国的若干供应商结束了合作关系。不久以后，孟加拉国首都达卡发生了工厂倒塌事件，所幸耐克没有受到牵连。以短期损失换取长期收益——这就是利用危机推行新政的一个经典案例。此外，在前文提及的休伯特·乔利的案例中，百思买在沉着应对飓风灾害和大力援助当地员工的过程中，充分展现了自己的价值观，产生了长期的积极影响。有道是"危难之处见精神"，无论对个人还是组织来说，均是如此。

增进互动

如今，办公场合一般都会禁止吸烟。尽管如此，瘾君子们的革命友谊可是不分部门、阶层和专业领域的。我认识许多吸烟者，他们总是在向我证明，一根小小的香烟可以帮助他们和许多意想不到的人建立有趣的联系。吸烟区里可能是各种小道消息的漫天飞舞，也可能是各种卓越思想和远见的百家争鸣。

尽管没有哪家负责任的公司会提倡员工吸烟，但有心的管理者却可以从"吸烟区效应"中获得灵感，为拥有共同兴趣爱好的陌生员工们创造交流互动的机会。善于组织此类同好活动（如各种话题小组、象棋俱乐部等）的公司，往往更容易被机缘巧合青睐。

一般来说，越是"接地气"的人物，往往越有可能提供一些非常有价值的观点。研究表明，一线员工经常使用的法宝包括：

非正式的关系、反复试错以及启发式学习（这是相当实用的学习技巧）；而身居核心位置的管理者更依赖情报文件、演绎推理以及正式报告。显然后者的处境对机缘巧合来说是不够友好的。

发生合并或收购行为后，妥善处理跨组织层面的职责整合是至关重要的。例如，某些管理者可能会在母公司和子公司中扮演双重角色，这有助于强化双方公司之间的联系，同时该管理者也会在母公司内部对来自子公司的新动议表示力挺。据我们所知，并购活动中超过 50% 的收购价值都是事先未曾预计到的——例如收购方可能会意外收获某种从未听说过的特殊技术等。

挪威最大的跨国公司之一、业务遍及全球百余国家和地区的"船级社"（DNV GL），其首席执行官雷米·埃里克森（Remi Eriksen）和我分享了他的公司是如何鼓励员工多沟通和"推广企业价值观"的。这种做法基于的理念是，既然世事难料，不如鼓励大家采取跨前措施，主动应对未知挑战。

即便如此，如果员工压根儿没有沟通欲望，一切都将无济于事。如何鼓励员工锻炼自己的社交技能，并发现更多的机缘巧合呢？领英的创始人里德·霍夫曼采取了"午餐补助"的策略。"核心地带"（HubSpot）的联合创始人达梅什·沙阿（Dharmesh Shah）提供了"学习午餐"的预算，唯一的要求是：和公司外部的有识之士共进午餐。这往往可以获得非常有价值的情报。

上述种种午餐计划，不仅可以促进机缘巧合，也有助于打开机遇空间并增进人际关系。此外，员工们还可以从中获得更强的工作自主性，进而提升日常通勤的幸福感。近期的研究表明，员工的工作自主性和离职率之间呈现明显的负相关性。更高的自主性可以提升员工的工作满意度和参与度，同时还能缓解许多负面情绪。"学习午餐"有望成为一种新型的"高尔夫球场会议"——对于我这种高尔夫球盲来说尤为适用。

　　无论对于自身还是他人而言，多元化都是非常重要的。我在自己的企业中也引入了多元化因素，并收获了许多新思想。例如，在一些企业中，我们并不是整天待在写字楼里一动不动，而是早上在安静的办公环境里做一些深度的、概念性的脑力活，下午去咖啡店里继续上班，傍晚再转战至酒吧。在更舒适的环境中从事相对轻松一些的互动交流，能够使我们更易于接受新的启发和设想。

　　多元化是孕育机缘巧合的土壤。为什么这么说？因为"异类联想"——或者说"穿针引线"的活动需要将许多毫不相干的信息或想法贯穿起来，从而揭示出某些意想不到的关联或隐藏的相似属性——这需要我们具备"全新的视角"。在此基础上，可以进一步引申出某一事件或信息背后所蕴含的更加本源性的事实。以苹果从树上掉落为例：如果我们将视角局限于苹果树本身，就只能看到苹果从树上掉了下来。但如果能够看得更宏观一些，便有可能意识到苹果的落下体现出了万有引力。通常来说，当局者迷，所以我们需要来自其他领域的人帮助我们从更宏观的角度看待各种机缘时刻或意外遭遇。

组织内部的信息分散度越高，建立关联的难度就越大。正如前文提到的，仅仅为了体现多元化而将许多人生拉硬凑到一起往往适得其反。重点在于寻找到不同群体的"最大公约数"，才能够进一步推动"穿针引线"的进程。哲学家和诗人约翰·沃尔夫冈·冯·歌德在他的著作《亲和力》（*Wahlver-wandtschaften*，又译《择邻记》）一书中巧妙地运用化学反应的原理阐释复杂的社会关系，并援引"化学亲和力"的概念隐喻人类感情与兴趣的作用规律。他在书中对古希腊哲学家恩培多克勒（Empedocles）的一句名言做了一番改写："相互爱慕的人犹如水乳交融，相互憎恶的人犹如水火不容。"

为了更好地实现融合，我们需要找到"最大公约数"，例如共同的目标、利益、经历，甚至敌人。如果两个或两个以上的人之间观点不尽相同却乐意相互交流，那么产生"异类联想"的概率就非常之高了。顺便一提，人们往往会低估"互信"在思想交流过程中所起到的重要作用。

如今，包括亨利·明茨伯格（Henry Mintzberg）在内的许多杰出的管理思想家都将关注重点从"领导力"转向了"社群力"。在进行某些大动作时，归根结底还是需要依靠社群意识凝聚一切力量。无论是内部还是外部社群的建设都有助于提升专业能力，输出知识技能，支持个人进步。这一点对于大型组织来说尤为重要。

这里可能有些读者会想，以上内容都"很好很强大"，但如果我所在的企业崇尚"内卷"文化呢？本章描绘的这些美妙图景是不是过于理想化了？从一个强调"内卷"和"索取"的文化转型到一个合作和"理性自利"的文化是很不容易的。话说在一个被丛林法则统治的环境中，个人真的能够做到以团队利益为主，充分发扬慷慨无私以及合作精神吗？

在一个把"竞争"刻在骨子里的组织环境中，人们可能会假装相亲相爱，然后在关键时刻"背刺"对方。研究表明，在这种情况下，公司最好立刻组建新的团队和社群，才能彻底打破固有的职场政治格局以及相关的制度流程，充分解放创新思维。在新设的团队中，需要将给予和合作设定为关键原则，除了个人目标，还需设置一定的团队目标，并对个人和团队的成就都给予相应的奖励。

最重要的是，除了奖励合作行为，还需要为提高成员的合作积极性扫清各种障碍。许多充满才华和见地的成员经常会为了确保个人荣誉而在团队中刻意隐藏自己的实力和独到价值。因此我们需要建立一种鼓励人尽其才的文化，一种提倡"给予"的文化，这样的文化才是孕育机缘巧合的理想土壤，这样的文化才能让人们不断成长 —— 即使面对多么出人意料的状况。

在《金装律师》剧中，哈维·斯佩克特和他的宿敌路易斯·里特经历了由竞争到合作的曲折过程。这两位重量级的律师每次针锋相对时，总会争得头破血流；而当他们被彼此的友谊或更重要的目标（例如将他们的朋友从监狱里营救出来）触动时，他们便会通力合作，二人不同的个性顿时又变得相得益彰起来。正所谓"南橘北枳"，在某些文化氛围中热衷相互撕咬的"社畜"们，到了另一些环境中却会变得精诚团结起来。有效的组织文化是能够强化合作的（当然也需要适度的竞争作为补充），例如对于团队成就以及成员之间的相互扶持行为要予以大肆宣扬。

这种理念对个人来说也同样重要。大量研究表明，"给予"往往比"索取"更令人感到快乐。英属哥伦比亚大学（University of British Columbia）的研究者伊丽莎白·邓恩（Elizabeth Dunn）和她的同事采访了 632 名美国人，询问他们各自的收入水平、消费方式以及幸福感，结果发现，排除收入的影响，愿意把钱花在别人身上的人明显要比只愿意在自己身上花钱的人更幸福。相关的研究报告发表于《科学》杂志。

然而，很多激励机制却是起相反效果的。所以我们必须牢记，只有倡导"理性自利"的文化才能更好地促进机缘巧合，进而获得丰硕成果。不过文化建设往往只是第一步，我们还需要为机缘巧合塑造良好的物理和虚拟空间。

为机缘巧合塑造物理和虚拟空间

无数的研究表明，物理环境对机缘巧合出现的概率有重大影响。回想一下皮克斯公司的办公区设计，紧凑的布局促进了企业高管、动画设计师以及计算机专家之间的交流互动。类似，英国皇家艺术学会借鉴了维也纳咖啡馆的设计，将中央空间重新打造成咖啡馆样式，从而孕育出许多绝妙的创意——当然也不乏一些平庸的想法。这其中还需要注意空间规模：研究表明，能够支持12个人一组进行团餐的自助餐桌比只能同时容纳4人的普通餐桌更有利于培育机缘巧合。因为谈话人数越多，社交规模越大，机缘巧合出现的概率也就越高。

为了充分发挥这些潜在效益，谷歌以及国际商业机器公司（IBM）的"研发促进实验室"在公司总部的设计思路上更侧重于强化人才与跨领域数据之间的"交叉融合"。事实上，"街景"（Street View）和"谷歌邮件"（Gmail）等许多创新产品都源于一系列的"积极碰撞"。值得一提的是，谷歌公司将园区设在了加利福尼亚的山景城，以期催生出更多"不期而遇的思想碰撞"。园区内的建筑物外观呈弯曲的矩形状，其中综合楼内的各办公室之间相隔不超过步行3分钟的距离，当然更少不了屋顶咖啡馆的加入。这种空间设计有利于消弭因组织架构造成的团队割裂，使优秀的创意得以在不同的团队之间交流共享。现代化的人际网络分析技术可以利用已知数据识别和梳理孤立的团队，并相应地进行空间和结构调整。

有哪些简单的小设计可以带来明显的改善呢？入门级的措施包括在室内采用多样化的入座方式，这有助于营造轻松的交流氛围。将沙发摆放在门口附近也有助于制造一些偶然相遇。同时还可以通过安放传感器的方式识别结构性的空当，以便自动配置日常办公座位。

重新设计整个办公区域可以带来更系统性的变化：比如我们可以设法拉近某些偏好相同但观点不一的成员之间的物理距离，从而更好地促进机缘巧合。荷兰的联合办公服务公司"觅座网"（Seats2meet.com）展示了这种做法的规模效应。它帮助一家金融服务公司重新布置办公空间，以促进持不同观点的人们之间的沟通交流。具体的设想是，既然接待区面积宽敞且利用率低，何不设计成一个方便企业客户们临时办公的场所呢？这种设计获得了当地客户群体的支持，并吸引了许多来自不同领域的专业人士，同时也进一步加强了各种人际沟通交流。

这一设计也可以让公司员工以一种"轻松休闲"的方式和外部人士展开互动——研究表明，这种形式对于激发创新以及发展良性人际关系殊为有利。访客们亦可通过参加各种活动展示思想、加强联系并促进合作。"觅座网"还搭建了一个数字平台帮助会员们在线上互通有无，从而进一步强化人际互动。

"生活重塑实验室"也采用了类似的方法。它与银行和政府合作，重新思考如何将某些闲置空间用于培训、联合办公或者其他用途，以便最大化利用手头的现有资源并有效开发社群空间。不过，很多社群并没有将自有空间营造出"社群氛围"。针对这种现象，"影响力工场"（Impact Hub，一家致力于为杰出企业家提供共享办公空间和社群资源的平台）设置了"群主"的角色以便让客户们感受到宾至如归。"群主"会将新人介绍给其他成员认识，大家甚至可以在一起吃午餐，从而有效化解人们初来乍到时的孤独感。

计算机协同工作（CSCW）表明，上述许多设计思想同样可以照搬到虚拟世界中。"创新中心"（InnoCentive）等平台一直在探索非常规的解决方案，并创造出许多意想不到的关联。正如拉近物理距离有助于提升机缘巧合的概率，我们同样可以在虚拟环境中推动各类人物和思想之间的近距离交流。无论是为非正式的在线沟通提供便利，还是帮助人们主动接收来自同事的社交信息，都有助于促进机缘巧合的发生。

在这种虚拟环境中，"甄选"能力的越发重要。越是在虚拟空间中，越需要努力克服各种"噪声"信息的干扰，关注真正有价值的想法。虽然虚拟空间可以作为物理空间的一种补充，但机缘巧合在实体环境而非虚拟空间出现的更多。雅虎等公司已经开始鼓励员工从线上办公切换回现场办公，因为在公司看来，机缘巧合更容易诞生于各种临时会议和现场争论中，而不是每个人穿着睡衣躺在自己沙发上指点江山的时候。

为何如此？因为人类对面对面的互动有着强烈偏好。纽约大学的格雷格·林赛（Greg Lindsay）通过观察证实了"眼不见为净"的道理。早在几十年前，便有研究表明，假设有两个人，分别距离我们 2 米和 20 米，那么我们对前者的交流意愿会比对后者高出 4 倍 —— 与此同时，被建筑或楼层分隔的人们几乎从不交流。这一原理同样适用于我们的大脑：人们在运动和与人交流的过程中最容易迸发出奇思妙想，而长期坐在办公桌前则容易思想僵化（这与"创造者"模式恰恰相反）。

机缘巧合的网络赋能

在瞬息万变的世界里，各种工作的性质和内容都在不断发生变化，这也意味着我们应当重新审视自己的工作方式。也许有一天，我们能够彻底摆脱沉闷的办公室以及幽闭的小隔间，打破人际交流的"次元壁"。当今社会，即使是在制药行业等相对稳定的领域，许多发明进步仍然离不开人际关系的开发利用。对于公司来说，未来的创新动能可能会从组织内部逐步转移至各种社会经济社群以及人际网络（生态系统）中。

根据我们对世界上最为成功的 31 位首席执行官展开的研究，大多数企业高管面临的最大挑战就是如何应对未知以及加快变革。贝宝首席执行官丹·舒尔曼与我分享了贝宝是如何与其他友商合作，共同满足大规模的客户需求的。厂商之间只有通过有机整合，才能够创造最大化的价值。谁能想到，曾经各种明争暗斗的宝马和梅赛德斯-奔驰如今竟然会携手推出一项共享租车服务呢？

再来看海尔集团的例子，该集团已经从一家产品驱动公司转变为全新的"平台生态系统"。这种转变是许多头部公司孜孜以求的。对于企业来说，不去颠覆时代，就会被时代颠覆。未来的世界是难以预知的，作为组织来说，应当设法让自己变得更像"海星"而非"蜘蛛"。

这是什么意思呢？我们可以将中心化的组织看成一只蜘蛛，如果砍去脑袋便会走向灭亡。相反，去中心化的组织就像一只海星，没有头部，即使手脚被砍去也会直接再生，甚至长出新的海星。由此可见，"海星式组织"能够更好地适应当今快速变化的商业环境。

"海星式组织"能够有效地培育机缘巧合。不是通过集中规划，而是鼓励各细分部门广泛尝试不同的解决方案。晨星公司（Morningstar，总部位于加利福尼亚的农业综合及食品加工企业）是一家准海星式组织，它通过在公司内部设置自治团队的方式以期更好地提升经营业绩——这种做法堪称一绝。如何进一步确立"网络化管理"在商业运营中的核心地位，已经成为整个业界公认的重中之重。这就使得各种网络创新有了广阔的用武之地。

历史证明，新的思想和创意，乃至更广泛意义上的社会进步，往往都起源于对既有思想和技术的重组——利用网络手段将各种司空见惯的事物进行重新整合。这种整合往往产生于机缘巧合，是所有探索同一未知领域的开拓者们集体智慧的结晶。

传统的创新模式过于依赖核心人物的运筹帷幄。而在当今快速变化的世界中，我们很难提前预判未来的需求，因此，"以客户为中心"的理念开始走上前台。凭借包括物联网和大数据等在内的技术进步，我们现在已经有能力定制出完全个性化的产品以迎合各种极度微妙的需求差异。因此，对于任何组织来说，驾驭未知变化的能力都会是一个面向未来的核心素养。

我与劳埃德乔治资产管理公司（Lloyd George Management）的爱丽丝·王（Alice Wang）以及雷丁大学（Reading University）的吉尔·尤尔根森（Jill Juergensen）共同深入研究了海尔集团的华丽转型。海尔集团充分利用了所谓的"网络效应"，也即每当有相关的新成员或组织（"新节点"）加入时，网络便会被赋予更多价值。当某种商品或服务赢得了关键多数的用户时，网络的积极效用便越发凸显，用户的获取成本大幅下降，因此，商品或服务的价值亦会呈现出指数级的提升。正如电话通信技术离不开广泛的用户基础，如今脸谱网等社交媒体平台与亿万网络用户之间也是相互成就的。话说如果整个脸谱网上只有一位用户，那该多么无趣啊。

海尔集团在实现平台生态系统转型的过程中，不断激励公司内部和外部的人才广泛参与搜罗新的数据和想法，海尔旗下千余家小微企业参与其中，分享对于现有产品（例如智能冰箱）的改良或全新产品的研发等各种想法。在海尔集团看来，现在的许多技术可能会在 10 年后过时，因此公司通过"广撒英雄帖"的方式集思广益，从而以更多元化的理念投资未来 —— 这就是他们应对未知变化的方式。

将权力有效下放的企业能够使自己更贴近最终用户的需求，并做出更敏捷的反应，这是传统的臃肿的中心化组织难以企及的。以用户为中心的理念有利于快速改进，但同时也要求管理者对组织架构进行反思。例如对于荷兰电子巨头飞利浦来说，如何设置业务单元是一个核心问题。首席执行官万豪敦（Frans van Houten）与我的研究团队分享了如何将管理结构由传统的关注"解决方案"（如提供"断层扫描"技术）转向关注"需求"（如"精确诊断"的需求），从而释放出更多的可能性。在鼓励团队"换个角度看问题"的同时，加快商业模式的更新换代，不仅能够让产品更贴合客户的实际需求，也为各种创新的解决方案打开了潜在的"机遇空间"。科技的发展方向正在朝着"基于需求的集群"转变——这种重构正在逐步成为现实。

我们可以从"创客运动"（makers movement）等领域观察到类似的发展轨迹。"创客空间"通常包含一个数字对象库和若干 3D 打印机，"创客"可以借助二者来制造实体产品。海量用户和高度模块化的 3D 技术相结合催生出了许多前所未有的变化。这种业态的迷人之处在于，数字工具可以将物理的"原子"转化成二进制的"比特"。如果人们无须改变总体的物理结构，只需通过电脑调整一些参数设置，那么沟通和分享都会变得更便利——且成本更低。

在这种模式下，众创空间、创新业务单元乃至整体商业生态系统都与生物生态系统之间呈现出越来越多的相似性。它们都具备"适应"能力 —— 对初始功能进行变化，也具备"迁移"能力 —— 进化出新的功能（或者保持不作为的能力）以拓展自身角色。对于公司来说，应当试着将研发工作安排得更具有拓展性 —— 以便促进机缘巧合。例如，在创新友好型环境中工作的创客们往往会习惯性地收集、组织和存储有利于机缘巧合的各种知识。像艾迪欧这样的公司，会将各种有趣的想法不断积累下来，哪怕当时并不清楚今后有何具体用途。这些想法在平时会以比较松散的形式加以存放，一旦日后遇到某些相关事件，便可以及时调取并用做参考。（当然，如果存储的信息中包含大量用户个人数据的话，可能会涉及隐私和知情权等风险。）

平台化战略为何举足轻重？

在过去，组织成功的要诀在于一致性、可预测性以及大规模生产。以牺牲一部分差异化需求为代价实现规模经济，以尽可能低的价格来满足最广阔的潜在市场。然而今天的消费者比以往精明百倍，并且在各个方面都追求个性化和定制化的消费体验，有时候还会为此与各种组织展开合作。

现在一般的市场调研已经远远不够。人们的实际行动与自己口头宣称的往往并不一致。这就是为什么在产品设计中懂得"暗中观察"非常重要。在一个瞬息万变的世界里，强大的实时反应能力乃是制胜的关键。只要坚持以客户为中心、以不断变化和难以预测的客户需求为中心，机缘巧合便离我们不远了。海尔的售后服务人员在处理维修申请时发现许多客户投诉洗衣机内部容易堆积污垢和碎屑，后来他们意识到一些农村客户会使用他们的洗衣机清洗根茎类蔬菜。海尔集团并没有反驳这些投诉，也没有将其视为毫无价值的特例，反而从中挖掘出了潜在价值，并开发了一种可以清洗和过滤蔬菜泥土和杂质的新款洗衣机。这便是海尔土豆洗衣机的由来 —— 在积极聆听的基础上，动员全公司的智慧应对意外因素，并通过"穿针引线"的方式将挑战转化为机遇。

如何将"生态系统"中的不同成员聚合在一起呢？海尔集团的做法是将"事件"与"超级节点"有机结合，形成生态系统的"结缔组织"。海尔将旗下所有的小微企业都拉进了微信群，成员们可以在里面闲聊或是严肃讨论。它还开发了"优家"（U⁺）软件平台，通过人工智能和机器学习等技术，将客户、供应商、员工和小微企业们联系在一起。

这种生态系统 —— 将企业、市场和网络的逻辑有机融合 —— 可视为资源分配的有效工具。更重要的是，它们可以通过辩证的方式，打破合作与竞争之间的相互对立，开创了一种"竞争合作"的新局面，进一步激发创新思维，并为机缘巧合打开成长空间。将传统观念中对立的两个概念糅合在一起，有利于迸发出创新和机缘巧合的火花。如果想要做到这些，首先必须坚持的一个基本假设就是，凡事都可能出错，也都可以进一步改善。

海尔集团等公司主导了"竞争合作"的颠覆性变革，并成为这种变革的直接受益者。海尔旗下的小微企业相对独立地参与市场竞争，包括在海尔的生态系统内部。不过同时它们也可以从同一生态中汲取营养，并与其他小微企业团队或集团本部开展合作。在这样一种生态系统中，从创意的诞生到拥有百万用户，可能只需数周的时间。相比之下，一个完全独立的初创公司想要做到这些可能需花费数月甚至数年。这种生态的构建需要各种要素支持，包括企业内部大学（海尔大学）、培训中心以及内部技术平台等。①

配备了先进传感器的工厂可以根据实际需求开展各种生产——并且可以独立完成任务。例如宝马汽车公司设在牛津的现代化汽车生产工厂，可以使用同样的流水线灵活生产传统动力或新能源汽车等不同车型。为什么呢？因为客户的需求很难提前预判，例如很难预测一年以后俄罗斯市场会需要哪种类型的宝马汽车。这种灵活性同样渗透到管理者的日常思维中：他们在应对各种波动和不确定性方面可谓训练有素。虽然时代变了，老板越来越不好当，但是灵活的岗位安排还是可以降低员工的流动性。

其他一些商业巨头如百度和腾讯都尝试了类似的平台化战略。腾讯公司创始人马化腾曾鼓励员工开展内部竞争，以进一步

---

① 当然，大多数企业高管都会将知识产权和数据归属权作为首要考量。瑞典的银行业巨头——北欧斯安银行的首席执行官约翰·托格比与我们分享了他的个人设想，即将"行为风险准则"纳入资产负债表，以激发责任意识。社会物理学作家亚历克斯·彭特兰（Alex Pentland）则建议加强对个人信息的产权保护（彭特兰，2015年）。

开拓移动通信业务。此举因涉及重复投入而引发了部分投资人的担忧，但马化腾表示："与其被别人颠覆，还不如自己做。"于是他力排众议果断出击，最终成就了后来微信的无限辉煌。

这种模式有助于公司对各种创新设想进行"无心插柳"——并进一步拓宽业务的渠道和范围。同时这还是一种低成本的风险控制手段。不过如果以为只要向员工持续施压便能激发创新活力的话，那么之后的事态发展未必如想象般顺利。

环境很重要

培养机缘巧合、拥抱不确定性以及设定灵活开放的目标等做法，对于创业企业以及专注于创新和学术研究的部门来说独具价值。对于制药行业等一些项目周期较长、相对稳定的领域来说，公司当前的运作状态往往早在数十年前便已规划完毕。但即便如此，从前文提及的诺和诺德的案例中可以看出，机缘巧合仍有可能出现在这类行业之中。

无论在生活的哪个方面，如果想要获得成功，就需要对各种意外因素提前做好准备并加以充分利用。在一个追求严谨和效率的世界里，我们需要摒弃将机缘巧合视为"状况失控"的想法，应当将其看作"开放而积极的"公司文化的标志，如此才能避免自己与各种潜在的价值擦肩而过。也许有人会问："站在一个组织的立场上看，我们有必要鼓励员工在生活中发掘机缘巧合吗？

万一有一天他们获得了某些'改变命运'的发现，然后离开公司了该怎么办呢？"

有一个关于学习和成长的老段子是这样说的——

问："如果让所有人都学会了本领，然后他们离开公司了该怎么办？"

答："好吧，那就让他们一直待在公司什么也不学你看怎么样？"

其实，无论是提升员工的积极性，还是鼓励更多的奇思妙想，都可以为公司带来极高的净收益。更何况为了未来的发展，我们别无选择。就好比婚姻：如果你一直担心另一半离开自己，那么你们之间一定存在某些系统性问题。如果试图阻止另一半成为更好的自己，结果只能适得其反。

到目前为止，本章都在讨论机缘巧合在组织发展中扮演的重要角色。但对于我们所居住的城市和国家来说呢？换言之，机缘巧合对于政府机构和政策制定者来说又意味着什么呢？

硅谷和硅谷的复制者

无论是市长、部门长官还是有识之士都越来越深刻地意识到，在一个充满变数的世界里，我们需要大力发展充满"韧性"的社群以及能够有效应对各种意外因素的社会。约翰·哈格尔（John Hagel）、约翰·希利·布朗（John Seely Brown）以及萨利姆·伊斯梅尔等学者围绕"机缘巧合对组织和城市的重要性"这一课题开展了有益探索。随着工作的不断深入，他们的研究视角也从"知识库"（已知信息）逐渐切换到了"知识流"（不断学习，不断刷新，不断发现）。我们都需要从他人身上汲取知识和获得启发，但问题在于：如果我们根本不知道自己在寻找什么，又怎么可能寻找得到呢？

这个世界上每时每刻都有各种项目和计划出炉。在东京，"TED×东京"的策划人、"边缘工作室"（EDGEof）的创始人托德·波特（Todd Porter）致力于开发一种"机缘友好型"的城市生态系统。这一生态系统包括坐落于公园内部的一幢8层高的会所，配有一栋田园风格的盖特威酒店——以及其他一些自然风格的在建设施——共同营造出一个有利于机缘巧合的聚会空间。在智利，领先的技术职业教育机构"智利科技大学"（INACAP）和政府机构"智利生产促进局"（CORFO）分别开发了"微观装配实验室"（Fab Lab）和"启动智利"（Start-Up Chile）等项目。

智利科技大学创新创业中心负责人费利佩·拉拉（Felipe Lara）向我表示，在他个人的设计原则中，机缘巧合占据了核心位置。为了进一步挖掘智利国内创新生态系统的潜力，费利佩和他的团队将全国各地的人们聚集在一起，组建了一个全国各地实验室的网络联盟，加强跨学科合作和研究实践。美捷步（Zappos，在线鞋履服装零售商）的创始人谢家华斥资3.5亿美元，在拉斯维加斯的市中心成立了创新中心。这一项目几经波折。谢家华于 2016 年接受美国全国广播公司财经频道（CNBC）采访时表示，如果能重来一次，他会将"思想碰撞"（创新思想之间的机缘邂逅）的重要性置于"合作学习""人际联系"甚至"投资回报率"之上。

不过通常来说这种项目失败率很高。原因在于，许多城市和区域都热衷于复制某种产业集群 —— 例如硅谷（位于加利福尼亚州，脸谱网、谷歌以及其他一众科技公司的总部所在地）—— 仅仅出于相信这些集群能够被复制。事实上这种做法完全低估了文化底蕴的重要性。例如，如果将硅谷和其他模仿者 —— 例如德国的某个创新产业集群 —— 相比，可以明显发现，一个走的是激进的创新路线（美国），另一个更倾向于渐进式创新（德国）。不管是哪条路线，都需要与之契合的思维模式以及配套的组织（例如学校）等。

如果没有斯坦福大学（Stanford University）等一众高校输送的杰出人才（以及政府在初始阶段提供的政策扶持），就不会有硅谷产业集群的蓬勃发展。如果仅从某一生态系统中照抄一些皮毛，那么失败就在所难免 —— 我们真正需要的是一整套相辅相成的元素集合，例如文化氛围和敬业精神。与公司类似，城市和国家也应当被视为一种供养居民或公民的生态系统，只有不断进化，才能持续发展。这同样意味着我们需要为促进良性的人际关系（而非商业交易）营造有利氛围。大量关于初创企业投资环境的研究表明，想要取得受众的认可是需要花费大量时间的。

斯坦福大学的管理研究者凯瑟琳·艾森哈特（Kathleen Eisenhardt）和华盛顿大学（University of Washington）的本杰明·哈伦（Benjamin Hallen）发现，推行所谓的"休闲交际"能有效增进人际关系。在建立正式合作关系之前，潜在伙伴之间先展开几轮非正式但较为慎重的相互沟通，可以明确避免仅讨论投资业务。这种安排可以帮助投资者更好地熟悉潜在的投资标的，而不是只能在正式的沟通中听到各种营销话术。同时，企业高管也可借此拉近与投资者之间的关系，因为双方已经建立起了一定的相互认同。

这种情况是否似曾相识？某种程度上这就像现实生活中的约会一样。例如与各种朋友参加休闲活动，增进人际关系，而无需承担额外的决策压力。

政策制定中的机缘力量

一些足以改变历史的重大政治事件往往是出于机缘巧合，许多现代化社会也对层出不穷的意外事件持开明态度 —— 无论是好是坏。例如在某些国家中，无论是社会制度的选择还是领导人的产生，都存在各种不确定性，因此很难预测下一任的总统、总理、市长都是哪些人 —— 正如当英格兰银行货币政策委员会（Monetary Policy Committee of the Bank of England）或美国联邦储备委员会（Federal Reserve Board）提高利率时，我们也很难预测各类投资者、企业高管、借款人和贷款人会有哪些反应一样。

我们可以根据过去预判未来，但民众的反应通常基于一些难以预测的变量。在一个瞬息万变的世界里，当面临各种变化多端且错综复杂的问题时，我们往往不知该如何求助以及向谁求助。这一情况适用于个人和组织，也同样适用于政府机构。

世界各地的政府都希望展现出自身的"创新"形象 —— 更加充满活力以及贴近民众 —— 同时仍然试图将所有事务都规划得井井有条。但很多时候顺其自然反而是更好的选择，行政效能应当体现在调和民众的反应而不是抑制各种不确定性。那么我们应当如何在政策制定过程中纳入一些机缘因素呢？

某些传统方式 —— 例如英国政府推行的一项名为"社区新政"的振兴计划，试图帮助贫困社区改善条件 —— 更倾向于关注当地某些特定社区，也即聚焦于某一特定地理区域。这有利于加强当地的身份认同感和开发当地的社会资本，但同时也进一步加深了孤立，削弱了当地社区对外交流的能力和意愿，使该社区与外部世界的"桥接"受到限制 —— 而"外联"和"桥接"对促进机缘巧合和发展机遇来说至关重要。

近期的研究表明，有效的政策制定应当更关注如何搭建跨越各种经济和社会鸿沟的桥梁，而不是简单地提振地方经济。具体做法包括开展社区间的文化交流活动以及组建跨区域的兴趣、学习和互助社群等。对于某些公共服务尝试"共同创造"（如"警民联络组"或"公园之友"等）——而不是简单地转移资源——这种尝试已经取得了一些积极成效。还有其他一些国家和地区的做法也给我们带来了许多启示。

我们在对肯尼亚和南非等地的研究中发现了一些优化社会生态系统的积极做法。首先是在统一规划的基础上体现出各个分支项目的差异性。和其他大多数国家和地区一样，非洲当地的政策制定者也希望能够提前规划好一切。不过鉴于各个社区内部的成员对于自身需求最有发言权，当局的做法是提供一个基础性的支持架构，邀请当地社区提早介入，并将部分职责下放给社区。例如，政府会经常组织一些针对特定主题的跨部门圆桌会议，以吸引各方参与并在此基础上形成一个良性社群。当地的社区成员可以在此分享自己的当前诉求，并保证自己为整个社会生态的发展做出应有贡献——理想情况下，这种互动可以与具体实践活动相结合，从而促进各种支持项目的可持续运作。同时，当局也能够借此对地方社区的总体情况（尤其是边缘地带与中心城区产生脱节或是地区间发展水平高度不平等）进一步加深了解。

其次，找出当地社区中具有影响力的人物或组织，并通过官方认定的方式赋予其一定的公共服务职能。以非政府教育组织吉安·沙拉（Gyan Shala）为例，该组织位于印度最为贫困的比哈尔邦，致力于改善当地的教育基础设施。像吉安·沙拉这样的属地化组织，可以在短短数月内培训出一名教师，远比政府的培训效率要高。类似的项目一直在不断自我革新以迎合当地社区的需求。当局亦可从中受益，因为在某种程度上，它可以将政策风险"外包"出去 —— 毕竟事关政绩（没有什么政策是万无一失的！）。借助各种社会主体进行试错，等果实成熟以后再行摘取 —— 并进一步推广至区域乃至国家层面。在印度，这种模式的受益者数以千计，尤其是低收入社区的居民。

本地和全球性社群在满足核心需求方面所扮演的角色对社会保障体系的变革有着重要影响。当前社会的重点话题主要集中在经济发展方面，例如最低收入保障、人工智能等。但全球社会创业项目平台明智网（MakeSense）的联合创始人克里斯蒂安·瓦尼塞特（Christian Vanizette）在工作中深切感受到，在全球化的世界里，基于共同兴趣建立的各种社群是应对未知未来的关键所在。相比经济手段来说，来自社群的动力更能激发个人成长。因此，政府不必将所有问题都大包大揽，而应当从明智网等项目中领会到人们是如何被共同的兴趣爱好激活的。

本章小结

在一个瞬息万变的世界里，我们难以预测未来的发展和需求变化。因此必须让我们自己、我们的公司以及城市为应对各种意外因素做好准备。无论对个人还是组织来说，正视并拥抱机缘巧合都是一项核心能力。

为了提升机缘巧合的出现频率和结果效用，需要为个人和团队营造足够自由和安全的氛围，并提供必要的授权，以利于他们在职业生涯中不断追逐各种奇思妙想。具体做法包括弘扬集体智慧，为观点的交流碰撞搭建舞台；激发参与热情，为组织的精进发展出谋划策。这样，人们便会在面对意外因素时表现得更机警，同时能够减少很多不必要的"自我审查"。

组织应当对意外因素的出现给予重视并感到庆幸，支持成员们与各种意外因素正面交锋，并营造一种充分保护"标新立异"的包容文化。"项目告别式"等活动有助于成员之间更坦诚地分享失败的经验教训，从中汲取营养 —— 并促进机缘巧合。

在组织内部寻求创新突破时，可以借助数字化或可重复利用的材料等降低试错成本，还需通过反对一味"索取"和鼓励相互"给予"等方式营造合作共赢的文化。我们还可以通过重新规划利用办公空间等方式，构建适宜的物理和虚拟空间，进一步提高机缘巧合的发生概率。对于政策制定者来说，可以通过为本地社群"大咖"赋权等方式加速推广各类支持项目，从而打造更加良性的社会生态系统。

从根本上来说，我们需要克服将机缘巧合等同于"失控"的偏颇观点，应将其视作一种良性组织文化的标志。机缘巧合往往会伴随着积极的成果出现 —— 这一切其实都不仅是偶然而已。

本章的小练习将会重点关注"机缘友好型"环境的建设。

机缘思维小练习：孕育机缘巧合

1. 鼓励发掘意外因素。在每周例会上提问："大家上周有没有遇到什么意想不到的事情？如果有的话，它会不会对我们之前的假设（例如针对某项发展战略）有所影响？"

2. 捕捉机缘事件。重点关注机缘事件，并鼓励人们对潜在的发展轨迹做出推演。在下一期的通信简报或活动中对至少 4 个机缘事件予以突出强调。

3. 强化心理安全。在下次会议上提醒大家目前的情况错综复杂，他们的声音是正确决策的关键。向你的团队提问："回想一下上周的经历，有没有什么地方做得还不够完美呢？"为团队成员发表意见提供便利，无论是会上直接发言还是会后个别反馈。

4. 试着进行一次"项目告别式"，例如针对近期某个虽然运作效果不理想，但在你看来具有很大潜力的项目。

5. 在公司推行"随机咖啡试享"或"随机午餐"等计划，将不同团队（比如来自并购方和被并购方）的人员进行随机配对。鼓励员工在公司活动或通信简报上分享个人经历。多次尝试并评估效果。

6. 如果你正经营一家公司，不妨邀请一群年轻人参与你和同事们的活动，并在事后询问他们的观察体会 —— 哪些例行公事看上去比较敷衍甚至有害？公司及产品有哪些改进余地——哪些问题倘若不加以重视便可能"酿成大祸"？

7. 如果你（在偶然间）产生了某个想法，请在你的组织内部或外部找出三位相关领域的顶尖高手。审视一下公司内部的非正式权力结构——谁是推动该设想的合适人选？与相关人士举行一次轻松的面谈，探讨一下可行之策。接下来再锁定三位可能给该计划制造阻力的人物，仔细考虑如何赢得对方的支持，或是巧妙地避其锋芒。在组织外部广结人缘，走访一些"大咖"经常出没的地方，例如共享办公空间。

8. 如果你是教育工作者或政策制定者，请尝试为你所在的区域创造更多的机会空间。例如，能否将某位与你关系密切的导师介绍给其他社区成员？

第九章 机缘能力评估：如何获得长期 "妙运" 的加持

最好的教育，是让人们为探索未知做好准备。

——李·卡罗尔·布林格（Lee Carroll Bollinger），

哥伦比亚大学校长

电影《双面情人》（*Sliding Doors*）讲述了一位女子在两个平行时空里遭遇到的不同命运。由美国著名电影演员格温妮丝·帕特洛饰演的海伦·奎利被她所供职的公关公司解雇，离开时在电梯里她掉落了一只耳环，幸而一位男士替她捡了起来。她奔向伦敦的地铁站，不知能否赶上最近的一班车——故事至此分成了两条平行线：错过地铁或是刚好赶上——这两种状况将会引发完全不同的剧情演变。

多少次我们在心中苦苦追问："如果当时……会怎样？"——"如果没有遇见你，我将会是在哪里？""如果不是从别人那里偶然听来的消息，我也不可能找到现在的工作吧？"

在评估机缘巧合及其影响的时候，一个有趣的视角就是，尝试"脑补"相关的"反事实"：如果这一切没有发生，又会如何？

如果说任何一种既定事实都是从一个装满了所有可能性的命运签筒中掉落的一根签子，那么现实世界中的所谓"运气"也不过是"弱水三千，只取一瓢"而已。如果让我们回到过去，再度面临同样的处境，又会有多大可能改变历史呢？究竟是我们的哪些具体行为（如果有的话）促成了这一结果呢？人们往往会低估某些不起眼的"小确幸"给生活带来的连锁反应。对于"反事实"进行"脑补"是非常有趣的——这背后究竟是"妙运"（机缘巧合）还是所谓的"锦鲤体质"（纯粹的运气）在发挥作用呢？如果你试着对不同的选择可能导致的结果进行推演，那么也许会发现，现实情况往往是所有可能性中不太会被触发的那一个。即便只对初始条件做出些微的变化，也足以在"蝴蝶效应"和"路径依赖"的共同作用下引发截然不同的结果。

这说明什么？以个人技术水平的差异为例：有些人可能在初始阶段便已经占尽了天时地利，无论在体育还是社会领域都是如此。比如一项著名的针对加拿大曲棍球精英团队的研究显示，40% 以上的球员都出生于 1 月至 3 月之间。这是因为曲棍球联盟招新的年龄判定是以 1 月 1 日为时间节点的，出生于 1 月到 3 月之间的球员往往身体发育更成熟，从而在初筛阶段更容易被选中。于是更丰富的比赛经验、更优质的训练以及更给力的队友便接踵而至。

这些幸运儿的初始优势仅仅在于身体条件而非技术水平——不过只需假以时日，他们便能够成为优秀的球员，因为他们从一开始便已走上了成功之路。他们在起跑线上的好运气会在"路径依赖"的作用下层层叠加，最终形成长期的巨大优势。

假使我们对历史稍做改动，将年龄判定日期设定在 8 月 1 日，那么联盟的球员构成可能会大为不同。在这一剧本下，小月份出生的球员可能不会获得现今拥有的技术优势，甚至最终都无法在联盟立足，反之亦然。

我们还可以从社会流动性和个人成就差异方面观察到类似的效应——甚至连邮政编码的细微差别都可能对不同地区的发展带来长期影响。假设有一位出身中产阶层家庭的女孩，家里聘请了很好的私教为她提供专题辅导，于是她在学术道路上一帆风顺，甚至获得了诺贝尔奖。而在另一个完全不同的平行剧本中，她的父亲失去了工作，无法承担孩子的学习费用，女孩因此也变得一事无成。当然还有其他很多可能性，比如家长选择了另一位不靠谱的私教，并没有让女孩获得真才实学等。归纳起来就是"特定事件出现——引发'路径依赖'——时间沉淀——体现巨大差异"的一整套过程。（当然，正如本书所指出的，具备机缘思维的人可以在此过程中选择主动求变，方能让自己不落窠臼。）

这种情况在其他领域也是如此。无论是技术的采用、财富的积累还是社会地位的提升——一个初始的扰动会在"路径依赖"的长期作用下产生巨变。假设某人继承了价值上亿的家产（也即唐纳德·特朗普口中的"小额贷款"），那么他的身家很容易上升到十亿的级别——把钱存入银行享受复利足矣。

这就是为什么我们无须对某些精英人物过于推崇。他们之中许多人在起步阶段享受到天降鸿运，后来的杰出表现也离不开环境因素的造就。从起点上获得的先机逐渐累积成为压倒性的优势，最终带来远超朋辈的成功。这就是所谓"富人愈富，穷人愈穷"的"马太效应"——其理论基础源于"积累优势"的概念：在某些方面（社会地位、经济条件等）具备优势的个体、群体或地区，往往能够获得更多机会以进一步扩大自身优势。①

然而，这里存在一个问题。无论是在公司、学校还是家庭里，许多流传甚广的有关机缘巧合的成功故事，并没有将"绝对运气"的因素在文案中体现出来，这就导致如果盲目跟风模仿故事主角的所作所为，很可能会适得其反。这些成功人士获得的成功可能与他们的表现关系不大，更多的是环境因素的塑造。

跨学科研究表明，人们喜欢叙述一些突出自己智慧果敢的故事，并有意无意地对各种困难、不确定性和随机性一带而过。不过，正如我们所知道的，越是美妙的故事，其真实性就越存疑。

①　"马太效应"一词是社会学家罗伯特·金·莫顿（Robert King Merton）于1968年创造的，借鉴了《圣经》中有关人才的寓言故事（马太福音25：14-30）。此外，像唐纳德·特朗普这样"运气爆棚"的人，结局要么是大放异彩，要么是一败涂地，因为行事极端的人物没有中间路线可走。这就是为什么说此类名流的成功经验并没有太多参考价值——尤其是对于那些既不敢承受风险，又没有"锦鲤"护体的人们来说。

幸运和幸存者偏差

我们可能会在自己都没意识到的情况下，将偶然间的"撞大运"错当成自己的能力。这种现象背后的逻辑即所谓的"幸存者偏差"。我们通常看不到思想家纳西姆·塔勒布指出的"沉默的大多数"——那些同样付出努力却未能收获成功的人。人性的本能倾向于关注幸存者而忽视失败者。但从幸存者身上学习成功经验可能会伴随很大风险，因为他们所处的环境与我们并不相同。如果过分推崇个人能力的决定作用，对各种随机因素和绝对运气视而不见，那么这种"成功经验"其实是一种错误认知。如果总将目光聚焦在胜利者身上，便难以意识到大量的失败者未必做得比他们差，只是在运气方面有所欠缺罢了。

上述说法可能会让你在听励志故事时感到扫兴，但倘若沉浸于"幸存者偏差"的迷思，可能会造成致命后果。例如，许多灾难往往都是大量的"侥幸"事件堆积而成的——在实际灾难发生之前得以幸免。人们很少会意识到，相同的决策有时可能带来成功，有时也可能造成灾难。这种误解往往会鼓励冒险行为并带来虚假的安全感。例如 2003 年哥伦比亚号航天飞机失事事件，整架航天飞机在重返大气层时突然解体。在灾难发生前的几次任务执行过程中，哥伦比亚号的机身都出现了泡沫碎片脱落的情况，不过幸运的是这些碎片并没有击中轨道器的敏感部位。由于并没有发生故障，因此美国国家航空航天局（NASA）将这些侥幸事件解读为成功，并将泡沫碎片的脱落视为正常情况而未加以防范，直到最终酿成恶果。这一严重失误导致该航天飞机 7 名宇航员全部遇难。

人们常常将侥幸事件当作一种成功，而未能意识到背后隐藏的巨大危机。为什么要强调这一点呢？因为对侥幸事件的偏差认知意味着相关的组织或系统仍然处于危险之中。事实上，侥幸事件是一种预警信号，说明存在某些漏洞有待修复。我也曾陷入过这种侥幸心理。当 18 岁的我拥有了自己的第一部汽车后，曾经遭遇了许多的险情（划伤车身、撞翻垃圾箱等），我将这些当作自己可以搞定一切的证明。但其实我应该意识到，再这样下去自己早晚要大祸临头，而后来发生的那场车祸几乎把我直接"带走"。

我们可以做些什么来避免这种情况呢？研究表明，比较有效的做法是从旁观者的角度出发来复盘其他的可能性。一旦我们意识到自己的潜在认知出现了偏差，并试着推导出其他的可能性，那么我们便可以加强风险管理，改进我们的学习以及采取更加"正确"的行动。

现在，我将这种新的思维模式应用在了自行车骑行的实践中——并且取得了不同程度的成效。当我以某种比较冒险的方式横穿马路后，我会提醒自己，是的，这次什么事都没有，但是下次可能就没这么走运了。如果出现某些意外——比如一辆汽车撞上了我——这在旁人看来可能是不太走运，但考虑到之前发生过的许多险情，其实发生重大事故的可能性相当之高。（我没敢将这一部分的书稿拿给家人过目。）①

提防"卓越者陷阱"

如果能够从米歇尔·奥巴马、理查德·布兰森、比尔·盖茨或奥普拉·温弗瑞等伟大人物身上获得启发固然是再好不过，但希望越大往往失望越大。即使你完全照搬他们走过的每一步，也很难复制他们的初始条件以及环环相扣的发展路径。极端优异者通常属于个体偏差，这意味着他们被成功复制的概率很低——机遇或特权很可能在其中发挥了重要作用。（例如，一位著名的软件巨头出身富裕家庭，使得他有机会在私立学校中接触到电脑，并培养了自己的编程爱好。后来，他的父母又将他介绍给一家大公司的总裁——然后顺理成章地就职于该公司。）

这就是为什么总结行为模式（以及学习更接地气的行为榜样——例如某位励志的店主或坚持原则的咨询顾问等）比完全照搬特定人物的成功经验更有帮助。因为对行为模式进行总结更有利于推演事物可能出现的变化轨迹，这对于银行、法律或咨询等

---

① 这一推论建立在概率思维的基础上：事物的变化发展通常呈现出概率性（而非确定性）的结果。我们无法准确预测未来，但可以通过概率描述某些事件发生的可能性大小。比如我们在过马路时可能都会下意识地试算一下自己被汽车撞到的概率。

相对更"线性"（也即职业轨迹相对清晰）的行业来说尤为如此。虽说每个人都拥有无限可能，但一名咨询公司高级合伙人手里的各种剧本之间差异再大也大不过他和一名企业家（或是承担了更大风险的角色）之间的差异。

管理学者刘成伟和马克·德隆德（Mark de Rond）通过研究提出了一个令人信服的观点，越是极端的表现，越难从中获得借鉴。为什么？因为这种异常值是极不稳定的，可能来源于过度冒险或作弊行为，贸然效仿的结果很可能是灾难性的。唐纳德·特朗普在 20 世纪 90 年代时一度负债累累，他曾以一种惹人厌的语气扬言，自己的净资产还不如街头的流浪汉。虽然后来他凭借着几番兵行险招扭转了自己的命运，甚至成为美国总统，但这其中每一步稍有差池便会让自己万劫不复。如果效仿他的成功路径，其结果很可能一半概率是天堂，一半概率是地狱。这就是一种非常极端的个案。

事实上，许多"第二优秀"的人物往往才是更值得我们学习的对象。所谓"月盈则亏，水满则溢"，极致的表现往往离不开极致的运气，而极致的运气是难以持久的，巅峰过后一切终将归于平庸。但此时人们常常会为这种大起大落寻找其他方面的原因 —— 而不是意识到这只是因为他们的好运气已经用光了。本书旨在帮助读者不再迷信昙花一现的"绝对运气"，而试着培养更高层次的"机缘巧合" —— 并且这种"高层次"是具有可持续性的。

这就引出了一个极为有趣的现象 —— 归因偏差。人们往往倾向于将结果归因为以下四大因素：运气、努力、才能和任务难度。当人们越是认为某种结果是被不可控因素或外力影响时，就越可能将其原因归结为运气。本书的大部分内容都在重点探讨如何通过建立"机缘思维"（以及相应的"机缘力场"）收获属于自己的一份"妙运" —— 而这其实应当归属于"技能"范畴。然而在某些情况下，我们会将一些原因归结为运气的好坏 —— 这实际上是一种认知误区。

人们往往一谈起失败就抱怨自己运气不佳，一说到成功却强调自己的勤奋和才华。这就导致对（伪）成功的过度推崇和对失败的认知不足 —— 同时造成一种不切实际的"掌控感"。然而研究表明，人们往往会对随机性的结果进行错误解读。例如在本书前几章中提及的，人们可能会在总结经验时"无中生有"，将某些幸运事件归因于个人特质和自我奋斗，而不是走运而已。

这种归因可能会适得其反，尤其是当评估他人或接受他人评估时。以绩效评估为例，人们经常会根据绩效评估的结果来判定成功或失败，并相应地调整自己的期望值 —— 这就是评估活动如此重要的原因。评估对象通常是基于最终结果 —— 而不是决策阶段的背景和质量。这种情况下很容易出现所谓的"基本归因谬误" —— 也即倾向于将成功过度归因于才能，而不是运气等情境因素。

诺贝尔奖获得者丹尼尔·卡尼曼表示，人们在某些情况下会倾向于依赖"认知捷径"——例如，当被问到"某人有哪些未被观察到的能力？"时，如果人们觉得难以回答，往往会把这一问题偷换成"某人平时的表现怎样？"。

这种启发式的思考方法可以有效节约时间，并且可能会带来正确答案，因为表现出色的人通常也是能力出众的——除非他们属于依靠"躺赢"成功的极端个案。不过我并不太推荐这种启发式思考，因为这种方法一旦出错，代价也会十分高昂——具体来说可能来自两种潜在的误区："错误的负面评价"（例如将能力误认为是运气）和"错误的正面评价"（例如将运气误认为是能力）。在评估绩效时，人们往往容易做出"错误的正面评价"——也即将运气误判成技能。[1]这可能会有利于激励员工，因为如果员工认为自己的成功源于能力而不是运气，他们可能会更具有冒险精神，也更愿意进一步培养自己的技能。

然而，如果明明靠努力获得成功却被绩效评估视为"躺赢"，那么这种"错误的负面评价"将严重打击当事人的行动积极性，由此造成的代价往往会比鼓励冒险的成本更高——这就意味着两害相权之下，人们宁愿给出更多"错误的正面评价"。但这种倾

---

[1]　这种评估倾向在社会层面可能会适得其反，因为"错误的正面评价"可能会暗示每个人都有能力"自扫门前雪"，因此可能导致公共支出减少以及社会流动性降低。

向可能会导致相当高昂的代价 —— 例如很多金融危机往往都是由于鼓励"梭哈"和过度冒险而导致的（至少部分原因如此）。"哥伦比亚号"的悲剧也是如此，将"幸免于难"解读为"成功"。放任类似的错误可能会让事态迅速走向失控。这种评估倾向同样可能导致我们对某人的成功原因做出错误判断。也许"难搞的老板"之所以成功，未必是因为他很"难搞"，可能还有许多其他因素 —— 比如"绝对运气"在发挥作用。

然而，无论责备和表扬 —— 以及相应的晋升和薪酬待遇 —— 往往都是我们或他人的某些无意之举导致的。虽然我们可能会在事后自圆其说，但实际上很多事情都是"无心插柳"而已。无论我们的主观动机多么完美，都可能因为各种难以预料的因素而导致事与愿违。

能力不错的管理者可能会获得提拔，但相邻的等级之间人们的能力差异并不大，有时甚至会出现倒挂。各种原因在于，临场状态的起伏是随机的。凭借几次"人品爆发"的超常发挥"吸睛"全场的人，相比能力更佳但缺乏亮点的人来说更容易获得提拔。

对于上述问题的一个破解之策是尝试减少"噪声"干扰。例如，在绩效评估时对当事人的真实表现与外部事件的影响进行独立评估，同时还应避免过分关注那些极易遭受随机性干扰的领域。我们还可以从古希腊和威尼斯共和国获得灵感：它们有时会将"随机选择"当作一种制衡手段，甚至连某些组织头目都是随机选出的。这种做法其实并不过时：近期的研究表明，"随机选择"在金融市场和部分社会事务中发挥的效用竟然超过了某些复杂严密的管理机制，因为随机选择可以无视人情世故和刻板印象的影响，因而显得更加强力和公平。但对于管理者来说，这种"掷骰子"的做法显然会打击自信，并引发一些负面反馈。那么对此应当如何处理呢？研究表明，可以先通过"择优录取"的方式预选出一批备选项，然后再从中进行"随机选择"，从而将"择优"与"随机"二者有机结合，共同打造既竞争又制衡的理想环境。

论"事与愿违"的破坏力

即使我们试图兼顾竞争与制衡，良好的动机未必带来理想的结果，尤其是对许多社会问题来说。我曾亲眼看见过许多"发展计划"最终走向迷途，大大偏离了初衷。

如果你为一位 14 岁的肯尼亚内罗毕市内的基贝拉贫民窟男孩提供教育，这当然是一个绝佳的新闻素材，你的组织将会因此名利双收 —— 你帮助一位年轻人获得了宝贵的知识！一切都是那么地令人激动 —— 直到你了解到你的这种关爱可能已经破坏了男孩的家庭甚至当地社区的正常运转。原因就在于，也许这位男孩是这个家庭中唯一的劳动力，既然你整天将他带到学校"传授学问"，那么他的姐姐可能就得代替他养家糊口，然而对于贫民窟的女生来说，能够获得收入的渠道并不太多。

另一个替代方案是，综合考虑你的行为可能对男孩一家带来的整体影响。也许你就会觉得首先应当帮助这个家庭解决收入来源问题，同时还要考虑让教育惠及整个家庭而不是单个成员，从而避免给家庭造成经济困难和内部矛盾——如果男孩比其他家庭成员"高明得多"，可能容易受到各种排挤。

再来看某位企业高管与我分享的一个略显激进的故事。该高管称，他在与某位非洲总统会谈时听到对方抱怨道："你们这些西方人提供的该死的食物援助完全是在帮倒忙。以前，我的国民只是有可能会饿死，现在你们提供的碳水化合物和其他一些差劲的食物确实让人们都活了下来，但是这些食物缺乏维生素和矿物质，让人们都变得病恹恹的，于是我的国家一年穷过一年。我可真是要'好好'感谢你们！"——这就是所谓的"好心办坏事"。这位高管和非洲总统之间的这次偶然会面让该公司重新审视了援非策略，对实际情况的复杂性给予了高度重视，并转而采取更统筹兼顾的方法。

人们倾向于根据结果而不是动机来给予奖惩。这就意味着，即使某些管理者动机不纯或能力不足，也有可能因某些不受控的外部因素介入而取得意外的"成就"，进而得到褒奖。相反，某些动机纯良或能力突出的管理者，却可能因为同样不可控的因素导致失败而备受指摘，甚至遭到道德批判。这种事情早已见怪不怪了。

上述现象的出现是因为人们往往会从不利结果中倒推出当事

人可能疏忽大意或是判断失误。由于许多决策都是基于直觉做出的，所以人们很容易将不利结果归咎于决策者"行事潦草"，即使当事人可能比某些成功者更严谨。

如果人们会因为不可抗力受到奖惩，那么这种情况有必要引起我们重视——因为这不仅涉及公平问题，还可能会挫伤人们的积极性。例如管理者们会认为一旦业绩出现下滑，他们可能会被拉出来当替罪羊，即使这种下滑是由外部因素导致的——因此需要为他们制订极高的薪酬方案以解除他们的后顾之忧。人们常常会将成功的管理者视为英雄（光环效应），而对失败的决策者深恶痛绝——即使他们所做的决策完全一致！

以核电站事故、金融危机和石油泄漏等严重的负面事件为例：相关的管理者往往会受到追责——尽管该事件可能是外部因素和系统脆弱性充分叠加的结果。例如航空史上因单一事件造成伤亡人数最多的灾难——1977年的"特内里费空难"，就是由许多情境因素共同作用所引发的——包括恶劣的天气、机场条件以及恐怖主义（原定落地的拉斯帕尔马斯国际机场受到恐怖袭击威胁，导致两架客机临时转降北特内里费机场，结果导致后来的相撞事件）。

人们通常会根据事情的结果来评价一个人的好坏。然而问题在于，即使"倒霉"的管理者被免职，系统的脆弱性仍然没有解决——下一次事故还是会照常发生。

以我参与的某个社群为例，我们常常在每次遭遇危机后便大规模地更换管理团队，却不去解决某些核心问题 —— 例如社群与公司之间的不协调。这就导致相同的紧张局面和问题不断重复，只不过表现形式有所差异。治标不治本的办法（包括更换管理层）是难以根除各种冲突的。无论成功还是失败，带给我们更多的应当是对系统性特征的深度思考，而不是对管理者的技能或运气的过度关注。

当然，个人技能在推动或避免错误方面也会发挥一定的作用。能力低下的管理者可能会让情况变得更糟，使系统更有可能崩溃。明智的管理者则可以为僵化的系统注入一定的灵活性，以避免损害进一步扩大。

此外，对于"将失败归结为运气，将成功归结为能力"的现象还有一个更简单的解释：也即这种归因方式更符合人们的偏好。所以"将功劳记在个人头上"是一种得体的做法，即便可能有些名不副实。

我们知道，这个世界并不总是公平的 —— 并非只有勤奋刻苦才能带来成功，绝对的运气、继承的财富以及披着"能力"外衣的人脉关系等情境因素同样可以做到。但绝对运气只是偶尔造访我们，只有积极又闪烁着智慧光芒的"妙运"（机缘巧合）才能更好地塑造我们，这就是二者之间的差别。一旦我们成功构建起一种机缘思维，便不必纠结于"运气"与"能力"之争 —— 因为培养机缘巧合的过程本身就是一种重要的生活技能。

如果说在今后的岁月中，许多重要技能的培养都离不开良好的机缘思维。那么无论个人也好、管理者也好，可能都会希望对自己的"机缘能力"做出评估。具体如何操作呢？

评估"机缘能力"

来自信息科学、心理学、管理学和相关领域的前期研究已经发现并验证了一些有助于提高"机缘能力"的方法。从本质上说，我们可以从培养机缘巧合的每一个环节（机缘诱因、穿针引线、睿智、坚韧）出发，来确定相应的衡量指标。以下一些问题援引自近期的研究。

你可以在1~5的程度范围内为自己打分，其中1代表强烈不认同，5代表强烈认同。

1. 我在超市、银行等公共场所排队时，有时会和陌生人聊天。

2. 我试图理解问题背后的潜在动因是什么。

3. 我经常在意外信息或事件中发现价值。

4. 我感兴趣的话题范围很广泛。

5. 我具有强烈的方向感。

6. 遇到棘手的问题时，我不会轻易气馁。

7. 我有时候会显得"漫不经心"。

8. 我试图了解人们更深层次的动机。

9. 我总能遇到些好事儿。

10. 我经常跟随直觉和预感。

11. 我相信自己的判断。

12. 我试图从生活中找寻意义。

13. 我希望自己遇到的大多数人都是友善、愉快和乐于助人的。

14. 我更关注生活中的正能量。

15. 我相信可以将错误转化为积极的东西（例如经验）。

16. 我不会对自己遇到的坏事情耿耿于怀。

17. 我努力从犯过的错误中吸取教训。

18. 我认为自己很幸运。

19. 我经常在对的时间遇到对的人。

20. 我经常参加与陌生人交流的活动。

21. 我在团队和组织中的人缘很好。

22. 我参加了三个或三个以上的不同群体。

23. 我经常招待别人。

24. 当有人向我反映问题时，我会思考自己或别人能够提供何种帮助。

25. 在分析问题的过程中，我懂得换位思考。

26. 我对生活中的"小确幸"满怀感恩。

27. 我经常反思自己的行为以及由此造成的影响。

28. 我可以和身边的人们一起愉快地探讨各种想法。

29. 我身边的人们愿意和我分享他们的想法和困难。

30. 当我陷入困境时，会向他人求助。

31. 我经常试图挖掘不同的话题或想法之间的有趣关联。

32. 一旦做了决定就要一以贯之，即使需要耗费大量时间。

33. 我可以从容应对各种不确定。

34. 我相信没有什么是一成不变的。

35. 我经常用幽默来让谈话变得更轻松。

36. 我认为没有必要事无巨细都追求尽善尽美。

37. 我很喜欢提问题。

38. 我现在的生活与我自己的价值观相合。

总计得分：

满分是 190 分，你的得分如何呢？不用拿你的分数和他人做对比 —— 更重要的是你今天的得分与一周或一个月之前的得分之间的差距。请定期自我测试一下。

我在召开研讨会时采用了上述评估问卷，一周之后便有与会者报告说，通过自身行为方式的改变，的确使得机缘巧合的出现频率有所提高 —— 例如，自己发给某些名人的"不速邮件"（"cold" email）获得了回复；意外遇到了某位事后看来非常有价值的人物（"我从未想过自己竟然会和上次遇见的他 / 她成为知己"）；或是收获了更多快乐，并"重拾生活的热情"。

这种问卷主要是针对个人的，但同样可以应用于团队建设 —— 例如，在成员之间展开相互评估，可以以一种有趣的方式增进彼此关系以及对机缘巧合的认识，鼓励创新和解决社会问题。根据具体情况，还可以将一部分评估问题用于公司内部事务，例如绩效评估或员工招聘，选择并鼓励那些能够为公司带来更多机缘的人才，共同应对瞬息万变的世界。

为什么这种评估很重要？因为它类似于一种"自我实现"的预言：越专注就会越了解，越了解就会越想参与。美捷步等公司已经采用了这种评估方法，并额外设计了诸如"你觉得自己的幸福程度有多高（打分范围为从 1 到 10）？"之类的问题。创始人谢家华解释说，美捷步希望招揽到更多能为公司带来好运的"福将"。美捷步的案例实际上是受到理查德·怀斯曼针对"运气"所做研究的启发 —— 自认幸运的人会更容易把握住机缘诱因，他们会比自认倒霉的一类人更走运。

在怀斯曼和谢家华看来，对于幸运与否的自我认知并不意味着当事人天生就比别人幸运或不幸 —— 而在于无论面临怎样的形势或挑战，都能够让自己对各种机遇敞开怀抱，这就是"妙运"的精髓所在。不幸者喜欢怨天尤人，幸运者则会以一个开放的心态对待生活。我在自己的工作中也见证了许多生动的案例，例如在一场关于机缘巧合的研讨会结束一周左右后，参与者们会陆续发来反馈说："自从我开始用心观察身边潜在的机缘巧合之后，我便发现生活处处是机缘！"

本章小结

对各种"反事实"的情况进行反思，有助于我们更好地理解某一特定情境可能引发的各种幸运或不幸。成功究竟是我们自身的努力还是绝对运气？如果归功于我们的努力，那么这种成功可以复制吗？为了避免某些事与愿违的情况发生，我们应当以更长远的眼光看待未来的发展，而不是一味追求短期成效。个人和组织面临的一个核心挑战是如何成为或挑选能够长期获得"妙运"加持的人 —— 而不是偶尔一两次被绝对运气垂青的人。对于"机缘能力"的量化评估可以帮助我们找准自己的定位 —— 并意识到自己在哪些方面需要加以强化。这一评估结果是动态变化的。

机缘思维小练习：反思与评分

1. 反思生活中某些让你获得成长的事件。如果重来一次，结局会不会有所不同？你在这些事件中扮演了怎样的角色？相关结果应该归因于绝对运气还是所谓的"妙运"？你可以从中获得怎样的收获？

2. 你身边有没有那种"走到哪里，便会把好运带到哪里"的人物？你可以从他们身上学到哪三样本领？

3. 你的组织是如何构建评估系统的？你是否可以对其加以改进，以便在评估个人实际努力水平（当事人如何达成目标）时，剔除各种随机事件带来的干扰？

4. 每月开展一次机缘能力评估。通过本书提供的各种练习，持续改善你的机缘能力。

第十章　越努力，越幸运：培养机缘巧合的艺术与学问

我笃信运气，并且我认为越努力，越幸运。

——F. L. 爱默生（F.L.Emerson），邓恩麦卡锡（Dunn & McCarthy）公司总裁

机缘巧合是快乐和奇迹之源。机缘巧合及其引发的神奇时刻可以让我们的生活充满趣味和意义，成为充实而又成功的人生旅途中一道重要风景。简言之，它可以让我们重拾对生活的热情，把意外因素"化危为机"，成就幸福快乐。如果说美好的生活是一个个美好日子的合集，那么机缘巧合便是让我们的每一天过得愉快而有意义的秘诀所在。

如何在当今这个两极分化的时代创造美好生活？本书对此提供了一些启示和建议，分享了许多关于如何创造属于自己的"妙运"的精彩话题。我想要传递的理念是，不是只有理查德·布兰森、J. K. 罗琳、奥普拉·温弗瑞、米歇尔·奥巴马、比尔·盖茨和史蒂夫·乔布斯这样的名流才可以获得命运的眷顾，并为他

人带来好运 —— 我们所有人都可以通过自己的方式创造属于自己的幸运。

虽然绝对运气在我们的生活中也发挥着重要作用，但我们同样可以主动为自己和他人创造条件，赢得源源不断的"妙运"和成功，不断重塑自己的命运。有时候哪怕一趟错过的航班都有可能演变为一次机遇 —— 邂逅爱情、吸引投资者、结识新朋友等 —— 只要你试着和一起排队的陌生人随便聊聊。

是时候放弃那种认为成功只能来自运气或能力的陈旧观念了。相反，我们可以努力培养自己的"机缘思维"，为收获一份积极和闪烁着智慧光芒的"妙运"创造条件。对于机缘思维的培养与我们如何解构世界有关 —— 树立一个核心理念，洞察各种诱因，并通过"穿针引线"的方式将诱因转化为机遇，并加以催化和拓展。同时我们还需始终注意避免受到无所不在的偏见的影响。（本书也不例外。虽然我试图尽量做到客观中立，但终究还是难以完全避免某些带有"事后聪明"或"幸存者偏差"的文字内容。况且对于同样一个案例，几十年后的评说可能会与今时今日大为不同。）

生活中的诸多不确定性使得许多人开始变得越来越教条主义。本书提供了另一种选择：培养"机缘思维"以及相关的"机缘力场"，帮助我们从容应对生活中出现的任何挑战。从此我们的生活中将充满各种人情味、价值感和归属感。

机缘思维也许会让你的世界观发生改变。如果是这样，希望你在重构世界观的过程中，为你和身边的亲友创造更多的快乐、价值和成功。机缘思维是一个过程而非目的，是一种动态技能而非静态方案，就像肌肉一样，只要加以适当锻炼，它会变得越发强壮，最终与你的日常生活融为一体。即使你此前已经凭借直觉采取了本书建议的类似操作，本书同样可以帮助你对既定策略进行调校、反思以及给出合理化解释。从这一点上来说，我希望本书能够为你目前的生活方式提供更多理论支持 —— 尤其是当你为了获取信任而不得不编造一些"顺理成章"的故事时。我希望本书能够为你带来更多积极的启示，并进一步澄清培养机缘巧合的意义 —— 不是为了走向无序，而恰恰是为了彻底摆脱那些"虚幻的掌控感"。

不过请注意"努力的悖论"！如果我们在某件事情上用力过猛，反倒可能与之渐行渐远。与幸福和爱情一样，机缘巧合也是可遇不可求的，所以不要苦苦强求，只需为之做好充分准备即可。总之，不要患得患失，不要害怕错过机缘巧合。如果你已经具备了良好的心态、能力和意愿应对各种意外因素，那么机缘巧合（包括真爱）可能就近在眼前了。到那时，我们可以欣然迎接"惊喜"的到来，而不必为了从中攫取好处煞费苦心。

从定义上来看，我们无法提前预知或谋划机缘巧合，否则它便不能被称为机缘巧合。但我们能够做到的是引发尽可能多的意外因素，并将其转化为有利结果。结果固然重要，过程也同样重要。如果你在健身房里遇到了（可能的）一生所爱，但你已经几天没有洗澡或者当时心情不好，这种状态下你们俩最终走到一起的可能性就会偏低一些。如果想要追求幸福的结局，我们必须清楚应该何时喊停，采取何种评价标准，以及届时将以何种心态面对。根据上述思路，即使一段感情以分手告终，也仍然有可能被视为某种"成功"。

对于组织而言，必须强化培养"整体思维"和"动态能力"，以便更好地对组织内外的各种资源进行整合、构建和重新配置，从而为各种机缘的发掘与培养创造有利条件。

我们无从得知人们未来的需求是什么——可能连消费者自己也不清楚。见证了汽车时代大幕拉开的福特公司创始人亨利·福特（Henry Ford）曾经表示，如果他去征询路人的需求，对方可能会回答说他们想要跑得更快的马——福特给他们送来了汽车，赢得了他们的欢心。对于组织来说，我们需要意识到世事难料，同时还应充分激励那些致力于为机缘巧合创造条件的员工，这一切都是值得的。

社会和环境等问题通常都特别棘手，即使进行干预，效果也难以预测。这就意味着政策的制定不仅需要基于已知（或是假装自己知道的）信息，还要将未知因素纳入考量。我们必须更多地关注社会机遇空间的开拓，而不是过分拘泥于各种条条框框，为机缘思维的培养提供理论和培训支持。这种鼓舞人心的思想可能会因为过于强调个人作用而招致"系统革新"派人士的批评。但仔细想想，所有系统性变革都是建立在个人基础之上的，并且往往萌芽于某个意想不到的地方。坐等政策层面的修补无异于否定个人的主观能动性。只要我们意识到系统性问题的存在，并且认为小修小补无法解决实质问题，那么无论我们的身份地位如何，都应当为了自己想要的生活而积极发声和行动起来。

在 21 世纪的世界里，对于社会结构韧性、社会流动性以及创新变革的追求并不意味着试图掌控一切。我们最理想的状态是让自己和他人做好准备，为更充分地发掘和利用未来的无限可能创造有利条件。机缘巧合就是这样一种能够有效释放人类潜能的强大机制。正如西门子（Siemens）的首席执行官与我们的"目标领导者"团队所分享的那样："未来瞬息万变，充满着各种不确定性。因此我们必须构建一种适应性思维。这种适应性实际上是一种积极推动变革的正面因素。"

当然，机缘思维并不是包治百病的灵丹妙药。某些结构性（尤其是与权力结构相关）的变数会导致某些人比他人更容易建立机缘思维和机缘力场，进而从中受益。人们与生俱来的差异造成了财富分配、教育资源和个人能力方面的不公，以及包括贫困在内的许多复杂的、难以克服的结构性问题。

然而，机缘思维能够顺利跨越各种社会阶层和文化背景，可以成为帮助人们摆脱"命运"的束缚，让好运常伴左右的有效途径。对于教育机构和家长来说，支持孩子培养机缘思维和机缘力场，将会对新生代从容应对未来的各种不确定性起到至关重要的帮助。机缘思维及相关能力将会成为人类与机器人之间的明显区别。它不再仅仅局限于传授知识，而是更强调学习如何在与各种钢铁机械的共存中体现出人类的价值。

对于机缘巧合，讨论者多，研究者少，一些零星的初步研究也大都分散在众多不同的学科中。我试图尽己所能采珠撷玉、攒零合整，同时对某些暂时缺乏实证支持的领域采用类比思维进行推理。出于严谨考虑，在没有获得实验验证的情况下，我很少会提出涉及因果逻辑的观点——我们需要学习和研究的内容还有很多，本书自然也难免出现各种疏漏。如果在十年前或十年后撰写本书的话，也许我的论述方式会大为不同——可能我会根据自己当时的兴趣和感受对各种故事进行别样的阐述，这实际上正是一种幸存者偏差（还包括"确认偏差"等一系列内容）。不过就目前而言，我已经竭尽全力。我希望将这段著书立说的过程视为与你共同学习、共同创作的美好经历。

我真诚地希望，本书能够为你打开一段精彩纷呈的机缘寻梦之旅。我也十分期待你可以与我分享自己和机缘巧合之间不得不说的故事。对我来说，创作本书是一个很好的契机，使我能够质疑自己的许多固有信念和偏见，并重新审视所谓的"成功"和我认为"理所当然"的事情。

未来的研究中我们可能需要关注的方面包括：有哪些情感、生理或精神层面的"基础"是培养机缘巧合所不可或缺的？人们能否专精于机缘思维？机缘思维的可靠度有多高？还有哪些其他更"可预测"的学习和探索方法？

本书以"理性的乐观主义"为基调，希望传递的一个理念是——即使我们被愤世嫉俗者包围，也要让自己保持乐观。维克多·弗兰克尔曾表示，真正的现实主义者首先必须是一名乐观主义者——这一观点深受歌德思想的启发，即接受现状意味着每况愈下，高看一眼才能激励进取。

我希望本书能够帮助广大读者切实提升个人、社群以及各类组织所蕴藏的巨大潜力。没有特定的时间节点或是"最好的自己"，而是在机缘思维的指导下不断开发自身潜力，实现自我整体的进步与蜕变。

这个世界在很多方面都是社会建构的——一旦我们敢于质疑既定的结构与理念，便会为自己和他人打开一扇新世界的大门。没准你的某个奇思妙想可以有助于构建一种新型的、更加健康的、以"理性自利"为基础的社会模式。在这种模式下，衔着金汤匙出生的幸运儿可以为许多天生的弱者打开机遇空间，所有人都能够把握属于自己的"妙运"，而不是听天由命的躺平者。这就是一种真正的第六感：机缘感。

本书一再提醒各位读者，不必追求算无遗策——机缘思维自然会帮助我们驾驭未来。因此，当被问及"您日常都在做些什么？"时，我们的答案可能会是："我正时刻准备着，迎接各种各样的机缘巧合。"

致　谢

　　本书是一部站在巨人肩膀上的作品，充满了各种精彩的研究发现、伟大的思想观点以及生动的故事案例。它是我过去 15 年来生活经历和智慧的结晶，我的许多至亲都参与到了本书的撰写过程中。由于编辑嘱咐我说致谢的篇幅要尽量精简，因此我要直截了当地特别鸣谢所有给予我关爱、支持和耐心的亲朋好友，没有他们就没有这本书的面世。我想任何致谢都不足以表达我对他们的感激之情，谨在此略表寸心。

　　乌拉、雷纳和马尔特·布希是我生命的支柱，他们让我觉得一切皆有可能，让我的生活充满意义和欢乐。很遗憾我的祖母莱尼在本书面世前离开了我，她是一位充满韧劲并善于面对生活挑战的女子，我一直将她视作榜样。

　　格蕾丝·古尔德曾帮助陷入低潮期的我重拾自信。她给予了我许多鼓励，让我走出阴霾的情绪，并提醒我重返自己喜欢做的事情，我对她的感激溢于言表。苏菲·约翰逊曾陪伴我度过生命中最困难的一段时期，我非常庆幸自己能够拥有这样一个精神支柱。

盖尔·雷布克在我撰写本书的过程中为我提供了很多指导、灵感和参谋。我非常感谢她给予我的智慧、鼓励和中肯建议。

感谢我的经纪人戈登·怀斯和克里斯汀·达尔为我逢山开路、遇水架桥。"企鹅生活"（Penguin Life）出版社的出版商艾米莉·罗伯逊和玛丽安·塔特波以及"水源"（Riverhead）出版社的出版商杰克·莫里西凭借出色的编辑能力将我的草稿润色成了一本可读性颇高的作品（但愿如此）。感谢公关专员朱莉亚·默迪和谢林·塔维拉对本书的宣传推广。

我在纽约大学全球事务中心和伦敦政治经济学院马歇尔研究所的同事们为我提供了非常理想的研究主场。我的学术伙伴，尤其是哈利·巴克马、索尔·埃斯特林和苏珊·希尔让我体会到将科学与某些积极影响相结合的乐趣。我的"目标领导者"团队，尤其是克里斯塔·乔里、塔佳娜·卡扎科娃、利斯·夏普、玛雅·婆罗门以及妮可·贝莱斯利自始至终都激励着我。

斯蒂芬·钱伯斯、迈克尔·黑斯廷斯、格雷·乔治、斯蒂文·德·索萨、迈克尔·梅耶尼克以及我的"沙盒网络"联合创始人在过去几年里一直为我提供灵感的源泉。菲尔·凯和法比安·普福特穆勒给了我许多启发和感触，尤其是关于"潜在的结构性因素"——例如日常生活中常见的种族偏见以及其他形式的隐性偏见。

卡罗琳·克伦泽、图卡·托伊沃宁、保罗·里古托、卡琳·金、诺亚·加夫尼、塔佳娜·卡扎科娃、马修·格里姆斯、吉姆·德·王尔德、马龙·派克、史蒂文·德索萨、蒂姆·韦斯、阿里埃和纳赫森·米姆兰、威廉·比希勒、克里斯托夫·塞克勒、克里斯托弗·安克森和爱德华·戈德堡等人花费了大量的时间（以及脑细胞）协助我完成早期的稿件。我对他们提出的反馈和建议深表感谢。西蒙·沃特金斯和肖恩·里士满为本书构思和内容的最终成型提供了大量帮助。布拉德·乔里让我对艺术及其在"策划"机缘巧合方面所起的作用有了新的认知。

杰西卡·卡森 —— 我愿称之为机缘巧合的代言人 —— 她一直为我的思考和设想提供启发与参照。

"沙盒网络"、"奈克瑟斯"峰会、世界经济论坛、"表演剧院"（Performance Theatre）、明智网、皇家艺术学院（Royal Academy of Arts）以及全球杰出青年社区等社群一直是我的灵感来源。西蒙·恩格尔克和"机缘网"（Seredy.org，一个促进机缘联系的平台）帮助我结交到了超棒的朋友。

爱丽丝·王、亚历克莎·赖特、吉尔·尤尔根森、凯尔西·布宁和迈克尔·荣格在数据收集和分析方面做了大量工作。

最后同样重要的是，我要衷心感谢与我分享各种思想和经历的诸位大佬。虽然我无法将他们所有人的故事全部整合入册，但我希望今后能以其他方式将这些激动人心的故事予以呈现。

本书整合了诸多出色的想法、思考和见解，虽然我已经尽了最大努力将其真实还原并加以整合，但相信总会出现这样或那样的不周之处。我保证自己会在今后进一步加以改善，并希望借此开启一段新的对话。此外还有很多身边的亲友为我提供了各种支持，我也会通过其他方式向他们致谢。

　　本书深入探讨了生活的意义。当然，就我个人的阅历和想法而言，我是一个幸运的人。但学会思考如何将每一个幸运时刻"连珠成串"，是一件比幸运本身更迷人的事情 —— 这就是"机缘思维"的魅力。衷心感谢你们的一路相伴。